文物出版社学术出版经费资助项目

文人茶

中国古代茶学简论

钟凤文 著

文物出版社

图书在版编目（CIP）数据

文人茶：中国古代茶学简论 / 钟凤文著 . — 北京：文物出版社，2024.4

ISBN 978-7-5010-8407-4

Ⅰ.①文… Ⅱ.①钟… Ⅲ.①茶文化—研究—中国—古代 Ⅳ.① TS971.21

中国国家版本馆 CIP 数据核字（2024）第 075090 号

文人茶

中国古代茶学简论

著　　者：钟凤文

责任编辑：贾东营
封面设计：王文娴
责任印制：王　芳

出版发行：文物出版社
社　　址：北京市东城区东直门内北小街 2 号楼
邮政编码：100007
网　　址：http://www.wenwu.com
经　　销：新华书店
印　　刷：宝蕾元仁浩（天津）印刷有限公司
开　　本：880mm×1230mm　1/32
印　　张：15.5
版　　次：2024 年 4 月第 1 版
印　　次：2024 年 4 月第 1 次印刷
书　　号：ISBN 978-7-5010-8407-4
定　　价：88.00 元

杭州龙井十八颗御茶的秋芽

晚唐长沙窑"茶盏子"青瓷碗

晚唐"镇国茶瓶"青瓷执壶

杭州民间收藏的
南宋绍兴五年茶刷子

现在少而精的蒙顶黄芽沃茶实验

桐庐雪水云绿芽茶瀹茶实验

杭州孔庙文化节上见茶百戏表演

老白茶煮茶之汤击拂后的浮沫

冷水煮瀑布仙茗，
茶汤击拂后点注"之"字

浙江金华出土的北宋黑釉巨瓯

杭州私人收藏南朝青瓷莲瓣纹带托茶碗

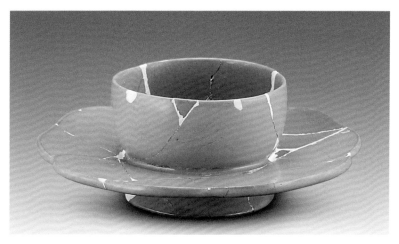

杭州民间收藏汝窑盏托

《青韵》收录杭州私人收藏五件同款龙泉窑青瓷茶盏

龙泉青瓷博物馆藏宋折扇纹青瓷碗

景德镇御窑厂出土
宣德款外红釉内白釉茶碗

杭州土火斋古陶瓷博物馆收藏
光绪粉彩八吉祥纹茶盖碗

目录

引　言

茶，无疑是中国的一张文化名片，当下与茶有关的文化活动在各地如火如荼地开展着，图书、影视作品都在积极地宣传源远流长的中国茶文化。但每每论及茶从哪里来，还停留在陆羽"茶之为饮，发乎神农氏"的传说中。毫无疑问，传说的自由发挥空间很大，容易叙说，只要有点蛛丝马迹就可以演义出生动美丽的故事。故事说多了，正史反而湮没不彰了。如果说陆羽时代语焉不详的茶史是文化交流传播不便造成的，无可厚非；那么现在我们还停留在传说和非信的史料中讲述茶文化，就会使茶文化名片黯然失色。那就愧对祖先了！

中国有世界上历史最悠久、体系最完整且是独一无二的饮食文化，这得益于先圣们对先民饮食的不断文化（此"文化"为动词），从开拓食源，到分门别类，教民健康、合礼地饮食，更好地"养生送死，以事鬼神上帝"（《礼记·礼运》）。作为饮食的茶，一定与这样的饮食文化密切相关的。饮食文化包括饮与食两个方面，那么，茶究竟是饮还是食，还是两者兼而有之？简言之就是：什么是茶？这好像是故弄玄虚、明知故问的问题，陆羽不是在唐代就说了"茶者，南方之嘉木也。"然而当陆羽之前的古人说"茶荈以当酒"（《三国志》），今人说苦丁茶、菊花茶、奶茶、茶饭不思的时候，不觉得此"茶"别有它义吗？显然，前者与酒有关，后者是没有茶叶的茶，那么茶的这种"它义"是与生俱来的，还是先于茶叶出现的，抑或茶叶作茶以后延伸出来的呢？这貌似陷入了"先有鸡还是先有蛋"的哲学话题，实则是探寻"茶从哪里来"必须弄清楚的基础理论问题。一个不明不白的东西，如何去探源？名不正如何言辞顺呢？

茶树之茶是天地所生之物，如果没有人文，是不会与人的饮食发生关系的，也不可能形成饮食文化的，仅仅是自然植物而已。因此，茶饮文化的探源应该是寻找什么时候人与茶发生关系入手，即人什么时候开始以茶为饮食的。

文人，是古代对掌握文化知识的人的专门称谓，一度被现代人的妄言所诟病，然而最初有文德的祖先才能称"文人"，他们对中国文化的源远流长起着决定性的作用。作为重要的饮食文化，茶不可能仅仅是传说的，一定会有文人将其记载下来的。孔子说"礼失而求诸野"，从周代开始，官方就委派风俗大使到各地了解风土人情，《诗经》就是风俗大使"求诸野"的结果，反映了周朝前五百年江汉以北广大地区的风土民情。汉代继承了这一制度，先有扬雄的《輶轩使者绝代语释别国方言》（即《方言》），后有应劭的《风俗通义》，采风的地域扩大了，遗憾的是"求诸野"的结果，前者不见茶迹，后者不见茶踪。

作为重要饮食文化的茶，其文字一般会出现在早期的训诂典籍中，然而中国最早的训诂书《尔雅》和字书《说文解字》

（以下简称《说文》）中都没有"茶"字，也没有与茶关系最密切的"茗"字，更没有"叶老者"的"荈"字。《说文》成书于东汉中期安帝建光元年（121年），由当时著名的经学博士许慎编著，应该涵盖了当时经书上出现过的所有文字了。然而饮食中赫赫有名的"茶"字却没有，岂不怪哉？这只能说明茶尚未出现在东汉中期以前人们的生活中，那么，向最高统治者的贡茶也没有存在的可能了。因此，东汉中期以前所谓的茶或茶事，都需慎重对待，不能用扑朔迷离、未经考证的文献文物来说真实存在的茶。

三国时期，《诗经》里部分草木鸟兽鱼虫的称谓和饮食风俗因时空的变化而改变了，吴地文人陆玑根据当时他所了解的古今民情风俗注释了《诗经》中的名物，著《毛诗草木鸟兽虫鱼疏》（以下简称《毛诗疏》）二卷，开创了训诂学的新分支——名物学。在《毛诗疏》里我们终于看到了"茶"，也看到了"茗"，因不是字书，没有像许慎那样先篆一字再"说文解字"，所揭示的三国时期吴蜀之地的新的饮食文化并没有引起文人们的注意。再说，三国是一个豪强割据的时代，文化交流和传播比统一时期更困难，也难以引起更多文人的重视。虽然后来读过此书的文人都叫好，由于不是官方认定的必读经书，在独尊儒家经典的时代，其影响并不广泛，特别是深居宫廷的大文人因没有仔细体会文字出处的语境，甚至误茶为荼，误晚采为茗。官方大文人有话语权，自然影响很大，影响大与贻害深广是成正比的。因此，不读《毛诗疏》，你根本就不知道茶；读了《毛诗疏》而不求甚解，你也不懂茶。

《茶经》是每一位茶文化研究者的必读经书，但大多是"好读书不求甚解"。陆羽在《茶经》中说茶字时云："从艸当作茶"，并没有引起人们的深思。现在翻印出版的《茶经》中的茶字下面都是有"木"的，如果当时写作"茶"，陆羽不会见木不言木吧，唯一解释得通的是当初茶字下面没有"木"。由此可以推知，陆玑记录民俗的"茶"和陆羽的"茶"与现今"茶"的字形可能是不同的，那么，茶的原字怎么写，成了一个必须解决的问题。中国传统文字训诂，首先得知道文字的字形，没有准确的字形就不可能因形释义；不知道茶的本义，又如何知道茶从哪里来呢？

草木文化也是中国独有的文化，最初区分草木既有植物学意义的分类，更多的是人文意义的分类。如果不理解其中的人文意义，一味地以"从艸"、"从木"来释读，就会失之偏颇。如《尔雅·释草》的文字中有从木的"樺"和"杜"，前者训为"黄华"，郭璞注谓"牛芸草"；后者训为"土卤"，郭璞注曰："杜衡也。似葵而香。"两个从木的文字说的都是可食之草，故归在《释草》中，切不可望文生义当作木本植物来理解。对于古人来说，树的杆枝为木，芽叶为草。草可以用从木的文字命名，草也可以解释从木的文字，其中的人文意义就是"有用"。树的木在于制造、生产生活所需之物；草则关乎生民的饮食，大多数的贴地生的草是可以饮食的，木上的草是否可食则是需要点拨的。故早期训诂书籍的释训与当时现实生活、生产密切相关，对饮食文化中的称呼与草木植物之间的关系，切不可简单地以现代植物学的观念来梳理，否则就找不到"茶"了。

陆羽著《茶经》以后，茶在现代人的认知中就是指不同产地的茶叶，或茶叶茶，以此指导博物馆的设立，名之曰："茶叶博物馆"。然而陆羽说种茶是"法如种瓜，三岁可采"，估计大多数人都一瞥而过，没有深究其指称意义，三岁可采的茶当不是指茶树叶，茶树叶是一开始就年年有的。那么，陆羽的茶究竟是什么？也是一个需要澄清的问题。

《茶经》对茶的详尽叙述，茶的源流不再是人们关注的对象，一溯源就照抄《茶经》，或循着《茶经》的脉络展开叙述，不再费神探究了，于是乎人们关注点转到了对茶饮问题的探讨上。然而由于语境的不同，有些作茶为饮的细节对于当时人来说是不需要解释的，后来人却因生活习俗的不同而难以理解，往往**以自身现实评判历史现象**。一代文人自有一代文人的解释，时过境迁，正解和曲解混杂在一起，流传至今珠目难辨。流风所及现代，一些图书和影视作品在释读古代茶饮文化时显得任性随意，甚至一些专业的期刊、图书、展览和影视作品将古代宫乐、夜宴场景释读为会茗、茶宴。如此这般，说明现今对古代的饮食文化知之甚少，造成的误解自然也太多了。

陆羽《茶经》立了茶道，至少唐代茶饮之道应该解释清楚了，但从现在公开出版发行的相关的图书、影视作品看，陆羽的茶道并不被现代人所理解，我们的镜头甚至都不敢特写表演场景中煎茶鍑中的茶汤。故此，现今人并没读懂陆羽的煎茶，更遑论唐代末茶与宋代末茶的"末"有什么区别，唐宋茶面的"沫"又有什么区别？明代朱权末茶与唐宋末茶又有什么不同？上述问题懵懵懂懂，那就不能说清楚中国茶道（或茶艺）与日本茶道究竟异趣在哪里了。如果古人说得最多的末茶也说不清楚，自然说的比较少的散茶的源流就更说不清楚了。

陆羽在《茶经·四之器》中极力赞美以越窑为代表的青瓷茶碗，现在的电视节目在再现唐代茶道时，几乎看不到用仿唐代青瓷碗做道具的，更不要说越窑青瓷了。"青则益茶"是茶道，用白瓷盏则让陆羽情何以堪啊！与之相反的是黑釉建盏本来是宋代专为点茶而定制的，现在却为了卖茶盏而忽悠人喝清茶时也用黑釉建盏，毫无审美理念，并以随身携带自用黑釉建盏为懂茶，实在是"器之不存，道亦不复。"

上述可见，从茶的源头开始，到现代人们比较熟悉的晚明点注炒青茶出现为止，我们对期间茶的发生发展的认知，不是"知者过之"，就是"愚者不及"，偏执于茶饮，偏执于茶叶，并不知道茶为何物。即便是陆羽之茶，也没有以当时的语境仔细释读，如盲人摸象一般地研究着茶文化历史。对待历史，司马迁是"究天人之际，通古今之变，成一家之言"的，以司马迁的历史观来重新探究茶的起源及演变，以饮食文化的视角来穷通茶事、茶俗，以及对社会的影响，以期知茶之所来，晓茶之所变，究茶人之际，通人文文化。

第一篇　茶义之辨

论茶必问：茶从哪里来？以现在自然科学的思维来解答，人们自然而然地去寻找哪里有茶树。然对于五千年文明从未断绝的文化古国来说，如此对待文化过的饮食，未免过于简单粗糙了。若以人文的饮食文化论，远古到先秦的内容就比较丰富了，从茹毛饮血到炮生就熟，从采食百草到稼穑五谷，从粗饮糙食到精酿细食，虽然缓慢，但一步步地次第向前发展着。至商周时期，才始有系统的文字予以记载，尽管有些记载是远古的传说。传说不是信史，但有历史的信息，需以饮食文化的发展规律去辨正。

对于中国传统饮食文化，显然文字很重要。最初的文字都是一字一义的，然后因假借、转注等形成诸多的扩展意义。要辨茶义，不寻找出茶的本字本义，是无法从根本上解决茶的源流问题的。由于最早的训诂书《尔雅》和最早的字书《说文》都没有茶字，以及相关的茗和荈，需对有茶及相关文字的早期文献认真梳理，以当时的语境来释读出现时的意思，方能找到最初的"茶"。如果"天之未丧斯文也"，能在文献和文物上都找到茶的原字，那就可以实证茶的源流了。

第一章　从传说到先秦之饮与食

　　饮食是人的生存之道，故最初的传说就已有饮食的历史。传说历史要一分为二地对待，虽然有夸张的成分，但会透露出真实的历史信息。如传说女娲造人，就折射出远古社会结构是以女性为中心的母系社会。这个传说中的中国始母并不是第一天就造人的，相传女娲正月初一创造了鸡，初二创造狗，初三创造猪，初四创造羊，初五创造牛，初六创造马，这前六天创造的都是至今都在饮食的六畜。到初七日，她觉得六畜即备，有食物可供人类生存了，才仿自己的样子创造了人。所以正月初七在古代是"人日节"。这个传说透露的历史信息是：先民们的最初饮食是以六畜为主的肉食。随着人口繁衍速度加快，可分配肉食的减少及获得的不稳定性，人们开始采食遍地生长的野生谷类植物和野菜。

　　早期饮食，动物肉食多于植物食材也为《山海经》所证实。《山海经》虽然成书于西汉（传为汉代刘歆所作），但记载了远古以来的山川地理、鸟兽鱼虫和奇木异卉。记录的许多事情貌似荒诞不经，却是蛮荒时代的真实写照。书中记录的鸟兽鱼虫（不包括神兽）多达 325 种，远多于植物的 182 种。总结出其中 83 种动物吃了或佩戴（翎毛或皮革）可以治病，67 种动物能预示水旱兵火等灾祸。182 种植物主要是谷物类、草类和果子类，没有食用树木芽叶的记载。

同样是说神农氏，唐代人王敷《茶酒论》说："神农曾尝百草，五谷从此得分。"神农氏，顾名思义是农耕文明的发明者，尝百草是为了分五谷，然后教人播种五谷类粮食，其后，人类可以定期种植和收获谷豆类食物，有稳定的食物来源。如果人口增加，可以垦荒扩大种植，不必担心食物匮乏而挨饿。谷豆类从此也成为农耕社会人们的主食，也成为酒饮的原料。《韩非子·五蠹》记载了当时比较流行的关于尧帝时期的生活状况："尧之王天下也，茅茨不翦，采椽不斫；粝粢之食，藜藿之羹；冬日麑裘，夏日葛衣。"粝，粗米。粢，谷类。粝粢泛指粗劣的谷物。藜，一年生草本植物，嫩叶可食。《诗经·小雅》"北山有莱"的"莱"就是藜。藿，豆叶。两者均为草本，形式是"羹"，"藜藿之羹"泛指煮草本野菜而成的汤羹。这也是早期煮食野菜为羹而佐餐的写照。

藜藿之羹也常作副食、乃至主食的。《墨子·鲁问》记载曹公子初为墨子学生时，"短褐之衣，藜藿之羹，朝得之则夕，弗得祭祀鬼神。"即经常是早上吃了藜藿之羹直到晚上，没有多余的饮食来祭祀鬼神。明显地此菜羹是全天的饮食，是将副食当主食吃的。屈原"哀民生之多艰"可见一斑。

有一个流行传说，神农的肚皮是透明的，亲尝百草，观察在肚子里的变化，教人治病。这是因《本草经》要冠以神农之名而演义出来的故事。其实远古传说中治疗人民疾病的不是神农氏，而是燧人氏。《韩非子·五蠹》曰："民食果蓏蚌蛤，腥臊恶臭而伤害腹胃，民多疾病，有圣人作钻燧取火，以化腥臊，而民说（悦）之，使王天下，号之曰燧人氏。"生食是人类最初的病源，燧人氏发明了火，教人烹煮水及食物，摆脱了生食对身体的伤害，人民拥戴他成为群体的首领，与神农氏一样成为远古的"三皇"之一。

《礼记·祭法第二十三》："夫圣王之制祭祀也，法施于民则祀之，以死勤事则祀之，以劳定国则祀之，能御大菑则祀之，能捍大患则祀之。"如果神农氏真的发现了"茶饮"，属于"法施于民"，应该"祀之"。祀，《说文》释曰："祭无已也。"就是每一个新年都要祭祀。远古社会没有流传下来祭祀神农氏发现茶饮，那至少说明茶饮"发乎神农氏"的说法是靠不住的。就像现在讲故事，都喜欢在开头说"很久很久以前"一样，既有历史感，又无法考证真伪。

茶树作为一种木本植物，应该远早于神农氏时代就存在于南方各地区，而被人发现食用则又是另一回事。经常被人引用的浙江河姆渡遗址（距今 7000—5500 年）出土多个山茶科植物根茎，应该是野生的。山茶与茶饮的茶树是有别的，主要是用其果实榨油的。野生山茶科植物的确存在，但是否发生被人利用果实榨油则是一个未知的情况。河姆渡田螺山遗址还出土了成叠的树叶，不是山茶树叶，也不是茶树叶，况且是否食用，也是未知的情况，与饮食之茶似无关联。

传说时代的饮食是粗糙的，既不可能产生神农氏以茶解毒的故事，也不可能有"发乎神农氏"的所谓茶饮，纯粹是陆羽为了弘扬茶事而冠之以圣人之名的，圣人之道才名正言顺嘛！《神农本草经》即是如此。

夏商周三代是青铜冶炼铸造非常发达的时期，"国之大事在祀与戎"的兵器、战车部件和祭祀用器都是由青铜来制造的，故指称此一时期为青铜时代。

三代时期由于有甲骨文、金文、七国篆书等文字，又有《尚书》《诗经》《周礼》以及诸子百家的典籍，历史和事物开始有文字可考了。虽然许多书都经过汉代人抄录、注释，甚至伪写，然时间上离三代较为接近，至少春秋战国的基本事实是清楚的。

三代时期被说得较多的"茶史"，有西周贡茶和晏子"五卵茗菜"之事。由于是晋唐人的记述，语境已完全不一样了，如果不加以考证，讹误在所难免。

一、西周贡茶

西周贡茶，出自（晋）常璩《华阳国志·巴志》，虽然研究者所引版本不同，文字略有出入，但基本意思一样，都有"茶"和"香茗"。本书所引的是《钦定四库全书·史部九·华阳国志·巴志》记载的土贡情况：

> 其地东至鱼复，西至僰道，北接汉中，南极黔涪。土植五谷，牲具六畜。桑蚕麻纻，鱼盐铜铁。丹漆茶蜜，灵龟巨犀。山鸡白雉，黄润鲜粉，皆纳贡之。其果实之珍者，树有荔支，蔓有辛蒟，园有芳蒻香茗，给客橙葵。其药物之异者，有巴戟天椒；竹木之璝者，有桃支灵寿。其名山有涂籍灵台，石书刊（刊据别本补）山。（句读为笔者标点。）

以茶饮发乎神农的传说来论说，周代四川地区有种茶、贡茶的历史似属合理，但对照流传的周代文献，这段记载就显得"想当然"了。上古典籍《尚书》记载了从尧帝至春秋的历史，其中的《禹贡》记载了大禹时代九州的贡献和赋税。因成书于春秋，所谓的"禹贡"实质上是周代土贡的写照。其中记载华阳（华山之阳）至黑水（金沙江）的梁州贡赋，除税赋外，"厥贡璆、铁、银、镂、砮、磬、熊、罴、狐、狸、织皮。"主要是矿产和动物，没有植物，更遑论茶叶了。

与之邻近的荆州所贡较多，"厥贡羽、毛、齿、革、惟金三品，杶、干、栝、柏，砺、砥、砮、丹，惟箘、簵、楛、三邦底贡厥名。包匦菁茅；厥篚玄、纁、玑组；九江纳锡大龟。"其中杶、干、栝、柏、箘、簵、楛、菁茅等都是竹木类植物，木类主要是用主干来建筑和制器的，如楛是制箭的。菁茅，又称苞茅，是宗庙祭祀时滤酒必备植物。管仲率领八国联军（诸侯国联军）问罪楚国的两大理由之一，就是楚国长期没有向周天子进贡苞茅了。也没有常璩所说的茶。

淮河以南的东南沿海广大地区古称扬州，是以后重要的产茶区，但大禹时代"厥贡惟金三品，瑶、琨、筱、簜，齿、革、羽、毛。岛夷卉服，厥篚织贝；厥包橘、柚，锡贡。"也不贡茶和与之相关的木本植物芽叶。

《禹贡》成篇于春秋时期，从下限来说属周朝文献，所记述大禹时代的赋税和贡献不一定完全准确，部分应该是根据周朝的情况推想出来的。另一个情况是远古时代社会发展比较缓慢，物产的开发利用也是很缓慢的，禹时代和周朝的贡献即使有变化也只会多出若干，周朝的贡献应该涵盖了禹时代的贡赋。

常璩是西晋末东晋初人，由成汉降晋进入东晋政治集团，却受到东晋士族的歧视、轻藐，因此专注于修史，撰写成《华阳国志》。东晋时期的西南地区已经过了礼崩乐坏的春秋战国、秦的统一、汉代"独尊儒术"的复礼，又有三国蜀汉的经略和西晋的短暂统一，社会变化巨大，与中原的物产的沟通交流也越来越频繁，巴蜀和吴地的茶、茗也已是吴蜀文人们皆知的事情，从《三国志》吴王"茶荈以当酒"的史实看，贡茶也完全有可能。但此时若还以两晋的物产来推想西周早期的贡赋，已掺入了三国两晋的史实，需以周代的文献加以印证和甄别。常璩是现在四川成都崇州人，虽然了解巴蜀地区物产风貌，写时代较近的三国西晋乃至东汉的物产和历史，尚能令人接受。然而汉礼与周礼已经大不一样了，饮食文化变化也很大，以当时的贡赋来推测西周的贡赋，太差强人意了吧。况且南北物产有别，饮食各异，其后东魏的《洛阳伽蓝记》记载北人鄙视茶饮为"酪奴"，居北方之地的西周中央政府怎么还会有贡茶呢？

在论述园中所植时，文中有"香茗"一物，联系上下文意，恐是"香荼"之误。首先"茗"是东吴人的专属用词，四川成都崇州人的常璩写《华阳国志》是不应该用此名词的。比如同是四川人陈寿写《三国志》就说"茶"的。其次，从"其果实之珍"到"葵"，是讲"园"中的物产。《说文》释园曰："所以树果也。"园主要是种果树的，故有珍果荔枝、给客橙，藤蔓植物辛蒟等。蒟，木质藤本，果实像桑葚，有辣味，故曰"辛蒟"。可吃，亦可制酱。给客橙是蜀地一种橘树的果实，（清）段玉裁注《说文》"橙"曰："《蜀都赋》刘注曰：蜀有给客橙。"给客橙是一种珍果的专有名称。果园不可能只有果树的，南方气候湿润，其泥地上当有各种奇花异草伴生。蒻是一种香草，故云"芳蒻"。可编织成席，是贡席。紧跟其后的"香茗"之"茗"，也当是香草，可能是"荈"之误。《说文》释荈曰："艸也"。香荈即香草，与芳蒻对应。此处在讲"园"中植物，前文是"芳蒻"的草，联合句式的后文不可能是说木本的。因此，"园有芳蒻、香荈"比较符合文义。

总之，常璩著《华阳国志》虽然很想从源头上说清巴蜀的历史，由于资料的缺乏，实则很难说清楚早期贡赋的历史，免不了以当时的物产来推想。而文中的茶茗二字，既有历史上的传抄之误的可能，也有后来语境不同，造成的理解、释读之误，不可不细辨也。

二、荼

荼，在先秦的地位极其重要，重要到与国家大事祭祀相关，也与平民百姓日常生活相连。然而经历了春秋战国的礼崩乐坏，秦汉时期的文人大多已经不太了解荼与礼有什么关系了，只知道老百姓常吃"荼"或"苦荼"。此后，文人的脑子被各种新奇的释训所搞乱，时至今日，成了破解什么是茶的最大障碍。

那先秦的荼究竟是什么呢？先秦古籍《周礼》和《诗经》都出现了"荼"字，《周礼·地官司徒第二》有"掌荼"官，而非"掌茶"官。人员配备为"下士二人，府一人，史一人，徒二十人。"荼是干什么的？为何重要到由专人管理？因为"掌荼，掌以时聚荼，以供丧事。""丧事"就是国之大事的"祀"之一，荼是供丧事之用的。《尔雅》中"荼"有二解释，其中之一是"茅秀"。《尔雅注疏》："蔈、荂、荼、猋、蔍、�。释曰：此辨苕荼之别名也。案：郑注《周礼》'掌荼'及《诗》'有女如荼'，皆云：荼，茅秀也。"所谓"茅秀"就是茅草上所开的絮状白花。

荼作为祭祀用品还反映在籀文上。东汉许慎《说文》："荼，苦荼也。从艹，余声。"按照许氏的解释荼是形声字，上形下声，荼字归在艹部。（清）段玉裁《说文注》："籀文作蒤。"（如图）段注很说明问题，说籀文荼字下有一意符"艹"，写成篆书是"𦫵"，

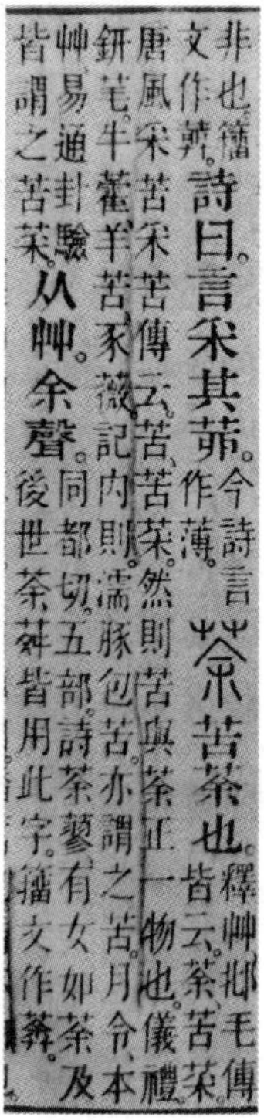

《说文》释"荼"

作两手供奉状，这就点出了荼的用途。祭祀用器可统称彝器，彝的下部也是"廾"，双手供奉的是猪头、米、蚕丝等祭品，籀文的写法正是荼作祭祀用品的反映。所以，先秦时期官方的"荼"是专指用作丧礼的白色絮状茅草花。

这种絮状白花怎么用呢？《礼记·玉藻》曰："纩为茧，缊为袍，禅为絅，帛为褶"。纩是新丝棉絮，缊是旧的丝绵絮，茧是指填充新丝棉絮的衣服，袍是填充旧丝绵絮的袍子。人死了以后，《礼记·丧大记》曰："小敛，君、大夫、士皆用复衣、复衾。"胡平生、张萌译注的《礼记》释"复衣、复衾"曰："絮有丝绵的衣和被。"但这里的衣衾只用了"复"字，并没有纩、缊的区别，说明填充的东西不是丝绵；也没有茧、袍的区别，说明内容一样，形式就不需要区别了。综合言之就是复衣、复衾是絮有类似丝绵替代品的衣和被。另据孔子以孝闻名的学生闵子骞"芦衣顺母"的故事，推测替代丝绵絮入衣袍的就是荼花。死人不知冷暖，无须旧丝绵与新丝绵的讲究，况且复在衣衾内是丝绵还是荼花他人也看不见，然而礼到了，神明了，故用之。既然荼是用于丧礼的，那么"国之大事"诸多事项之一的"聚荼"当然要有专人负责管理的。

关于古代葬礼用荼花填充衣袍，讲究厚葬的汉代人不理解，现代人就更不理解了，这不是弄虚作假吗？《礼记·檀弓上》记载了孔子的一段话，似可以解释其中的原因：

> 孔子曰："之死而致死之，不仁而不可为也；之死而致生之，不知而不可为也。是故，竹不成用，瓦不成味，木不成斫，琴瑟张而不平，竽笙备而不和，有钟磬而无簨虡，其曰明器，神明之也。"

孔子认为把死人当作是无知无觉的对待而行葬礼，是不仁的；把死人当作生人一样有知觉的而行葬礼，是不明智的，两者都不对。所以，做竹器（不做縢缘）使其不能用，陶器不磨涂陶衣，木器不斫平，琴瑟做好了不调音，竽笙准备了不调和好，钟磬有了但没有悬挂的木架，如此，各种生活用器齐备，但都是不能实用的，称作"明器"，作用是"神明"，即做给神看的。孔子给出的葬礼规范就是不要把死人当作无知的，也不要把死人当作有知的，陪葬器要有而齐备，但不能使用，仅仅是明示给监督的神灵看的。基于这样的丧礼的认识，衣袍填充茶花并不是为了保暖，而是意思到了，神就不会怪罪了。

春秋战国被称为"礼崩乐坏"的时代，天子有时穷得向诸侯借钱办丧事，而诸侯们富裕得用生器、祭器陪葬。湖北战国早期曾侯乙墓出土的青铜礼器簠簋完备，不仅仅是祭器、礼器的问题，器型之大恐已僭越了。如此，丧葬绵袍还会用茅秀吗？汉代，虽然依靠儒生恢复了礼制，但此礼非彼礼，"事死如事生"观念的曲解，使厚葬成风，王公贵族完全仿照生前的生活来生产陪葬的东西。长沙马王堆西汉早期墓葬出土的十二件绵袍，表面用罗绮，内絮以丝绵，与生人用的完全一样了。联想到许慎《说文》释荼时没有提到"茅秀"，说明汉朝的五经博士也不是都知道周礼丧葬绵袍是用白色荼花填充的了，更不用说汉代以后的文人了。"聚荼以供丧事"，从汉代开始已为人们所淡忘。

《说文注》段玉裁说《诗经》"有女如荼"，出自《诗经·郑风·出其东门》，文曰："出其闉阇，有女如荼。虽则如荼，匪我思且。"这里的"如荼"，和成语"如火如荼"一样，都是表达像野地里的白荼花一样众多的意思。

先秦《诗经》中的"荼"还表达了另一层与生民休戚相关的意思。《尔雅·释草篇》释荼的另一个意思是："苦菜。"这里的"苦"是指"味苦"；"菜"东汉《说文》释曰："艸之可食者。"那么"荼"可理解为**苦菜之一**，也可理解为**泛指野菜**。野菜大多有点苦味，即便是现在采食野菜，也需先焯水去除苦味。《尔雅》是中国最早的训诂类书籍，虽然有周公著《尔雅》、孔子教鲁哀公学《尔雅》等传说，但大多数人认为（唐）陆德明所说："（成书）以为汉武帝时人，则其书在武帝以前"的观点是对的。也就是说，书中所载内容是西汉武帝（公元前140年—公元前87年）以前的，可能包含秦和西汉早期人们对事物的认识。

东汉《说文》释茶与《尔雅》大同小异，释为"苦茶"。这里的"苦"极易理解成"苦味"的意思，实则是另一种野菜。《说文注》："《唐风》：'采苦采苦'。《传》云：'苦，苦菜'"苦是怎样的一种苦菜呢？《说文》释苦为："大苦，苓也"。《尔雅》是反过来释训的："苓，大苦。"所以这里的苦和茶如果分开都是特指，合在一起就是"苦也茶也"的泛指意思，**泛指可食的苦茶类野菜**。"苦菜"与"苦茶"在类指上意义相似，均指可食野菜。

先秦古籍《诗经》中记录了许多食茶的诗歌：

《诗经·邶风·谷风》："谁谓茶苦，其甘如荠。"
《诗经·大雅·绵》："周原膴膴，堇荼如饴。"
《诗经·豳风·七月》："采茶薪樗，食我农夫。"
《诗经·唐风·采苓》："采苦采苦，首阳之下。"

《诗经》收集了西周初年（公元前11世纪）到春秋中叶（公元前6世纪）约五百年的诗歌。孔子说："诗无邪"；梁启超说："《诗经》为古籍中最纯粹可信之书，绝不发生真伪问题。"所以《诗经》记载的内容没有发生过伪写，特别是中原一带的民风民俗的记录极其生动。从诗句中可以看出茶虽然可食，但多数时候其味道有点苦。第一则将茶与心里的苦相比还是像荠菜那样甜，对应了《尔雅》的释训。第二则看到周原肥沃的土地，即使吃苦味的堇和茶也像吃麦芽糖一样甜，也就是心里甜吃苦菜也是甜的。第三则的"茶"有泛指的意思，因为"薪樗"也有泛指品质较差柴火的意思。"食我农夫"表明用劣质柴火煮食野菜是农夫的生活常态。第四则就是《说文》释"茶"为"苦茶"中的"苦"，也是一种野菜，可以归入野菜的范围。从中可以窥见，食茶类野菜是先秦平民之常态，具有典型意义，故常被用来比兴诵唱。

茶字是古文字中的"长者"，《尔雅》、《说文》都有解释，《说文》释读得详细一些，还有读音，是"从艹余声"。表明"余"是声符。《说文》释余曰："语之舒也。从八，舍省声。"宋《集韵》注余曰："同都切，音徒"。徒音是"余"最广泛使用的声符，以此作为形声字有稌、涂、途、捈、悇、酴等。由于古老，一些早期外语的音译和口语记录常假借茶字。如佛教的曼茶罗和植物茶蘼等。

因此，先秦文献中"茶"的意义，既有因凶礼不便明说的隐晦，又有明明白白可以直言的民间饮食。无论是官方的"茅秀"，还是民间的苦菜，抑或是音译，先秦时期只有茶，与茶毛关系也没有。

三、《晏子春秋》的"茗"

《茶经·七之事》提到了《晏子春秋》记载了一个有"茗"的饮食，其文曰："婴相齐景公时，食脱粟之饭，炙三弋、五卵茗菜而已。"陆羽认为"卵"之后、"菜"之前是一个"茗"字，这着实令人困惑。因为《茶经·八之出》所列的产茶之地中并没有齐鲁之地，陆羽是何以肯定齐国餐桌有"茗"的？《七之事》与《八之出》的叙说是有矛盾的。

查阅《晏子春秋》的原文并非如此。现引用张纯一撰、梁云华点校的《晏子春秋校注》，其《卷六·内篇杂下第六》有两则相关文献：

其一：景公以晏子衣食弊薄使田无宇致封邑晏子辞第十九：

晏子相齐，衣十升之布，脱粟之食，五卵苔菜而已。

其二：景公睹晏子之食菲薄而嗟其贫晏子称有参士之食第二十六：

晏子相景公，食脱粟之食，炙三弋，五卵苔菜耳矣。

陆羽是凭记忆引用《晏子春秋》的，引用的应该是"第二十六",非常接近原文。将"炙三弋"记成了"炙三戈"。弋,指系了绳子的箭矢,用来射飞鸟的,这里代指禽鸟。"炙三弋"是指三只,或三块烤飞禽;炙三戈,是指三块,或三串烤肉。

晏子是一代名相,以生活俭朴、忠君爱民著称。两则的内容大同小异,前者是人们看见晏子每天都是"衣食弊薄"的情况,反映给齐景公,齐景公听闻后马上赏赐晏子以弥补,但被晏子婉拒了。后一条是景公亲自前往晏子处,亲见了晏子的清贫,而晏子认为自己过得很好,自称有"参士之食",一为"脱粟之食";二为"炙三弋";三是"五卵苔菜",是"士之三乞也"。炙三弋是晏子自己说的,对照"第十九"别人看见的情况多出来的,或是晏子为了宽慰景公,标榜自己有"士之三乞"的待遇而加上去的。

两则文献正文均为十九个字,问题最多的就是"五卵苔菜"四字。"五卵"常被释读为五个禽蛋,非也。段玉裁《说文注》释蒜曰:"凡物之小者称卵"。卵是"小"的意思。如果释卵为禽蛋,语意就不通达了。被陆羽误记为"茗"的,应该是"苔"。如果书写得快,是极易与茗混淆的文字。《说文》作"落",释"水青衣也"。文下有段玉裁引《吴都赋》注文:"海苔生海水中,正青,状如乱发,干之赤。"即今之紫菜,或称海苔。齐国临海,食用海苔应与事实相符。菜在古文中泛指"草之可食者",

故所谓"五卵苔菜"就是五小份海陆蔬菜，也就是说晏子的日常伙食是粟米饭加五个小菜。清淡如此，才能彰显一代名相之本色。

上述可见，先秦时期的文献既没有茶，也没有茗。所谓的茶踪茗迹都是古人误读误记造成的。由于古代读书著作全凭记忆，只有官方校雠时才有原文对照，误读误记在所难免。现今的人们，能看到的文献比古人多得多，且可对照参看，更容易发现问题。若要引史料作证据，应对照考释以后方可加以引用。

第二章 "书同文"和"事死如事生"的 秦汉时代

秦始皇一统"天下"，那是真正统一的、中央集权的"天下"。因此，要推行便于"中央"行使权力的"郡县制"，以及便于信息交流、行政管理的"书同文、车同轨"。"书同文"即是将六国各自书写文字统一为秦丞相李斯编写的小篆字体，小篆至汉代，发展为更便于快速书写的、横平竖直的方正隶体，是现在通行的楷书汉字的前生。从圆转的篆书到方正的隶书，书写的速度加快了，但字形变化很大，象形弱化了，影响着对文字本义的理解。为此，《说文》的作者许慎释字均是先"篆一字"，以便释义对照。

文字书写的统一，不仅方便了公文的传递、执行，也使得战国时代诸子百家的言行及遗留的历史典籍都用一样的文字进行书写传播，迎来了汉代"小学"的繁荣，训诂书籍《尔雅》、《说文》以及释读地方语言的扬雄《方言》和刘熙《释名》等应时而生。汉代还开创了纪传体修史，有司马迁《史记》和班固《汉书》。因纪传体史书被官方认可，成了后来官方修史之滥觞。

秦汉人的生死观有所改变，由于曲解《中庸》："践其位，行其礼，奏其乐，敬其所尊，爱其所亲，事死如事生，事亡如事存，孝之至也。"中的"事死如事生"，葬礼讲究厚葬。然而，徒费民脂民膏的诸多厚葬之物，也为今人认识秦汉时期的社会制度、风俗习惯等提供了实物依据。文献与实物互为印证，汉代有无茶，应该不是难以解答的问题。

一、槚

唐代以后大多数人是通过陆羽《茶经》将"槚"作为茶的五个别名之一而认识"槚"的，但秦汉以前的文人对于"槚"是尽人皆知的，因为槚与茶一样也是攸关生死的。槚树主干通直平滑，一般高度都在六米以上，木质轻而致密，生人住的宫殿楼阁以槚木作梁柱，死人睡的棺椁也必须以槚木为之。西汉的《尔雅》和东汉的《说文》两部训诂字书都有解释。

《尔雅》释槚较为"文约"，释曰："槚，苦荼。"槚字从木，归在"释木"部，但释文却用两个从艸的字"苦荼"，显然作者不是本字本义地在释训槚树本身，而是在说其树叶，解释树叶是否可食，树的木芽嫩叶古人也称之为草。上文说茶的"苦荼"是以两种植物来泛指,《尔雅》的释槚与《说文》释茶是一样的,同样应该释读为"苦也荼也"的意思,也是类指,即槚树的嫩叶与苦、荼类野菜一样是可以食用的。从《尔雅》到《说文》,"苦荼"是类指野菜的指称意义并没有变化。

一直以来人们对《尔雅》释槚为"苦荼"不理解,生发出许多曲解,这种现象产生的原因是因为解释的人体察不到先民的艰辛,不知道"采荼薪樗"是"食我农夫"的生活常态,以为是浪漫主义的"参差荇菜,左右采之。窈窕淑女,琴瑟友之",更不知道圣人注为"苦荼"的良苦用心。如果留心观察一下动物世界就会发现,草本植物都是贴地生长的,方便食草动物啃食。但如长脖子的长颈鹿,或善于爬树、并生活在树上的考拉、金丝猴等才有能力去啃食树木嫩叶为生。人类始食肉类,农耕社会以后庶民以五谷杂粮为食,每遇灾荒年粮食不够吃,人们会循着食草动物习性,采食地上的苦荼类野菜。当地上的野菜采食完了怎么办?圣人告诉民众,高大槚树上的嫩叶跟地面的苦荼一样是可以采食的。槚树高大,没有圣人指点是不会特意爬到树上去采食的。《老子》说:"圣人为腹不为目",圣人以解决生民的天大问题——维持生命的食物为要旨,释为"苦荼"就是为了让人们去采食。后来才知道槚树叶子味苦性寒,具有药用价值。但早期民间煮食是为了充饥,需采食嫩叶。作为落叶乔木，槚是不"冬生"的，只有等到春天，才可以采食嫩叶。夏天叶老只能作药用，有清热解毒之效。

时至东汉，因形见义的《说文》，从木本植物的角度对槚进行了释训。释曰："槚，楸也。从木，贾声。春秋传曰：树六槚于蒲圃。"随后释楸曰："楸，梓也"。《诗经·小雅·南山有台》有"北山有楰"，楰，高亨注曰："山楸之类，其材可制家具等。"诗中以高大的楰树比喻君子伟岸。可见，槚高大通直，不是树小如栀子的茶树，也不是干枝纵横的乔木类茶树，与楸、梓、楰同物而异名。

许慎还引经典《春秋》说明文字的出处，反映了槚是普遍认知的植物。原文在《左传·襄四年》："季孙为己树六槚于蒲圃东门之外"。《春秋左传》中还有另两条文献也说了相似的内容：

> 《左传·襄二年》："穆姜使择美槚，以自为椟与颂琴。"
>
> 《左传·哀十一年》："（伍子胥曰）树吾墓梵槚，槚可材也。"

三条文献中的人物都是王公贵族，季孙氏是掌控鲁国的三大家族之一；穆姜是鲁宣公夫人，有"母仪后宫"的美誉；伍子胥可谓是家喻户晓的人物，吴国大夫、军事家。季孙是"为己树六槚"，就是为自己准备棺椁之材；穆姜挑选好的槚树也是为了制作棺椁和陪葬的雅琴；伍子胥吩咐在他的墓旁种上槚树，为子孙准备有用之材。"死生亦大矣"，先秦时人怎么会不知道槚的呢？

槚为良木也出现在先秦诸子典籍《孟子》中，其《告子上》曰："今有场师，舍其梧槚，养其樲棘，则为贱场师焉。"孟子将良材梧桐和槚树与非良材的酸枣树和荆棘作对比，以此来评判场师的优劣。

槚还是建筑房舍所需梁柱和制作各种大小木器之良材，《考工记》中的"攻木之工"其一就称为"梓人"。所以古代住宅边（树六槚于蒲圃东门）、墓地上（树吾墓梵槚）常种植槚树，以备不时之需。南宋朱熹曾说："桑、梓二木。古者五亩之宅，树之墙下，以遗子孙给蚕食、具器用者也……桑梓父母所植"。梓是槚的另一个称呼，是战国之后的流行叫法，也为后来人所比较熟悉。所以古代一直以"桑梓"借指故乡或乡亲父老，其出典就在于此。因此，槚对于秦汉以前的人来说，关乎生前生后事，释读根本不会出现问题的。

《尔雅》与《说文》不同的解释，既有时代早晚的因素，又有目的性的异趣。清代阮元在《尔雅注疏校勘记序》中说："《说文》于形得义，皆本字本义；《尔雅》释经则假借特多，其用本字本义少也。"这说出了不同释读的根本原因，《尔雅》就是借草本的"苦荼"来告诉人们槚树叶可食。槚树木干是造房舍、制棺椁的良材，根本不用说的；熟视无睹的树叶可食，倒是需要点拨的。

救荒是中国古代直到 20 世纪六十年代一直存在的课题，古代释训类的书籍常会提及哪些草木可食，明代永乐年间更有专著《救荒本草》来告诉人们灾荒之年哪些野菜和树叶是可以食用以度荒年的。当年红军到达贫穷的陕北，曾因采摘榆树叶为食而与老百姓发生了争食的矛盾。共产党的军队就是好，不与老百姓争食，而是搞大生产运动自给自足。

槚，对于平民百姓来说，其树叶很重要，是可以经常食用的苦荼类野菜，体现了圣人注"槚"的"仁心"。对于王公贵族来说，本已"朱门酒肉臭"了，那里会去食用苦荼，便也不会知道圣人之"仁"。秦汉及以前，槚是贵庶皆知的，认知的角度不同而已。

唐代《艺文类聚》是我国第一部类书，其《木部》已没有槚，只有梓和楸，良木之"美槚"至少在唐代早期就已知者甚少了，郭璞注"槚"因陆羽《茶经》而为大众所熟知。

二、槚乎？

搽是长沙马王堆汉墓出土的一件竹笥及对应的木吊牌上

的文字，有研究者认为这是"槚"的异体字，或古文（孙机《中国古代物质文化》："〈此字〉或释槚。"）。槚字自从西晋郭璞注《尔雅》以后，许多文人都风从认可是茶的异名，特别是陆羽《茶经》将其列入茶的异名之一，再也无人质疑其中的是与非。如果木牌上的文字释为"槚"，那么，西汉有茶也就顺理成章了。

考释汉字首先得审视字形，所谓因形释义，木牌上的文字以小学论之不应该是槚字的。槚字右边上西下贝，《说文》释"贝"曰："海介虫也……古者货贝而宝龟"。带"贝"的字多与货币、宝物有关；竹笥上的字右边上面似为"古"或"右"字，下为"月"字，月的篆书可以理解为"月"，也可以理解为"肉"，那与"贝"形也不似，义也向左，若以小学考释，两者之间是不应该发生互训，或成为异文的。

马王堆汉墓出土了很多竹笥，即竹编的箱子，这些竹笥装什么也是解决文字意义的关键所在。据《马王堆汉墓》一书报告，竹笥一部分装丝绸衣物，大部分装各种肉干与植物类食品，竹笥上都有对应文字的木牌，木牌其实就是标签。植物类食物（包括装在陶罐和漆器里的）书中报告如下：

1. 谷物和豆类：水稻、大麦、小麦、黍、粟、大豆、赤豆、麻种。

2. 水果：甜瓜、枣、梨、梅、杨梅、柿、橘、橙、枇杷。

3.蔬菜：芋、姜、笋、藕、菱角、冬葵子、芥菜子。

4.肉食：（略）

出土物中还有中草药一组，分别是茅香、桂皮、杜衡、佩兰、花椒、高良姜，存放在香囊、枕头、熏炉中，属于保健香料，也与竹笥没有太大关系。所列的植物类食物大概囊括了当时上层贵族所有的生前常食之物，这些植物在秦汉的古籍中都可以见到，里面没有与茶相关的植物。如果真的把此字释为槚的话，那恰好证明槚不是茶。

根据字形和六书造字原理，竹笥上的字可能是"楜"或"楕（ tuǒ ）"。

楜，晚至明初宋濂的《篇海类编》中才出现，曰："胡椒也，俗加木。"楜字的"胡"为左右结构，竹笥右边为上下结构，左右结构变为上下结构在文字的演变中是经常可见的。如"群"字，就是从上下结构的"羣"演变为左右结构的"群"的。故"楜"最接近竹笥上的字，楜即胡椒。

问题是胡椒是什么时候传入中国的？胡椒传入中国有两说：一是汉朝张骞出使西域带回来的；二是唐朝由印度僧人带进来的。马王堆汉墓是西汉初期长沙国丞相轪侯利苍家族墓，早于张骞出使西域。因此，即便是张骞带入，也与马王堆竹笥上的文字释读无关。中草药一组中的花椒是中国本土植物，所用的也应该是椒实，不可以称为"梂"。故东汉《说文》也没有梂字。

如果证明竹笥及木牌上的字不是"梂"，那么这个字很可能是"楕"。

楕，明万历梅膺祚《字汇》释为"木器"。将"工"字转变为"口"字也是有迹可循的，如"仝"通"同"，仝中的"工"成了同中的"一口"。还有"左"与"右"，篆书是方向相反的手，隶、楷以"工"和"口"来分别。把竹笥上的文字释为"楕"，既接近木牌上的字形，又合乎字形演变的规律。

《说文》有"橢"字，释曰："车笭中橢。橢，器也。从木，隋声。"车笭，即古代车子的竹帘。橢，《说文注》引《广韵》曰："器之狭长"。疑指竹帘狭长竹条，或拉放竹帘的控制杆。故延伸义指狭长的木器。注文中段玉裁引《史记索隐》："引《三苍》云：橢，盛盐豉器。"又"师古注《急就篇》云：楕，小桶也。所以盛盐豉。"注文中的引文段玉裁估计是按原文抄录的，故有"橢"和"楕"两种写法，楕的写法与上文一致。如果颜师古也是按汉代的《急就篇》抄录的，那么汉代已经有"楕"字，即盛盐豉的小木桶的称谓。

汉代所谓木器包括漆器，这在马王堆汉墓的陪葬坑中多有出土。但此竹笥内是什么东西？或什么类别的东西？《马王堆汉墓》一书没有说明，尚待核实情况。如果出土的漆器出于此竹笥，并且是椭圆形小漆木桶，那此字无疑当释为"楕"。

大豆原产于中国，古代称"菽"，其实可为豉，其叶可为羹，就是"藜藿之羹"的"藿"。出土的植物类食品中就有大豆，很可能是长年埋在地下脱水后的豆豉，干瘪后的形状仍可辨识为大豆。无论是木器，还是漆器，都是木制器皿，抽象为文字就是"楕"。因此，竹笥内装的应该就是**盛豆豉用的椭圆形小木桶**或漆木桶。

盐豉是古代饮食必不可少调味料和下饭酱菜，《史记》已有"盐豉"，其《淮南衡山列传》曰："臣请处蜀郡严道邛邮，遣其子母从居，县为筑盖家室，皆廪食，给薪、菜、盐豉、炊食器、席蓐。"东汉末年刘熙《释名·释饮食第十三》曰："豉，嗜也。五味调和，须之而成，乃可以甘嗜也。故齐人谓豉声如嗜也。"五代杜光庭《录异记》记载"豉"是生活必需的储备物资，与盐、茶一样，可以随时兑换成其他物资和现钱的。

楕除木字旁外，字形字义与"檟"相去太远，作为茶的异体字更牵强。故楕不是檟，更不是指称茶叶，而是指椭圆形小木桶。当然，小木桶也可以装茶叶，那标签上的文字应该是一个从艸的文字来标注。竹笥是竹编的箱子，容量比较大，真的出土一竹笥木桶装茶叶，一定会作为重大发现报道的。据此推测，竹筒内装茶叶的可能性微乎其微。

茶、槚，是周朝人再熟悉不过的草本和木本植物，自从陆羽《茶经》津津乐道为茶之别名以来，以讹传讹至今。古代文人对经书是不敢随便批评的，即使明白人如段玉裁、阮元等，也只注疏不批评，以至于默认为既成事实。

三、《僮约》考

西汉时期是否有"茶"，目前最有力的文献就是宋代横空出世的王褒《僮约》。《僮约》的出现非常诡异，据《四库全书》的序文介绍，《僮约》一文收录在一部题名为《古文苑》的古书中，这部《古文苑》世传是北宋神宗翰林学士孙洙于佛寺经龛中得之（这样的得书方法似曾相识），这出处很重要，相当于出生证。就是说所谓的汉文《僮约》是文化昌盛、经济繁荣、人们开始收藏文物的宋代发现的，若未经考证只能算是宋代文物。好似民国时期北京海王村文物市场上突然出现《宣德彝器图谱》一样，书中宣称是宣德三年"太子少师工部尚书臣吕震奉敕编次"，然未经考证同样也只能算是民国文物。如果你觉得图谱有图有真相，肯定靠谱，贸然按图索骥，就会买到一大堆似是而非的"宣德炉"。

另一个情况是《古文苑》收录的诗赋文章多为唐人所录，自东周至南齐诗赋凡二百六十余首。《四库全书》的编撰官个个博学，一看便知"所录汉魏诗文多从《艺文类聚》、《初学记》删节之本，石鼓文亦与近本相同"。也就是说只有其中的《僮约》是不见经传的汉文，其他诗赋文章都是从现成的书上抄下来的。抄来的东西当然是言辞雅正，而辞赋家王褒的《僮约》则言辞鄙俗，显得茕茕孑立。因此，《四库全书》编撰官们叹曰**"其真伪盖莫得而明也"**。连清代博学的大文人都觉得真伪莫得而明的文章，质疑一下是很有必要的。

　　为防止输入错误，截录上海人民出版社用电脑字体重排的检索本《钦定四库全书》中的《僮约》影印件，从约文中有许多冷僻繁体字看，排版造成讹误的可能性是比较小的。

為事年老以壽終於家　並仲舒本傳中語抑此叙　居前班因采以為傳耶

王褒

僮約

蜀郡王子淵　地理志蜀郡即成都漢書　本傳王褒字子淵蜀人也以事到煎上　山在成都西北湔水出焉亦名湔山煎水所經行之地故名煎上煎典湔同　五　寡婦楊惠舍有

一奴名便了倩行酤酒便了提大杖上冢顛曰大夫買　只約守冢不約為他家男子酤酒子淵　指楊惠　故夫

大怒曰奴寧欲賣耶惠曰奴父許人人無欲者子即決　便了時　古文苑

曰諾券文曰神爵三年正月十五日　宣帝即位之十六年也接漢書神爵五鳳之間　詩律之宿也王褒令僕作和樂職當布詩因奏既王褒為聖主得賢臣頌得詔項之撰大夫也文當作召之前通鑑裁求金馬碧雞之神爵元年典此不合資

中男子王子淵　地理志犍為郡郡屬益州　從成都安志里女子

楊惠買夫時户下斷奴便了決賣萬五千奴從百役使　早　一作　掃食了洗滌居當穿白縛簀　落蘊落也　研陌杜埤

不得有二言晨起洒　早

裁盂謂之盎　方言盂或盎　鑿井浚渠縛鉬園　盎也　研陌杜埤　牌

【上欄】

研治阡陌穴隙則塞之大枷連枷也打穀之場刈地段令廣衮可運大枷

地刻大枷具槩禾稼之場刈地段令廣衮可運大枷出入不

得騎馬裁乗 一作車趼大啜下淋振頭垂釣刈芻結葦

屈竹作杷削治鹿盧 說文杷收麥器蒲叺以汲井出入不

臘纏 … 沃不酪住酼釀

緻鴈彈兔 … 登山射鹿入水捕龜浚圍縱

鴈鷺百餘魚 … 驅逐鷗鳥持捎牧猪種薑

欽定四庫全書 古文苑

養芊長育豚駒糞除常潔餧食自馬牛皷四起坐夜半

益鳥二月春分被堤杜蘲落桑皮椶

去其附枝以枸盍者剝取榠桐之皮可為繩索蒸場有瓜又

植桺壺詩蘾場有瓜又八月斷壺散寸作蘲集蘾封

之借火氣以禦塞 … 日中早夜

必使土剗其堅墣埒之法 … 舍中有客提壺行酤汲水作餔

雞鳴起春調治馬驪兼落三重

莊子馬蹄伯樂治馬 … 馬鳴起

妳之別之剗之雒之 …

晡滌杯整桉以設飲食之具 淮南子滌杯而食盃光舉按齊眉園中扳蒜

【下欄】

斲蘇切脯築肉 茶與菜也 醊芊臚膾魚炰鱉烹茶

盡具備已蓋藏關門塞竇餧猪縱犬勿與隣里爭閞奴

但當飯豆飲水不得嗜酒欲美酒唯得染脣漬口不

得當飯豆飲水至此合勾 作船上至江州水至此合勾窗卽郭窶

作船上至江州 … 綿亭買席當為婦女求脂

洛地理志廣漢郡 … 當為婦女求脂

欽定四庫全書 古文苑

澤販於小市小市所缺歸都擔枲轉出旁蹉

販出小路牽犬販放 一作鵝武陽買茶楊氏池中擔荷

慎護奸偷入市不得夷蹲旁臥惡言醜罵多作刀弓持

入益州貨易牛羊奴自交精惠不得癡愚 若殘當作刀機木屐及

山斷柴翱作炭 … 盤焚薪作炭則石舋切力罪薄岸防暴水之至治

梵雜 一作盤 …

薪而燒之以為炭 當用者於此下則 …

舍蓋屋書削代牘　已歸當送乾薪兩三束四月當披五月當穫　收豆多取蒲紆　蔣織箔　為行果類相從縱橫相當果熟收欲不得吮嘗犬吠當　起驚告隣里根門柱戶上樓擊鼓　三周所以巡警盜竊也　索種茪織蓆　欽定四庫全書　古文苑　夜半無事浣衣當白若有私欲主給賓客　奴不得有奸私事事當關白奴不聽教當　答一百讀券文編訖詞窮咋索佗佗　言扣頭兩手自搏目淚下落鼻涕長一尺當如王大夫　言不如早歸黃土陌蚯蚓鑽額早知當爾爾王大夫酤酒　眞不敢作惡　班固　奕旨

《僮约》截图

自北宋神宗翰林学士孙洙于佛寺经龛中得《古文苑》后，至南宋淳熙年间，韩元吉将《古文苑》编次为九卷。至绍定年间，章樵为之注释（截图本中的注文就是章樵所注），并将首尾残缺部分依照旧本史册补充完整，编为二十一卷。虽已非经龛之旧本，然而是最接近原本的《僮约》。明成化壬寅（1482年）福建巡按御史张世用将章樵本刊行。以文物论，《僮约》只能算是宋代流散文物，古今官方对流散文物的收藏、使用之前都必须经过鉴定，否则，就会误导人们对事物的认知。清代文官们的鉴定意见是"真伪盖莫得而明也"，现在再进一步深入考证一下，以期使其明了起来。

1. 神爵三年质疑

《僮约》据约文开头自谓"蜀郡王子渊",认定是西汉王褒所作。王褒，字子渊，西汉蜀郡资中人，西汉宣帝时期大名鼎鼎的辞赋家，与另一位赫赫有名的辞赋家扬雄并称"渊云"。《汉书传·严朱五丘主父徐严终王贾传下》有其传，事迹多在汉宣帝时期，曾授谏议大夫，没有生卒年记载。据事迹推算，王褒应逝世于公元前61年（神爵元年）。

汉文流传下来的本来就很少，出现辞赋大家王褒写得如此鄙俗的文章，那确实是极其"珍罕"之文。偶然得之的汉文使得章樵欣喜不已，早已忘了亚圣孟子"尽信《书》，则不如无《书》。吾于《武成》，取二三策而已矣"的告诫，对轻易得之的《僮约》尽信之，又是补文，又是注释，但注释"神爵三年"时还是发现了问题。因为《资治通鉴·2》记载"求金马碧鸡"事在神爵元年："卷第二十六 / 神爵元年 / 春，正月……闻益州有金马、碧鸡之神，可醮祭而致。于是遣谏大夫蜀郡王褒使持节而求之"。对照《汉书传》："后方士言益州有金马碧鸡之宝，可祭祀致也，宣帝使褒往祀焉。褒于道病死，上闵惜之。"也就是王褒在神爵元年死于求"金马碧鸡"的路上，神爵三年王褒已故二年了，如何到"煎上"买奴写约呢？章樵不愧是读书人，知道王褒病死于神爵元年，马上补注曰："此文当作于未荐召之前"，天真地为来路不明的文献洗地。然而"硬伤"是清洗不了的，如果是未荐召之前，何来"神爵"年号？

2. 言辞鄙俗，文体不合时宜。

汉赋以辞藻华丽著称，汉代大名头的文人都写得一手好赋，王褒也是因辞赋出色，被益州刺史王襄推荐入宫，因《圣主得贤臣颂》赢得皇帝信任，后任谏议大夫，事在神爵之前。反观此"神爵三年"的约文，文辞却变得如此鄙俗了，雅言何在？难道王褒在大汉的宫廷里学坏了？实在是令人难以理解。入宫以后好歹也是个京官，文中却用俗间的"资中男子"自称，自降身价，与文人的"学而优则仕"为荣的社会风尚大相径庭。这种鄙俗之文说是王褒写的，那不是有辱斯文吗！

如果按章樵的解释事在"未荐召之前"，王褒写过如此"过章"的言辞的约文，不可能偶尔为之的吧？如此文风，人品能如何？那益州刺史王襄还敢推荐吗？皇帝还有兴趣征召吗？对照王褒的《圣主得贤臣颂》、楚辞《九怀》等记载明确的诗文，很容易得出《僮约》不可能出自王褒之手。宋代以后，文人因此而轻率地评价"王褒过章《僮约》"，也是极不负责的。

可能有人会问：会不会是汉代民间伪托王褒之名所作的呢？可能性也微乎其微。汉代是"复礼"的时代，讲孝廉、忠恕之道，民间更是继承了《诗经》的传统，文风朴素自然，被朝廷官员采风编为"乐府诗"。两汉乐府诗的作者来自不同阶层，诗人的笔触深入到社会生活的各个层面，故社会成员之间的贫富悬殊、苦乐不均等均在诗中得到充分的反映，思想和文笔不会如《僮约》那样苛刻的。汉代乐府诗最具代表的是《孔雀东南飞》，与北朝的《木兰诗》被誉为"乐府双璧"。乐府诗一直影响到唐代文人，韦庄《秦妇吟》与前两者一起被称为"乐府三绝"。如果说汉赋是皇家大宴，铺陈华丽；那"乐府"是农家小餐，清新自然。

《僮约》文辞鄙俗，这样的文风起于何时？观览中国文化的发展，恐与佛教在中国的传播不无关系。1899年初夏，敦煌千佛洞的藏经洞被打开，发现了大量的民间文学样式——变文，也就是唐《乐府杂录》所说的"俗讲"。俗讲盛行于唐代寺院，主要是宣传佛教思想的，俗讲也是需要话本的，这种话本就是"变文"。如《太子成道变文》、《破魔变文》、《地狱变文》、《欢喜国王缘》等。此外，还有许多历史人物和民间传说的变文，如《伍子胥变文》、《舜子变》、《孟姜女变文》、《董永变文》等。

据《敦煌变文集·引言》说，变文究竟起于何时难以确定，但"最迟到七世纪的末期，变文便已经流行了。"另据《出版说明》云："从一些材料上证明，宋真宗时（998年——1022年），曾经明令禁止僧人讲唱变文。于是这一重要的文学形式，湮没无闻。"变文是面向大众的说唱文学，其语言近似口语，相当于近代的白话文，通俗易懂，民众喜闻乐见，所以，宋代并没有因皇帝的明令而湮没，而是换了一种形式——话本流行于世。话本是宋元"小说家"的文本，也是后来明清小说的渊源。无论变文还是话本，并不需要完整的史实，只要人名、身份以及人物生活的大致时代即可，完全依据民众的喜闻乐见及俗讲人想要宣传的思想而编排、演义，文辞鄙俗哗众。

由于唐代流行的变文文辞不雅，受正统教育的文人多是持批判态度的，文宗大和八年登进士第的赵璘在其《因话录·卷四》说："有文淑僧者，公为聚众谭说，假托经论所言，无非淫秽鄙亵之事。不逞之徒，转相鼓扇扶树。愚夫冶妇，乐闻其说，听者填咽寺舍，瞻礼崇奉，呼为和尚。教坊效其声调，以为歌曲。其旽庶易诱，释徒苟知真理，及文义稍精，亦甚嗤鄙之。"文淑就是《乐府杂录》中的"文溆"，因其"善吟经，其声宛畅，感动里人。乐工黄米饭状其念四声观世音菩萨，乃撰此曲（即《文溆子》）。"也就是"教坊效其声调，以为歌曲"之一。可见，俗讲因文辞鄙俗，内容淫秽鄙亵，是不见赏于文人士大夫的。而"旽庶易诱"，以至于"听者填咽寺舍"，极易形成"瞻礼崇奉"的社会效应。

买奴的契约文内容还与唐宋乡里政治制度有关。隋唐时期，乡里制度发生了较大的变化，开始了"王权止于县政"的时期，地方乡村推行"以民治民"，以乡绅和乡约弥补治理的缺失。北宋以后乡村自治开始确立，乡约在许多地方施行，形成了古代中国的乡约文化。约文中"犬吠当起，惊告隣里，枨门柱户，上楼击鼓【一作柝】，椅盾曳矛，还落三周"等内容，当来自保一方平安的乡约。这样时代烙印明显的文辞怎么可能是汉文呢？

所以，从言辞、文体看，《僮约》不是汉文，当是唐宋民间文人创作的类似于变文或话本的演义故事。但伪托王褒之名，又混迹于见之经传的古文集里，那就有造假之嫌了。

3. 马驴与驴马

都说细节决定成败，约文中有一项工作是"调治马驴"，这不经意的、极平常的生活之语，透露了作伪的时代信息。

驴是西汉张骞第一次出使西域后出现在中国的，昭帝时的《盐铁论》已论及驴，其《崇礼》篇曰："骡驴馲駞，北狄之常畜也。中国所鲜，外国贱之"；其《力耕》篇曰"今赢（骡）驴之用，不中牛马之功"；《未通》篇曰"布帛充用，牛马成群"。从此三条文献看，驴当时还是"中国所鲜"之畜，畜力主要依靠牛马，故习惯将驴与同是西域传来的骡连呼之，马则与牛连呼。西汉时期是"驴唇不对马嘴"的，两者是不会相提并论地连呼的。

驴与马连呼最早可能出现在东汉，东汉班固《汉书·西域传》记载鄯善国"民随畜牧逐水草，有驴马，多橐它。"另记载西汉故事的笔记小说《西京杂记》也有"驴马"之语。《西京杂记》有汉刘歆（公元前 50 年－公元 23 年）著和东晋葛洪著两说，多数学者支持葛洪著。其中《董仲舒天象》一文有"雪至牛目，雹杀驴马"之语，将驴与马连呼了。值得注意的是两文中都连呼为"驴马"，而非"马驴"。董仲舒虽为汉武帝时人，但文字是后来人所写，所以行文的遣词造句当为后时代语境。如果是刘歆著，那连呼"驴马"最早出现在两汉之交时期；若依多数人意见是葛洪著，那和下则《世说新语》典故的时间和称呼相一致。

可能有人会问，称"驴马"与称"马驴"有讲究吗？现在人不是怎么顺口怎么说呗。你还别说，现代不讲究，古代真的很讲究，为此两个大文人还吵了起来。南朝刘义庆《世说新语·排调》记载："（东晋）诸葛令、王丞相共争姓族先后，王曰：'何不言葛王，而云王葛？'令曰：'譬言驴马，不言马驴，驴宁胜马邪？'"看到没有，"驴马"是固定叫法，与姓氏的排序是一样的，没道理可讲。诸葛令并以此反讽说："驴宁胜马邪？"这个典故非常明确地表达了东晋时人习惯言"驴马"，而"不言马驴"。刘义庆是南朝人，记载这个东晋故事时并无异议，说明南朝人也是如此连呼的。

不只南朝如此，北朝也是"不言马驴"的。北魏《洛阳伽蓝记·卷四》记载："京师沙门好胡法者……咒枯树能生枝叶，咒人变为驴马，见之莫不忻怖。"看来，佛教在中国传播，早期也是靠哄骗和恐吓的，恐吓语总是民俗的、习惯性的口语。

所以，无论是东晋贵族，还是北朝"胡法"，连呼为"驴马"，都是固定的、普遍的、一脉相承的习惯叫法。

（宋）王得臣《麈史·杂志》记载："京师赁驴，涂之人相逢无非驴也；熙宁以来，皆乘马也。按，古今之驿亦给驴，物之用舍亦有时。"熙宁（1068 年 -1077 年）是宋神宗赵顼的第一个年号，大约也是翰林学士孙洙于佛寺经龛中得到《僮约》之时。北宋早期由于辽国的封锁，宋朝非常缺马匹。"澶渊之盟"以后战争减少，加之"茶马互市"，至熙宁时期，马匹的保有量就比较高了，从驿站到文人士大夫代步皆役使马匹了。所以，驴与马都是北宋人租赁来作脚力的，熙宁以后的普遍使用马匹，"马"先说的概率就高多了，连呼渐渐地变成"马驴"了。

上节依据文风推断《僮约》为唐宋时期出现的伪文，本节依据"驴马"到"马驴"生活语言的细节变化，可以缩小《僮约》作伪的时间到北宋熙宁前后。

4. 僮与童、目泪与涕、鼻涕与泗及文字训诂

在《说文》中，僮与童的意义是不一样的，也就是说汉代僮与童是不能混用的。《说文》释童曰："男有罪曰奴，奴曰童。女曰妾。"释僮曰："未冠也。"也就是有罪的，或为奴的男子可称"童"；而"僮"是指未行冠礼的男子，即 20 岁以下的读书人。僮与童的社会地位不一样。清代段玉裁在"僮"字后注曰："按《说文》僮童之训，与后人所用正相反。"

《僮约》中称便了为"奴"和"髯奴",那就不是"僮",而是"童"。正是因为后来把"僮"理解成童仆了,就是段玉裁所说的"所用正相反",才会用"僮约"之名。这是《僮约》不是汉文的又一明证。

约文写完,家奴便了看后"目泪下落,鼻涕长一尺",虽然形象生动,但宋代伪文的可能却愈发彰显。西汉人的《毛诗诂训传》说:"自目曰涕,自鼻曰泗"。眼泪才是"涕",而鼻涕在两汉及六朝都呼为"泗",也有称为"洟"的。《世说新语·方正》十条:"(诸葛)靓曰:'臣不能吞炭漆身,今日复睹圣颜。'因涕泗百行。"同一章二十六条:"(周)叔治以将别,涕泗不止"。这种叫法直到唐代仍是如此,《大唐新语》记玄宗朝事,尚有"朝野之人莫不涕泗"之语。故可以推断"目泪"、"鼻涕"的叫法唐代及以前是没有的,至少文人的"雅言"中是绝对不可能出现的。南宋初袁文的《甕牖闲评》记载(唐)张参《五经文字》云"自目曰涕,自鼻曰洟"。说明涕、泗、洟的叫法可能影响至宋代。

涕、泗两字《说文》就有,书写上至今也没有变化,不可能出现传抄之误,以此考证文献是可行可信的。目泪、鼻涕不是文人雅言,是民间俗语。民间的俗呼"目泪""鼻涕"起于何时尚未可知,至少晚唐《王昭君变文》中还是呼目泪为"涕"的,变文中唱词:"莫怪帐前无扫土,直为渧多旋作泥。"启功校录时注"涕"为"洟"。所以,《僮约》出现"目泪"、"鼻涕"的民俗叫法,宋代伪文的可能更彰显了。

本章截录的《僮约》中许多文字都是标准的繁体字,应该反映了文献初现时的字体,文中文字与时代不符的情况很多。如"滌杯整桉"中的"杯",在古文献中有四种写法:桮、盃、柸、杯。东汉《说文》中只有"桮"字,唐代文献多写成"盃"。如果此"杯"字未改动,那肯定不是汉文。

再如"烹茶尽具"中的"烹"字,也是一个不合时宜的字。东汉《说文》没有"烹"字,只有"亯(xiǎng)"字,是祭祀时用祭献食物仪式之一。有二个读音:"许两切(xiǎng)……普庚切(péng)"。前一个音后来写作"享";后一个音后来写作"亨",《周礼·天官》有"亨人",掌烧煮烹调之事,西汉的文书是不会写成"烹"的。

《僮约》中"武阳买茶"的"茶"字是茶文化研究者最关心的字,然而就文字历史而言,所谓汉文最不应该出现的就是"茶"字。两汉是我国古代辞书系统构成时期,由于自开国皇帝刘邦起就重视对文献典籍蒐集,官方藏书颇丰,若要治经明史,当务之急是编著语言文字的训诂著作。为此,西汉先有整理前人训诂典籍的《尔雅》,后有扬雄的方言比较词汇释训著作《方言》;东汉则有专门释训文字的著作《说文》和方言声训著作《释名》。这四部均在汉代完成的辞书著作,成了我国传统语言学的奠基之作，不仅对汉代及以前文献里出现过的文字进行总结和训诂，也是以后历代治学者所倚重小学著作。如果这四部汉代训诂典籍都没有出现过的"荼"字，西汉辞赋大家的文章里怎么会出现呢？如果稀里糊涂地"尽信《书》"，真的"不如无《书》"。

5. 王褒过章《僮约》与文化现象

《僮约》出现以后，文官章樵看到了汉文的稀缺，道统文人看到了"王褒过章《僮约》"，当代茶文化研究者看到了汉代有茶，但都忘了"读其书"还要"知其人"，更要看到不同时代的文化现象。《僮约》的言辞鄙俗、刻薄，正是平民地位上升、世俗文化繁荣、文人群体扩大的时代反映。从变文到话本，都是世俗百姓消费的文化。《敦煌变文集·引言》说佛教变文的《降魔变》和《维摩变》"场面极其热闹而又有趣味，宗教的意义几乎全为人情味所遮盖了。"敷衍民间传说和历史故事的如《胡秋变文》、《伍子胥变文》、《汉将王陵变》、《王昭君变文》等，"也都是一般人所喜欢听的"。其实王褒也不过只是被时人消费的古代文人之一，但从此就背上了"过章"的恶名。过章，就是文章写得太过分了，责其文辞过于刻薄，不合儒家宽以待人之"恕道"。因此，好事的文人将"王褒过章《僮约》"作为反面教材、补入阅读人群极广的《颜氏家训》（拾遗补阙也是历代文人好为之事，帮倒忙也是常事。）以教育家族之人。一代辞赋大家王褒，从此被黑为作文刻薄的典型，并历代躺枪。现实的王褒因《圣主得贤臣颂》而被皇帝重用，小说的王褒因《僮约》而被批"过章"，如此而已。古文有雅俗之别，小说也不是正史。小说与历史的错位，古代人会犯此错，现代人也常犯此错。

与王褒相似、但结局相反的另一个历史人物关羽，在《三国志》中并没有如此高大上，因为小说《三国演义》的塑造，成为手持宋代才有的青龙偃月刀的忠义天使。然而人民常常需要用"忠义"来凝聚人心，作者必须演义出人民所需的精神价值。因人民喜欢，关羽从此被儒释道三家认可而神化，配享寺庙，常常有香火祭祀，甚至当武财神供奉。这是变文、话本、小说才有的神力。

文章托名造假唐代就已屡见不鲜了，唐代笔记小说《因话录·卷四》记载："元和中，僧鉴虚本为不知肉味，作僧素无道行。及有罪伏诛，后人遂作《鉴虚煮肉法》，大行于世。不妨他僧为之，置于鉴虚耳。亦犹《才命论》称张燕公，《革华传》称韩文公，《老牛歌》称白乐天，《佛骨诗》称郑司徒，皆后人所诬也。故其辞多鄙浅。"不吃肉的和尚死了，却伪托其名作《鉴虚煮肉法》，反正是"有罪伏诛"的，再多一条劣迹也无所谓，且死无对证，乘机蹭点热度卖卖书，也不枉鉴虚死了一遭。

《因话录》说的是唐代，宋代又何尝不是如此呢。宋代文风昌盛，好古成风，城市的勾栏瓦肆文化极其发达，这样的世风下，如《僮约》那样的托名伪文，或小说肯定不是个案，比之唐代应该有过之而无不及吧。中国古代文人至少从孔子时代起就追求文辞典雅，言辞是否文雅是文人作文水平高低最直观的表现，鄙俗的文辞没有一个文人敢作文亮相的，只有伪文才无所顾忌，以满足好古猎奇之人所需。《因话录》最后一句总结了所有伪文的共同特点：辞多鄙浅。

《僮约》从名称到历史、行文、用字等，可以说是破绽百出，然而最大的破绽是书写材料，迄今为止尚未发现西汉纸质文书，如果是西汉约文，那一定是写在竹木简上的，这为现在考古发现所证实。当然，唐宋人不了解，故会去编撰纸质文稿，现代人是应该知道的。

造假一般都是为了牟利，讲究时效，不论是为了当作文物卖，还是当作话本用，都会留下时代印记。伪作何时被"偶然"发现，"何时"就可能是造假时间。据此以及上述考证，笔者推断《僮约》就是被发现的北宋熙宁时期好事者伪造的。若以古文献论，《僮约》只能算作反映民俗的宋代文献。这才是它的文物价值。《僮约》既与汉朝无关，也与王褒无涉。破除了《僮约》"汉文"说，秦汉时期的文献也就没有什么茶和茶事了。

第三章　茶来了

对于中国传统饮食文化来说，茶是姗姗来迟的，且模样不是今人设想的那样——一片嫩绿的仙叶，而是一碗滑泽甘香的菜汤。既不能如神农氏那样祛百毒，也没有卢仝的"破孤闷"，它只是佐餐、疗饥而已，是中国早期饮食文化发展的进步。

一、蜀人作荼，吴人作茗

标题中有"荼"，又有"茗"，出自三国陆玑的《毛诗草木鸟兽虫鱼疏》，是目前文献能查阅到的、最早的茶字。

陆玑，字元恪，生卒年不详，吴郡（治今苏州）人。仕太子中庶子、乌程（今浙江吴兴县）令。陆玑著《毛诗草木鸟兽虫鱼疏》二卷，又名《毛诗草木鱼虫疏》，是研究《诗经》名物的专门著作。《四库全书总目》评论其价值说："虫鱼草木，今昔异名，年代迢遥，传疑弥甚。玑去古未远，所言犹不甚失真，《诗正义》全用其说，陈启源作《毛诗稽古编》，其驳正诸家，亦多以玑说为据，讲多识之学者，固当以此为最古焉。"
清代人认为陆玑时代离古代不远，所做的注释还没有失去原本
真实的意思，比较可靠，后来文人多引用以驳正他说。陆玑在
汉代文人释《诗》的基础上对草木鱼虫作疏，开创了《诗》之
名物学研究这一新分支。名物，就是根据物性给物以正确的命
名，乃是儒家"正名"哲学思想的体现。

《毛诗疏》因为有"荼"，被许多茶书广为引用，但引用时
却各随心意。比较典型的有两种情况：一是荼茶不辨。如张花
氏《东坡茶》一书《序言》标题为"蜀人作茶"。二是圉圄于
茶叶思维，将"荼"与"茶叶"画上了等号，也就忽视了作荼、
作茗的上文说的是什么，从而忽略了其源头的意义。为了说清
八个字的完整意思，将《万有文库》收录的《毛诗疏》中的整
条文献节录如下：

椒聊之实

椒聊，聊，语助也，椒树似茱萸，有针刺，茎
叶坚而滑泽，蜀人作茶，吴人作茗，皆合煮其叶以
为香。今成皋诸山间有椒，谓之竹叶椒。其树亦如蜀
椒，少毒热，不中合药也，可着饮食中，又用蒸鸡
豚最佳者（尔雅疏、御览者作香）。东海诸岛上亦有
椒，树枝叶皆相似，子长而不圆，甚香，其味似橘

皮，岛上獐鹿食此椒叶，其肉自然作椒橘香也。（句读为笔者标点）

陆玑是苏州人，在毗邻的浙江吴兴做官，两地三国时均属吴国，故陆玑深谙吴地的风土人情，所谓"蜀人作茶，吴人作茗"的原料并不是茶树叶，而是椒树叶。需要注意的是《诗经》原文说的是椒实，陆玑释文说的是"茎叶"，表明对椒的认识和食用，从果实延伸到了茎叶，是饮食文化的进步。椒因品种不同而用途不一：一是以叶香而煮为茶茗；二是竹叶椒不入药却可以蒸鸡和猪，即作香料，应该是指椒实；三是海岛上的一种长实的椒，可能没什么人居住，獐和鹿吃了椒叶以后其肉有椒橘香味。也就是说椒叶因有香气，人和动物皆喜以之为食，无非是人食需将其煮熟成菜汤状，是"火"的文明在饮食上的反映。**蜀地的人将这种煮椒树茎叶为饮食的样式称之为"茶"，而吴地的人将其称之为"茗"**。茶、茗是新的饮食样式的名称。

椒是中国本土特产，先民们早就广泛地食用和使用了。起初主要是椒实，《诗经·周颂·载芟》："有椒其馨，胡考之宁。"这里的"椒"指泡酒的椒实，"馨"指飘得很远的酒香，周人以椒实为酒作饮。

汉代，后宫多以椒实和泥涂抹墙壁，既可防虫又可调节室内气味（即药用），还有借花椒树结子繁多旺盛来隐喻多子多福的意义，其意思来自《诗经》："椒聊之实，蕃衍盈升"。为此，皇后住的宫室被称作"椒房"。东汉末应劭《风俗通义》曰："皇后居椒房，以椒涂房，取其温且香也。"又因"椒房"，《抱朴子》记载汉代皇后的亲戚为大臣者，称作"椒房大臣"。

在《毛诗疏》中，"吴人作茗"并不是孤证，"椒聊之实"上一条"蔽芾其樗"同样说了吴人煮樗叶为茗：

　　蔽芾其樗
　　山樗与下田樗，略无异，叶似差狭耳。吴人以其叶为茗。（句读为笔者标点）

樗，分山樗与下田樗，樗即后来的椿，香椿现在仍以其嫩叶为食。樗木恶，不堪用，古人以为薪。《诗经》"采荼薪樗"即是。陆玑说两者"略无异"，应该山樗与下田樗的嫩叶都是可食的。看来樗叶与椒叶一样，因叶香，古人煮嫩叶为食。煮食樗叶吴人也称为"茗"，同样，蜀人如果也煮食樗叶的话，亦称作"荼"。

椒和樗皆为木本，椒树叶和樗树叶又皆可为茶茗，至少说明了三点：一是茶茗不是指**一种草本植物**，而是**一种饮食形式**；二是作茶茗所用的**不是草本野菜**，而是**木本**植物嫩叶；三是茶茗**不固定于煮食一种树叶**。概括言之：将**所有可食之树木**

嫩叶煮为饮食的，吴人都称其为"茗"，蜀人称之为"茶"。《毛诗疏》中茶茗的意义是明确的，不是特指，而是**类指，泛指所有可食木本植物嫩叶煮为饮食的形式**。称茶、称茗的确是地域不同的缘故。

煮是先民加工植物茎叶作熟食的常用手段，也是普遍现象。对象既可以是木本的，也可以是草本的，如何区分呢？陆玑注"匏有苦叶"曰："匏叶少时可为羹，又可淹煮，极美，扬州人食至八月叶即苦，故曰苦叶。"苦叶也有不苦的时候，在于把握时令，八月之前匏叶鲜嫩，可煮为非常好吃的羹。同样是煮，草本的匏叶煮食的称作"羹"。

羹，古代在祭礼中多指肉羹。《周礼·天官·亨人》："祭祀共大羹、铏羹。宾客亦如之。"（唐）贾公彦《周礼疏》："谓大古之羹，不调以盐菜及五味"。即最初肉羹是不加佐料和菜的，称为"大（通太）古之羹"，即"大羹"。祭礼用羹讲究，用肉为羹。贵族在非祭礼的穷困之时也常食无肉之羹，《庄子·让王第二十八》："孔子穷于陈蔡之间，七日不火食，藜羹不糁，颜色甚惫，而弦歌于室。"藜，灰菜。糁，碎米粒。即孔子所食之羹连碎米粒都没有，纯粹菜羹，这哪能不"颜色甚惫"呢？估计应该是面有菜色了。至韩非子笔下，上溯至尧帝时的佐餐的汤羹也为"藜藿之羹"。时代不同，羹的意义亦随之变化，汉代有菜的肉羹才能称"羹"。东汉王逸注《楚辞》云：

"有菜曰羹，无菜曰臛。"（转引自《侯鲭录·卷第四》）对于生活艰辛的庶民来说，"羹"主要指菜羹了。这些七七八八的"羹"，可概括为"茶"出现之前对带汤菜肴的称谓。

陆玑的茶、茗是平民百姓的饮食，其称呼是从煮食草本野菜的羹，进化到煮食木本的嫩叶而发明的，主要是为了区分煮食的原料是用木叶还是野菜的。如果套用"藜藿之羹"之语，椒叶、樗叶作茶就是"椒樗之茶"。这样，既可以清楚地区分两种饮食文化，又可以看到饮食文化的进步。

自从有了茶字，各种解释弄得荼茶不分，也许有人会问：陆玑说的会不会也是荼茶不分啊？可以肯定地说：不会！《毛诗疏》有专门释"荼"的词条，"谁谓荼苦：荼，苦菜。生山田及泽中，得霜甜脆而美。所谓堇荼如饴"。陆玑解释的是《诗经》"谁谓荼苦"条，释荼用的应是《尔雅》原文。与前文的苞叶食至八月即叶苦一样，荼大部分季节也是苦的，只有霜打以后（冬月）才甜脆。所以陆玑对诗句的理解是：哪个说荼是苦的，霜打以后像饴一样甜。荼和现在青菜中的油冬菜有些相似，一定要霜打以后，整个冬天都能享受甜糯鲜美的滋味，过了冬天，就没有甜糯的滋味了。由此可见，陆玑认为《尔雅》释荼为"苦菜"是专指大部分时间有苦味的一种野菜，只要把握时令，苦菜也可以是"甜脆而美"的。

陆玑《毛诗疏》昭示了荼与茶完全是两回事，一是饮食形式；一是食用野菜。树木嫩叶和野菜之茶的加工形式都一样——淹煮。但茶是加工前的物，是煮之前的食料，加工的结果称之为"羹"；茶是加工后的事，是结果，加工前是椒樗类木本嫩叶。

将植物草叶"淹煮"是最原始饮食方法，其主要功效在于佐餐和疗饥，相当于副食，并不在意清热解毒的药效，也无须破闷提神之雅趣，甘香滑泽的口感决定了先人们的选择，淹煮是不需要干叶的，鲜叶才是最美味的。作为佐餐的汤羹，加盐使之有味也是再正常不过的了，虽然陆玑文中并没有提及加盐，但这种连动物都需要的营养元素，还需要赘言吗？当然，到了茶从饮食中独立为一种饮品以后，加不加盐才会引人注意，才需要特别说明。

二、青瓷铭文"茶"字罍

1990 年 4 月，在距湖州市西北约 12 公里处的弁南乡罗家浜村窑墩头西侧，当地农民在取土时发现一座古代砖室墓，考古人员发掘后确认为东汉末至三国时期墓葬。随葬出土的文物中有一件形制较大的青瓷印纹四系罍（如图），高 33.7，腹径36.3 厘米，在早期青瓷中绝对是大器了，且器型规整，釉色青褐，属青瓷精品是无疑的。考古报告称"罍"，定名非常准确。《说文》写作"櫑"，释曰："龟目酒尊。刻木作云雷象。象施不穷也。从木，从畾。畾亦声。罍，櫑或从缶。"原文中还有从皿的（缶换成皿）罍；籀文为四个田字，中间左缶右回（表示回纹）。龟目，即变体云雷纹。《说文注》说："金饰龟目，盖刻为云雷之

青瓷铭文"茶"字罍

象。"龟目变体为几何纹以后似为回纹，都是表示云雷之象的。青瓷罍外面的纹饰如龟目，是仿青铜器的云雷纹的。龟目酒尊，就是云雷纹的大盛酒器。之所以一定要在外刻云雷纹，是因为云雷生雨，雨水喻酒水，故可以"象施不穷也"，即罍里的酒可以无穷尽。对于从木从缶，注文的解释是："金罍，大器也。天子以玉，诸侯、大夫以金，士以梓。""盖始以木，后以陶。"可见，罍既可以从缶木，表示等级和时代变化，以及材质属性；也可以从皿从回，表示用途和纹饰。罍主要是盛酒的，有时也盛水。注文引曰：《燕礼》：罍水在东。则罍亦以盛水。"因此，青瓷云雷纹罍是盛酒或水的大器皿，是饮文化的器皿。

　　青瓷罍外观除纹饰外，肩部釉下刻划一个文字，因长得极像"茶"，考古报告直言是古代隶书的"茶"字。虽然长得像"茶"，也有可能就是"茶"，但不加审视和分析，直言是

茶字，未免有点鲁莽，因为现代辞书确有其字。仔细审视其笔画，与现在通行的标准楷书茶字对比少一横，下面似为"小"字，而非"木"字，写成楷书应为"茶"。《辞源》《辞海》都能查到此字，读 [nié]，此声调只有这一个字，《辞海》释义为"疲倦貌"，显然，这不是古人刻在青瓷罍上所要表达的意思，字形字义发生过了演变。

茶，《尔雅》、《说文》均没有此字，艹头和下面的"尒"，在《说文》中都有收录。尒不属"人"部，也不属"入"部，属"八"部。释曰："尒，词之必然也。从丨八，八象气之分散。入声。"也就是说"丨"和"八"组成的"小"是其最重要的义符，头部"入"是声符。尒的字义是"词之必然也"。段注释曰："尒之言如此也。后世多以爾字为之。凡曰果爾、不爾、云爾、莞爾、铿爾、卓爾……"段注都是强调前文之"必然也"、"如此也"的意思。原来"尒"是"爾"的古字，即后来简化的"尔"字。

艹的繁体字是"艸"，两个"屮"并列的样子，故《说文》释"百卉也，从二屮"。屮应该是初字。《说文》释曰："屮，艸木初生也。象丨出形有枝茎也。古文或以为艸字。"汉代的释文告诉我们：屮不仅指草初生，也指木初生，初生的当然都是木芽嫩叶。丨象主干，向两边长出枝茎，两端似初生芽叶，故谓"艸木初生也"，也就是初生木芽嫩叶均可称"草"。

综合"艹"和"尒"的意思，茶从结构上应该是一个形声字，上形下声。然而籴读若"入"，与现在"茶"的读音相去甚远，茶有可能是会意造字，就是：木初生草（煮成）如此（饮食）也。

茶字中间一般都释为"人"，说人在草木间，或人食草木等，其实一直都是误读。《说文》"人部"所有的文字，只有两个字是把"人"放在上面的，一是"企"，另一个是"仚"，即仙。所以，无论是茶，还是荼或搽，中间不可能是"人"的。如果一定要分上中下三段讨论"茶"字，意思则更接近"木芽"。从"籴"字释文看，上为"入"，《说文》释入曰"内也。象从上俱下也。"段注曰："上下者，外中之象。"那么，"入"是联系上"艹"和下"小"的，所谓"从上俱下也"。《说文》释小为"物之微也。从八，丨见而八分之。凡小之属皆从小。"木芽是木本之微，中是艸木初生，"入"从上俱下表达木之微，会意出草木初生之萌芽嫩叶的意思。

两种释读都建立在古代六书造字原理的基础上，合乎文理，不是"想当然"的妄说。但究竟是不是茶的初字呢？还需要文献证据来印证。

1990 版的《尔雅注疏》在《释木·第十四》对"槚"字注释后，有（宋）邢昺疏文引陆玑"椒聊之实"条，其中那句名言"蜀人作茶"的"茶"字，书中刻印为"搽"（如图）。由于是阮元主持校勘重刻宋版《十三经注疏》影印本，现代输入错误是可以排除的。《出版说明》说"阮元裒集宋本"，"并广校唐石经等古本"，"成为一代精校本，素为世重"。那就是说宋版误刻和清代重刻之误都是可以排除的。但笔者还是从中发现了一个小错误，引文将"陆玑"刻写为"陆機"，陆机是东吴入西晋的另一位名人，《文赋》和《平复帖》的作者，其出名是在西晋，与陆玑有前后之别。但历史上也确实常有将两人搞混的情况，应该是同音字在听闻时造成的讹误。邢昺、阮元忠实于原文，均不作改正，阮元的校勘文，更是单独附于每卷正文之后。

有人说该本为二拼一形式影印本，并为 32 开本，是不是字太小，那一横没看出来；或宋版就漏刻了那一横。关于字清不清楚，用现在微距摄影就能解决，只要原本和翻印技术够好。右图是将芝麻大的字放大后的"茶"字，果然原本和影印技术都很好，可以清晰地看到字体结构自然，没有任何漏笔、漏印的痕迹。如果是漏印一横，字的法度会起变

《尔雅注疏》中的"茶"

放大的"茶"

化，字形一定不会好看。关于是不是宋版就已经错了的问题，上面引用《出版说明》已经讲得很清楚了，再说浙江学政阮元的校勘水平可不是浪得虚名的。因此，该本的"荼"没有错误，此字就是"茶"的初字，与青瓷罍铭文一致。无非一个是隶书，一个是楷书而已。

荼是茶的初字，这不禁令人想到陆羽《茶经》说："从草，当作茶，其字出《开元文字音义》"。如果当时下面是"木"字，陆羽怎么可能视而不见说"从草"呢？虽然版本的变迁已无法看到《茶经》原本的茶字是怎么写的，但陆羽原注的语意可以佐证青瓷罍和《尔雅注疏》上的"荼"就是茶的初字，原字没有"木"。唐玄宗《开元文字音义》被认作是第二次"书同文"，国家通行文字统一以楷书书写。因书籍失传较早，其茶字是后人从陆羽的《茶经》中辑录的，故可以大胆地推测唐玄宗确定的楷书"茶"字也是写作"荼"的。"从草"也说明当时的茶字是归入"艸部"的，"荼"为茶之初字是可靠的。

尒是"荼"的重要字符，也是"爾"的古字，两字都被《说文》收录，《说文》释爾曰："丽，爾犹靡丽也。从冂㸚。㸚（lì），其孔㸚㸚㸚。从尒声。此与爽同意。"爾的初义是"靡丽"，故有"㸚"义符。㸚是两个"爻"合体，交纹众多，段注为"交之广也"，爾从㸚就有"靡丽"之意。可见，爾表意"靡丽"，因读若"尒"，且书写简便，尒被文人假借为"爾"使用的。爾在《说文》中

法门寺出土金代
《藏经碑》中的
"尒"字

并没有"词之必然也"的意思，也就是汉代"尒"与"爾"并不通假。

爾作"如此"释训来自"尒"，段注："爾行而尒废矣。"其实"爾"由于书写困难，尒并没有因此而废，法门寺出土的金代《藏经碑》中尚有"尒"字（如图）。文字总是简便易书才受众面广，故"爾"行以后依旧有"尒"，书写得快一些，尒形似"尔"。只有"尔"流行，才能真正替换"尒"。历史上，只有好古的文人才会多以"爾"字书写。

爾加上艹字头作"薾"，形容草木华盛的样子，与茶有点关联上了。但加艹字头的"薾"是不可能发展为新生事物的"茶"字的，书写太麻烦了。受陆羽"南方之嘉木"为茶的影响，后来"茶"的"小"替换为"木"，指称木本之草的意义更明确了，初生嫩叶的意义弱化了，但书写难度没有增加，文人才不会纠结。

最初的"茶"写作"茶"的话，那与"茗"倒是一致了，都是从艸的文字，体现了对同一种事物命名造字的一致性。《说文》释爾说：爾与爽都有"靡丽"的意思。《说文》又释爽曰："明也。从㸚大。"明也是"萌"的声符兼义符，《说文》释萌曰："草木芽也"，与释中为"艸木初生也"的意义相似。萌又与茗谐音，两字读音至今未变，故茗字体现了六书中的"象声"造字，属形声字。萌与中一样包含草和木，而茗、茶则分别了草，专指木本芽叶之草。

茗也可理解为会意字。名，《说文》释曰："自命也。从口夕，夕者，冥也，冥不相见。故以口自名。"名就是"铭刻"的意思，由于铭文不仅仅是刻在金属祭器上，石头、陶器、兽骨都可以铭刻，故古字"名"没有"金"字旁。中与名合字，就是"自名草木初生之芽（作茶）"的意思。茶、茗用"艹"加"尒"、"名"成字，都体现出会意造字的意象，且简便易写。

茗亦可综合为会意形声字。名既是声符，又是义符。段玉裁在《说文》"吏"下注曰："凡言（义符）亦声者，会意兼形声也。"吏在《说文》中是"从一，从史。史亦声。"那套用来释"茗"，就是"从艹，从名。名亦声。"故茗为会意形声字。

文字不仅要合六书之理，更要易写。茶是所有茶字或相关文字里最便于书写的；哪怕后来文人为了有"木"写成"梌"，也比其他生搬硬造的茶字便于书写。

茶字在《尔雅注疏》中出现在释"檓"的疏文中，檓，即大椒，椒的古字写作"莍"，《说文注》："莍，莍莍也。从艹，求声。"其后段注曰："此三字句。莍莍盖古语，犹《诗》之'椒聊'也。单呼曰'莍'，累呼曰'莍莍、莍聊'"。段注点明了"莍莍"是古语，那"莍"就是"椒"的古字。莍与茶的区别在于意义最弱的中间部分，没有中间部分就是"芐"字，"百度百科"引《玉篇》、《世说新语》释芐为"小草"，树芽嫩叶在古代也称"小草"。如加入中间部分，一是"上"，指椒树；一是"人"，指称煮嫩叶的饮食形式。椒是吴地盛产之物，吴人常煮椒树茎叶为茗作饮食，茶与茶具有意思上的关联性。最初造"茶"字可能受"芐"与"茶"的影响，即最初吴蜀作茶的原料均有椒树嫩叶。尒、芐、茶等都对茶字的形成产生或多或少的影响。

事实上木本植物叶与草本植物煮在锅里时不易区分，特别是嫩叶，都是一锅菜汤。以名实论，"藜藿之羹"的菜羹早就有了，还称羹的话，就体现不出木本植物的特点了，也看不出食用植物的高度变化（从食地面的草到食树上的芽叶），更体现不出因香气特殊而采食椒樗的饮食进步了。可能有人会说古人哪会这么讲究？说对了，古人就是这么讲究，兹引《尔雅》对道路的称呼，可看出古人对事物命名的讲究。"一达谓之道路；二达谓之歧旁；三达谓之剧旁；四达谓之衢；五达谓之康；六达谓之壮；七达谓之剧骖；八达谓之崇期；九达谓之逵。"怎么样？够不够讲究，每多一个分道就给一个名称，成语"康庄大道"就是来自古人"五达"、"六达"之路的合称。现在人们可能很简单地说五达路、六达路吧。古文讲究字义清楚明了，且要文雅。称茶称茗，名实相符，一是在形式上有别于羹；二是因地域不同，同物而异名。羹茶有别，如同现在馄饨与饺子相似而有别；单说馄饨则"吴人称作馄饨，蜀人称作抄手"。

据考古人员的考察，出土青瓷罍的墓葬为东汉末至三国时期的，以笔者的陶瓷学知识观察，一起出土的陶瓷，其特征都表现为三国时期，这与文献出现荼字的时间相一致。即便是将文物确定为东汉末，也不影响文献文物的互为印证，只不过文物证实东汉末期有"荼"了。王朝的末期大多社会动荡，民不聊生，煮嫩叶为荼作饮食，也极其正常，无非是文人归纳为荼茗而著书立说，还是要等到三国时期。

文献和文物都证实最初的"茶"写作"荼"，茶茗指称的是木本芽叶煮成的饮食形式。零星采木芽嫩叶煮食时，是不会引起人们的特别关注的，视同菜羹之类；当更多的木芽嫩叶被采摘煮食时，则需要以新的名称命名，事物的发展盖莫如此。

三、荼荈何谓？

"荼荈"一词，三国西晋时期流行于吴蜀之地。由于郭璞注《尔雅》和陆羽《茶经》的影响，"荼荈"的意思被长期误读为荼与荈两种植物。若仔细体会文意，就会发现"荈"是《诗经》中未曾出现过的一种植物，因与荼同框出现，又与"苦荼"

的语言形式相似，文字还一样均从艸，园囿于从艸从木的释名思维，长期被误读在所难免。

1. 陈寿《三国志》中的"荼荈"

读其书需先知其人。陈寿（233年–297年），字承祚。巴西郡安汉县（今四川南充）人。三国时蜀汉及西晋时著名史学家。在蜀汉时曾任卫将军主簿、东观秘书郎、观阁令史、散骑黄门侍郎等职。蜀降晋后，历任西晋著作郎、长广太守、治书侍御史、太子中庶子等职。就其履历可见，陈寿对蜀汉宫廷秘藏的各种历史文献和宫廷生活非常熟悉。降晋前他一直生活在三国时的蜀汉国，对生于斯长于斯的巴蜀地区，其饮食情况应该是清楚的。太康元年（280年），晋灭吴时他已47岁，开始盖棺定论，编撰史书《三国志》，历时十年完成。

《茶经》提到《吴志·韦曜传》有三国末期吴王孙皓"密赐荼荈以当酒"的史实，《茶经》所引与原文略有出入，但史实清楚，着实不易。兹引《三国志·卷六十五·吴书二十·王楼贺韦华传》记载有"荼荈"的飨宴事件原文如下：

> 皓每飨宴，无不竟日，坐席无能否率以七升为限，虽不悉入口，皆浇灌取尽。曜素饮酒不过二升，初见礼异时，常为裁减，或密赐荼荈以当酒，至于宠衰，更见逼疆，辄以为罪。

笔者查阅的是晋陈寿撰、宋裴松之注、中华书局出版的繁体字本《三国志》，除了文字的变迁，应该没有讹误的情况。虽然所记是吴国之事，蜀人陈寿还是以他熟悉的词汇称为"茶"，印证了陆玑所言不虚。

这里是茶、荈组合出现，多数人将此作为茶叶发展链上的一环，这样就会形成两种释读：一是：茶叶与荈草合煮为饮以当酒；二是有时候用茶叶、有时候用荈草煮为饮以当酒。显然，两种解释都有点别扭，要"当酒"一定是与酒相似的汤汁，如果将茶与荈都理解为植物名称，又如何当酒呢？所以，这里的"茶"应理解为饮的样式，指茶水，即以荈草煮为茶水以当酒水，这样释读就比较顺畅了。

也许有人认为这是对古文的不同释读而已。非也，这里的"茶荈"为古汉语中比较常见的名词意动用法，是偏正结构，而非联合结构。茶荈即"以荈草作茶饮"的意思，与陆玑"蜀人（以椒叶）作茶"的"茶"的意义相似。但陆玑的茶似菜汤，为副食；此茶是"当酒"的，应该已过滤掉了荈草，就像酒要过滤掉醪糟一样，是一种清汤状饮品。整句话如果省掉"荈"，为"密赐茶以当酒"也是可行的，无非是不知道用什么树芽嫩叶煮成的茶了。

古代的酒有清浊之分，两种酒都可以用于飨宴，这在《周礼》中有明确的记载，孙皓飨宴用的估计是清酒。在《齐民要术》等农书中都有酿酒的技术记载，所反映出来清酒的颜色多为褐色、褐红色、麻子油色。陆羽《茶经》说"茶作红白之色"，推测茶汤也是淡红色的。三国时期宫廷饮食器用一般为漆器，从汉代的漆耳杯推测，三国漆饮器内里一般也是朱红色。朱红映衬淡红和褐红，则杯中茶汤的颜色确实与酒很相似，的确可以"荼荈以当酒"的。

联想到青瓷酒罍上的铭文"荼"，一定也是"当酒"的"荼"，还原了陈寿所言吴国宫廷"荼荈以当酒"的景象。试想一下，在众多的酒罍中，不标注哪一罍是荼，侍者怎么能够不动声色地把酒盛好（釉下刻字远处是看不见的），孙皓如何"密赐"呢？

陈寿的"密赐荼荈以当酒"与陆玑"蜀人作荼"不同，是真正的"荼之为饮"，是中国古代有文字记载的茶饮之发端。青瓷铭文罍也是中国古代最早的、明白无误的茶器。

荼荈被误读为两种植物还出现在另一则西晋文献《出歌》中，因众多植物扑朔迷离地摆在一起，惯常地以现代语境加以区分释读，"荼荈"再一次被误以为两种植物了。

2. 孙楚《出歌》

《全晋文》所录的孙楚作品中并没有《出歌》，现在看到的《出歌》应该都是辑录自《茶经·七之事》的，文中称《歌》。所谓"出"就是地方出产的土产。《歌》云：

茱萸出芳树颠，鲤鱼出洛水泉。白盐出河东，美豉出鲁渊。

姜桂茶荈出巴蜀，椒橘木兰出高山。蓼苏出沟渠，精稗出中田。

孙楚（？—293年），字子荆，太原中都（今山西平遥西北）人。曾为西晋开国功臣石苞作《与吴主孙皓书》。晋惠帝时为冯翊太守，故明人辑其散佚之文题为《孙冯翊集》。资料多介绍他为西晋文学家，从生卒年看，孙楚与陈寿生活的时间相仿佛，一位写下了孙皓"密赐茶荈以当酒"；一位写了给孙皓的檄文。更巧合的是他俩都用过同一个词语"茶荈"。

《出歌》中也是"茶荈"并称，差不多都解释为"姜、桂、茶、荈"四种植物。但从诗句的对仗看，"姜桂茶荈"是对"椒橘木兰"的，姜对椒，桂对橘，茶荈对木兰。"木兰"即桂兰，指的是一种植物，故"木兰"是不能析言的；对文"茶荈"同样也是不能析言的，指的是作茶用的荈草。整句诗不能理解为姜、桂、茶、荈、椒、橘、木、兰八种出产品，而是姜、桂、茶荈、椒、橘、木兰六种出产物。对照前两句，茱萸对鲤鱼，白盐对美豉，文意都是一样的。

《三国志》和《出歌》中的"茶荈"都是古汉语偏正结构词语，陈寿"茶荈"的词义偏重于茶，荈是修饰茶的，以荈煮为茶，以别于其他植物嫩叶作茶；孙楚"茶荈"的词义偏重于荈，茶是修饰荈的，作茶用的荈出巴蜀。此处"茶"字可以省略，"荈"是不能省略的。如果为了保持七言的形式，改为"姜桂荈草出巴蜀"，也不影响文意的。

从"茶荈"常常联袂出镜可以看出，在三国晚期的巴蜀之地，乃至吴地，当酒的茶饮已经多以荈煮成，且是饮汁的。吴宫当酒的茶与吴蜀庶民的茶，不只是雅俗之别，恐怕还有饮与食的区别。

三则文献告诉了我们茶是饮食形式，一为菜汤型；一为清汤型。菜汤型的茶是《诗经》中出现过的椒榋树嫩叶作的；清汤型的茶是前所未闻的"荈"做成的，那"荈"为何物？

第四章　茶树之茶来了

从文献看，茶树之茶比"茶"还要姗姗来迟，文人之所以不知何时开始采食茶树之茶，是因为其初名不称茶或茶叶，而是后来当作别名的"荈"。由于信息交流不畅，文人知识结构不齐，西晋郭璞注"檟"以后，文人风从荈是"叶老者"；当杜育写出了茶饮文化史上的第一华章《荈赋》，却不知道荈草作饮就是茶；张华知道有"令人不眠"功效的饮料为"真茶"，却不知道真茶的原料是荈；陶弘景也不知荈，其注《桐君采药录》却将荈草称为"茗"或"真茶"。所以，早期的荈从来没有被认真释读过，造成了茶树之茶究竟是什么时候被先民饮食一直模糊不清，只能以"茶荈"一词推测至少是三国晚期。

一、荈草

荈草是晋杜育《荈赋》中的主角。作者在晋惠帝永兴中，拜汝南太守。晋怀帝永嘉中，任右将军，后迁国子祭酒。其生年不详，卒于永嘉五年（311年）洛阳城陷时，此时距晋室南渡还有五年。其《荈赋》应作于西晋。文曰：

> 灵山惟岳，奇产所钟。瞻彼卷阿，实曰夕阳。厥生荈草，弥谷被岗。承丰壤之滋润，受甘霖之霄降。月惟初秋，农功少休，结偶同旅，是采是求。水则岷（一作岷）方之注，挹彼清流。器择陶简，出自东隅；酌之以匏，取式公刘。惟兹初成，沫沉（一作成）华浮，焕如积雪，晔若春敷。调神和内，倦解慷除。（最后八字句为《太平御览》增补佚文）

由于两汉三国对吴蜀地区的经略和开发，两晋时期文人掀起了对大自然众多的可观可食植物的赞诵，如《全晋文》载录有《菊花赋》《朝华赋》《紫华赋》《芸香赋》《郁金赋》《蜀葵赋》《桑葚赋》《宜男花赋》《梧桐赋》等，蔚为文人时尚。也许是对三国时才认识的新生事物知者甚少，《全晋文》并没有收录《荈赋》，此篇《荈赋》引自初唐《艺文类聚·卷八十二·药香草部下》的"茗"字类。北宋早期《太平御览·饮食部》增补佚文一句"调神和内，倦解慷除。"

杜育首先揭示了荈草不是生长在适合耕种的农田里的，"奇产所钟"的是"灵山"和夕阳下蜿蜒弯曲的"卷阿"大丘陵。卷阿，语出《诗经·大雅·卷阿》，卷，指弯曲的山势。阿，《说文》释曰："大陵曰阿"。《卷阿》诗首句"有卷者阿"就是对延绵弯曲山陵的赞美。如此的灵山才能"阙生荈草"，荈草多到"弥谷被岗"，跟现在长江流域大面积居山坡而种的茶树差不多，无非现在大多是人工栽培的。乍一看，没有木本植物的感觉，是"弥谷被岗"的草，实因丛木类的茶树低矮，远观尽是繁盛的荈草。

《荈赋》中的采摘时令似乎与后来一贯的春采茶芽有所不同，是在"月惟初秋"。杜育说此时农事不忙（农工少休），农民可以"结偶同旅"，如秋游一般。俗话说"一年四季在于春"，春天是农民开始忙活的时候，当然没有农夫会为生活中的副食去奔忙的。只有"农功少休"，才有闲暇的时间结伴去采荈草作饮食。这是茶荈饮食尚在初级阶段，茶民尚未从农民中分离出来的写照。

原以为"月惟初秋"、"是采是求"仅仅是采秋天的嫩叶，2022 年 7 月底，陪客人去龙井观赏"十八棵御茶"，竟然看见了细嫩的茶芽（见彩版一），这才体会到农民在"月惟初秋"采茶的原因。茶树是少有的在秋天仍有芽的树木，正是这特别之处，才能在"农工少休"时引起了先民的注意，木本嫩叶尚且这么好吃，芽就不用说了。所以，以荈作茶后来居上，成为吴蜀先民首选作茶茗的原料。陆游说："纸上得来终觉浅，绝知此事要躬行。"觉悟了！

蕣，也是三国时期新出现的一个从艸的文字，《尔雅》、《说文》均未见，因下部有"舜"，推测与"舜"和"橓"有关。舜，众所周知是五帝之一，"舜"是其死后的谥号，用的是引申义"大也"。《说文》释舜曰："草也。楚谓之葍，秦谓之藑。蔓地生而连华。象形，从舛，舛亦声。凡舜之属皆从舜。"因"蔓地生而连华"，繁殖力非常旺盛，故引申为"大也"。舜疑是藤蔓草本植物。

橓，《说文》释曰："木堇。朝花暮落者。从艸，舜声。"木堇，现在写作"木槿"，加了表示木本植物的"木"字旁，属落叶灌木或小乔木，与茶树比较相似。"从艸，舜声"说明橓假借"舜"字，加上艹字头而成的字。以舜与橓在植物外观上的相似度，古人很容易借用近似物的字加以改造。近似植物的橓，去其中间部分，形成新字"蕣"。橓与舜同声，舜是"舛亦声"，新字蕣与两字有共同的字符"舛"，也应该是"舛亦声"的。从舜是形象字看，蕣是形声字。按照段玉裁《说文》"凡言亦声者，会意兼形声也"的意思，蕣是会意形声字。三字的古音应是相同的，字形相异，以示物种之区别。

《全芳备祖后集》辑录的唐五代毛文锡《茶谱》曰："甫里先生陆龟蒙，嗜茶舜。置小园于顾渚山下，岁人茶租，薄为瓯铛之费。"这里的"舜"应该说的就是"蕣"，即作茶的蕣草。"茶舜"就是"茶蕣"。这里写成"舜"，留下了蕣字发展的痕迹。

从《三国志》和《出歌》均使用"茶莽"看，至少三国晚期开始，莽已是蜀人经常煮为茶饮的原料。由于莽草被煮作茶饮的概率远高于作副食的椒樗之茶，渐渐地"茶莽"成了固定名词，蜀人说到茶，多指莽草煮作；说到蜀地特产，常常在莽前面加上功能性质的茶字。

莽，在《三国志》和《出歌》中与"茶"字一起出现，而在《莽赋》中却没有茶字，因为杜育是在赞美"莽"，对于民俗的"蜀人作茶"，不是蜀人的他可能不曾听闻，即使听闻也不知道茶与莽之间的关系，只知道莽草煮成的新饮料很美、很好喝，就如其他文人一般对新物产赋诗赞美一下。

莽草从生长环境到采摘，直至有积雪般华浮的饮品样式，具有现代所说的"茶"的特征。从其与《茶经》所说的"茶"的相似度来说，莽就是**茶树之茶**。

二、真茶

当作茶的木叶众多时，可能形式也不一样；在不知道新植物叫"莽"的情况下，古代文人为了区分椒叶、樗叶等其他木叶作茶，将莽草作茶称之为"真茶"。

西晋张华《博物志·卷四·食忌》云："饮真茶，令人少眠"。张华没有说"真茶"是用什么植物做的，也没有说怎样做，形式如何？直截了当地说结果，饮后的身体反映是"少眠"。

茶荈可以当酒，好喝；煮荈为饮后"沫沉华浮"，好看；少眠，则是张华首次提出来的、典型的饮茶后身体反应。少眠与《太平御览》辑录的《荈赋》佚文"调神和内，倦解慷除"都是对身体而言的，由形式到体感揭示茶饮之好。

张华（232-300 年），汉留侯张良十六世孙，范阳方城（今河北固安）人。早在三国司马昭执政时期就因才学官至中书郎。西晋初为黄门侍郎，封爵关内侯。张华博闻强识，藏书颇丰，工于诗赋，对古代政治、文学、事物等都了然于胸，编撰中国第一本博物学著作《博物志》。

对于此条文献中的"真茶"，郑晓峰译注的《博物志》有不同的解释，其释"真"为"羹"，并进一步释读"羹茶，烧煮的茶，即茗粥。"显然，释文将"茶"当作"茶叶"理解了。故除了"烧煮"符合早期作茶手段以外，仍是羹茶不分，"茗粥"牵强附会"羹茶"。

真，繁体字作"眞"。《说文》释曰："眞，仙人变形而登天也。从匕目乚。所以乘载之。"字头"匕"在《说文》中是一个独立的字，释为"变也"，段玉裁注曰："今变匕字尽作化，化行而匕废矣。"即"匕"是"化"的古文。中间的"目"字，段玉裁注曰："耳目为寻真之梯级"。乚，《说文》释曰："匿也。象迟曲隐蔽形。凡乚之属皆从乚。读若隐。"《庄子》、《鬼谷子》等早期诸子百家学说中都有"真人"一说，"生受于天，谓之真人"。故"真"是不为外物所惑、无伪饰、纯粹的意思，与"羹"没有意义上的关联。所谓"真茶"应当是有别于其他木叶的茶，是真正的作茶原料作的茶，并且饮之后，有其他木芽嫩叶为茶所没有的"令人少眠"的功效。

张华的"真茶"没说是什么原料烹煮的，也不知道原料的产地，更不知道是哪里的风俗，唯一可知的是"少眠"。这恰恰说明了张华知道"茶"饮，但可能不知道作茶的原料已有新的名字叫"荈"（从张华与杜育的生卒年看，张华著《博物志》时可能还没有《荈赋》。即使有，也不一定能看到）；或许当时文字有舜、薜、荈等，张华一时理不清其中的关系，还不如说"真茶"不会有误解。这如同现在考古出土的未见过的新器型，一般都是客观描述定名才不易出错是一样的。为了有别于其他木芽嫩叶作茶和突出"少眠"的功效，故称"真茶"。"真茶"概念的提出，对后来将"舜草"命名为"茶（叶）"影响极大。

张华的"真茶"仔细品读表达有二层意思：一是区别于其他植物烹煮的茶，具有排斥其他木叶的意义；二是煮的时候的纯真性，不加姜葱米粉等其他食材混煮。如果混煮，就不能品评茶的真味，"令人少眠"的功效不能凸显是哪种植物造成的了。"令人少眠"是张华首先披露的茶饮功效。

张华是从"食忌"的角度将"真茶"记载在《博物志》中的，告诉人们睡眠不好忌饮真茶；杜育是从"调神和内，倦解慷除"的角度来赞美"荈"这种植物所做的饮料的，告诉人们荈饮益人。其实，两人说的是同一件事"茶荈"。

三、陶弘景注《桐君采药录》，茶茗与茶叶的趋同。

陶弘景（456—536 年）今南京人。其一生跨南朝宋、齐、梁三代，梁武帝时有"山中宰相"之誉。著名的医药家、炼丹家，道教茅山派代表人物。作为医药家，他曾对早期的本草著作《桐君采药录》（以下简称《桐君录》）进行注释，其中不但有"真茶"，还有"真香茗"，更有南方及交广一带仍以烹煮可食木本植物为饮的情况。

苦菜，三月生扶疏。六月花从叶出。茎直黄。八月实黑、实落。根复生，冬不枯。今茗极似此。西阳、武昌及庐江、晋熙皆好。东人正作青茗。茗皆有浡，饮之益人。凡所饮物有：茗及木叶，天门冬苗并菝葜皆益人。余物并冷利。又，巴东间别有真茶，火煏作卷结，为饮，亦"令人不眠"，恐或是此。俗中多煮檀叶及大皂李作茶饮，并冷。又，南方有瓜芦木，亦似茗，苦涩。取其叶作屑，煮饮汁，即通宵不寐。煮盐人惟资此饮。而交、广最所重，客来先设，乃加以香芼辈。（马继兴《桐君采药录》辑校。

标点笔者有改动。)

巴东别有真香茗，煎饮，令人不眠。(此条见《太平御览》卷八百六十七引"《桐君录》曰"。)

《桐君录》早已亡佚，以上文献来自中国中医研究院马继兴先生的《〈桐君采药录〉辑校》。马辑《桐君录》条目辑录自三国初期《吴普本草》和（宋）唐慎微《证类本草》。《吴普本草》中辑录的条目释文简单明了，符合三国以前训释类书籍"文约而义固"的特点；《政类本草》中辑录的条目释文比较详尽，与南北朝的训诂类书籍的文风相似。所以《桐君录》并非所有的内容都是三国以前的，有宋以前历代文人的印记。陶弘景的注释代表了南朝文人对茶茗的理解，披露了许多南朝茶饮风俗的信息。

陶注内容比较庞杂，大致有四层：一是说茗及相关的植物饮；二是真茶及相关植物饮，诠释了张华的真茶概念；三是茶饮有雅俗、冷热之分；四是南方交广一带的茶饮风俗。陶弘景生活在南朝，对南方的事物还是比较了解的。在经历了三国"茶荈"和西晋的"真茶"以后，他以吴地人的口吻叙说了东吴、巴东、交广等南方广大地区的茶事，虽然是注"苦菜"，讨论的却是茶茗，完善了对早期茶茗概念的释读。

因为是注文，文辞比较简约，需展开讨论，深入探究，才能看出三国到南朝文人对茶茗字义理解的变化。

1. 茗与真茶

陶弘景是吴地人，当然以吴人的口吻注疏的。首先注疏的"茗"具有一种植物叶和饮品形式的双重意义。

陶说茗"极似"苦菜，这里的"极似"应是指叶子很像，不是指植物本身，后面"木叶"和"天门冬苗"也是说叶。估计陶弘景看到的都是民间饮食，嫩叶居多，所以有极似苦菜的观感。"东人"应该是指东吴人，因后文另有"巴东"。正，有"正好"的意思，东吴人正好以此（茗）作"青茗"。青茗既可理解为与下文"真茶"意义相似的干青叶；又可理解为"清茗"。清茗与《世说新语》所说的"茗汁"意义相似，饮的时候不是连叶吃的，饮纯汤汁。"茗皆有浡"的"茗"是指饮食形式，也就是"吴人作茗"的"茗"。益人的"浡"，《荈赋》称"沫"或"华"，后在《茶经》中形成茶饮的专有名词"沫饽"。《茶经》曰："沫、饽，均茗沫也"。所以，这里的"茗"有专指一种植物叶和饮食形式双重意义。

"茗及木叶"的"茗"应是专指一种植物叶，疑是后来的茶叶。"木叶"则是泛指作茗的可食之木本植物嫩叶，比如陆玑的椒樗叶。后面的二种则已不是木叶了，天门冬，属多年生草本植物，苗也是指其嫩叶；菝葜，现在俗称金刚刺，属百合科多年生藤本落叶攀附植物，向来与天门冬一样都属中药，但开始都是煮为饮的，当然益人才会煮食的。此段文字告诉我们，南朝时期作茗的植物更多了，草本和藤本植物也纳入"作茗"的行列了。

继张华之后，陶弘景再一次提出了"真茶"的概念，这里的"真茶"比张华所说的内容更明确一些。陶注的"真茶"首先是指一种植物叶，产地是"巴东"，巴蜀为同一产茶区，应该就是指荈草。但陶弘景似乎与张华一样不知道有"荈"的名称，还是为了避开郭璞"晚取"为荈的解释（因后来都理解为"叶老者"），称这种植物叶作茶为"真茶"。真茶的加工方法是"火煏作卷结"，这是最早披露的火焙加工法。陶注"真茶"，引用了张华"令人不眠"功效的原文，使得后人知道了"真茶"究竟是什么植物做的。

在论说茶茗时，陶说茗是"青茗"，青茗是指新鲜的嫩叶呢，还是指自然生晒的青叶？一时难以从文中读出来。而真茶则是很明确的"火煏"，就是以火烘焙，烘焙以后水分收干，叶自然呈卷结状。据一些药材的加工经验，火焙后水分收干，易于保存，且植物本身的香味更因内敛而浓郁。火煏的真茶，作饮后"令人不眠"；对照青茗只是"饮之益人"，不知道是对芽叶选择不同造成的，还是两者加工方法不同的原因？

陶注中的"茶"同样具有植物名和饮食形式双重意义，后文说民间采檀叶与大皂李叶作"茶饮"，两者均是木本植物，交广的瓜芦木也是木本植物，茶似乎比茗更强调木叶作饮的意思。所以，陶注中的茶也是具有专指一种植物叶和饮食形式的双重意义。

陶弘景首先是以一种木叶来理解茗与茶的，他的茗、真香茗、茶、真茶，既是特指一种植物叶，又是泛指饮品形式，其中茗还纳入了草本和藤本植物。从饮食文化说，既是对"蜀人作茶，吴人作茗"的丰富和发展，更是对"茶荈以当酒"的饮文化的丰富和发展。反映了在南朝时期，茶茗饮食文化越来越偏重于为饮对身体的功效。而"巴东间别有真茶"直接影响了陆羽定性"茶者，南方之嘉木也"。

2. 冷饮热饮

陶注中的茶茗显然偏重于饮，值得注意的是此时茶茗有"冷饮"了，茗中的冷饮是"余物"；茶中的冷饮是檀叶和大皂李叶，并点明了是"俗中"之饮，即民间风俗是放凉了再饮用的，类似于现今南方暑天的凉茶（凉茶的历史渊源），功效和饮法与"令人不眠"的真茶有别。三国茶茗都是煮为饮食的，虽没有刻意说明冷饮热饮，煮食的东西当然是趁热吃比较好。但"茶荈以当酒"就很难说是冷饮还是热饮了，抑或冷了再加热，亦未可知。古代多饮温酒的，最后饮的是热饮的可能性较大。

作为饮品，茶茗分冷热饮不是南朝才发生的茶事，两晋之交时已经发生了。晋室南渡时，习惯北方饮食的士族常常因不甚明了茶茗而唐突发问，并因此而遭遇尴尬。《世说新语·纰漏》就记载了这样一则故事：

> （任瞻）自过江，便失志。王丞相请先度时贤共至石头迎之，犹作畴日相待，一见便觉有异。坐席竟，下饮，便问人云："此为茶，为茗？"觉人异色，乃自申明云："向问饮为热，为冷耳。"

纰漏，就是因疏忽产生的错误，语言上就是说了失当的话。任瞻的纰漏是问了一个不该问的问题。吴地的人是不存在茶茗之别的，都称"茗"。但是对于初渡江的北人来说，自然大部分人是懵懂的，这从陶弘景的注文可以推想茶茗内容的庞杂而难以厘清。但作为文人，任瞻似应听闻过"蜀人作茶，吴人作茗"的，所以马上明白自己的问题唐突了，改口申辩。这里他人为什么要"异色"呢？可能的情况是北方的文人士大夫都听闻过茶和茗，但从不饮食，也就没人深究过，故没人能回答。从陶注反推，此时作茶作茗的植物太多了，任瞻确实分不清，但过江的晋室官僚们也搞不清楚的，任瞻此问不是故意给人难堪吗？人们不"异色"才怪呢。

任瞻自找的台阶也非常有意思，问饮料是热的还是冷的，这容易忽视的搪塞之语点明了东晋初期茶、茗，可能已有冷热之别了，对于研究茶饮发展意义重大。就是说两晋的茶、茗已不全是热饮了，而是有冷热之别的。与酒一样，虽多饮温酒，饮冷酒也是经常发生的。体现了饮文化的相似性。

真茶、真茗都是热饮，在陶注中有明确的解释。传承之唐代，陆羽《茶经》更是强调要"乘热连饮"，其后茶饮都讲究热饮，以至于"吃冷茶"在宋代成了一个调侃的话题。周辉《清波杂志》有"冷茶"条，曰："强渊明帅长安，来辞蔡京。京曰：'公至彼且吃冷茶。'盖谓长安籍妓步武小，行迟，所度茶必冷也。初不晓所以，后叩习彼风物者方知之。"长安妓步伐太小，估计还很缓慢，故揶揄谓之"吃冷茶"。如果此事发生在两晋，就不会产生这个典故了。

南京是六朝古都，刘义庆与陶弘景均是南朝人，刘还是宗室子弟，活跃的时期是南朝宋。陶略晚，活跃时期是南朝齐梁。虽然刘义庆说的多为三国两晋故事，陶弘景说的多为南朝现世，但地域相同，时间上一脉相承，事情上环环相扣，除了没说到的，所述应与现实情况比较接近，讹误的概率很小。

3. 瓜芦木与煮饮汁

瓜芦木，唐宋古籍中称之为"皋芦"，明李时珍《本草纲目》称"苦簦"，清吴正芳《岭南杂记》记载："广南出苦凳茶，俗呼为苦丁，非茶也。"瓜芦木叶即现在的"苦丁茶"。瓜芦木与乔木类茶树很相似，其粗叶与茶叶也非常相似，陆羽的《茶经》也提到出广州，因似茶而特别提出来警示人们加以区别。陶注"南方有瓜芦木，亦似茗"，指出了茗与茶叶在特指上的关联性。瓜芦木"亦似茗"与前文说茗极似苦菜，说明三者之间的叶形均很相似。

由于瓜芦木叶与茶叶高度相似，后来仍常常被误认为是茶叶。日本荣西禅师的《吃茶养生记·卷上》曰："《广州记》曰：皋芦（茶也），一名茗。"荣西禅师相当于中国南宋时人，曾两次来到宋朝。书中虽引用的是晋代的《广州记》，但引用的目的是将皋芦当作茶来传授给日本人的，其中的小字"茶也"应该是荣西的原注。可见，从晋代起，就有人将此当作茗，南宋时将瓜芦木叶理解为茶叶对外传播。时至今日，仍有许多学者将百年以上瓜芦木当作古茶树在研究。其实瓜芦木叶煮饮汁是名副其实的类指的"茶"，只是不能当作特指的"茶叶"理解。唯其区分**茶饮与茶叶**，方才不会搞混。

陶弘景前文说"茶饮"，后文瓜芦木说"饮汁"，可见两者都是清饮型的饮料。清饮型的饮料怎么做？这里陶注为我们揭诸了两个非常重要的细节——"取其叶作屑"与"煮饮汁"。作屑应该是干燥的叶子，如果是青叶只能碾成叶泥。倒回去看东人的青茗，应该也是干叶，就是不知道是否"作屑"。虽然前文有巴东人火熅作真茶，但不能肯定交广的瓜芦木叶也是火熅的。交广的阳光这么好，曝干也是完全可能的。作屑煮茶一直影响到唐代末茶，无非唐茶是先做成茶饼的，然后再碾成屑的，而不是细末。陆羽说："碧粉缥尘非为末也。"然而将干木叶碾作屑来煮茶的方法，首现于陶弘景的《桐君采药录》。

　　煮饮汁也是茶饮的重要一环，东晋时期吴地的宴会，茶茗可能已是常备饮品了，这从《世说新语·纰漏》中的"坐席竟，下饮"可以看出来。《世说新语》还记载了东晋初贵族们金昌亭吃粽子"饮茗汁"的故事，其《轻诋》篇记载：

> 褚太傅初渡江，尝入东，至金昌亭。吴中豪右燕集亭中。褚公虽素有重名，于时造次不相识别。敕左右多与茗汁，少著粽，汁尽辄益，使终不得食。褚公饮讫，徐举手共语云："褚季野"。于是四座惊散，无不狼狈。

　　故事中茗汁是下粽子的佐餐饮料，相当于浆饮，既然称"汁"，那茗或茗屑应该经高温烹煮后沉入器底了，饮的是以杓舀到碗里的甘香汤汁。故事也没有说冷饮与热饮，估计应该与酒一样是温的。文中没有表述东晋贵族所用植物到底是椒叶还是荈草，抑或其他木叶，但从文意理解，当时王公贵族饮的是茗作的汁，茗应该是指一种植物中的珍稀品，唯有荈芽才是作茶饮的珍品，茗后来专指茶芽应该就是由此而来的，而且此后也没有歧义旁出。褚太傅喝完了茗汁，举手自报姓名"褚季野"时，吴中豪右才知道怠慢了朝中最大的官员，吓得"四座惊散"。

从瓜芦木"作屑，煮饮汁"和茶茗有冷饮看，喝的时候与"蜀人作茶"不一样，是不带茶叶或茶末的，如果有，冷饮怕也不好喝吧。清汤型的茶汤与酒饮有着渊源关系，饮茗汁与浆饮相伯仲，体现了饮食中的饮文化的发展，并逐渐自成体系。

瓜芦木茶在功效上比真茶更厉害，令人"通宵不寐"，这也成为煮盐人熬夜的法宝。瓜芦木叶饮后的功效，与"真茶"的相似度太高了，难怪从古至今不断有人教导，然而前赴后继地不断有人误将瓜芦木叶当作茶叶的。

4. 客来先设

以茶待客是中国传统礼节，陶注透露出此礼出自南朝交广一带的民俗。此前文献提到的茶饮都是餐桌的，或为王公贵族的宴饮之用，而"客来先设"是"交广最所重"的风俗，是民间茶礼，也是以茶待客最早的文献记载。

瓜芦木茶口感较茶茗更苦涩，如果作为招待客人的饮料，则另外加了香草（香芼）以改善饮用体验，也是待客之道。"加以香芼辈"很重要，乃是后来茶中"入贡者微以龙脑和膏，欲助其香"和民间"杂珍果香草"之滥觞，也是较早的、比较明确的杂以香甜植物来改善饮用体验的记载。

最初的茶饮之礼混同于酒饮之礼，随着茶饮的增多，茶礼文化独立出来了，成为"客来先设"的礼仪，与现在的待客之礼很相似。当地人自己可以饮很苦涩的茶，待客却"加以香芼辈"，这是骨子里的"善"，也是俗礼的升华。

早期关于茶的文献，陶注《桐君录》是比较晚的，故内容也比较丰富翔实，比如茗和作茗的其他植物，茶和作茶的其他植物，冷热饮、火煏、作屑、饮汁、客来先设等等，早期相关的茶事这里都得到了答案，特别是民间茶饮的情况，唯有"山中宰相"的陶弘景才能说得清楚，**雅俗的茶饮文化**都得到了体现。

从三国的茶茗、茶荈，到西晋的荈草、真茶，以及南朝的真香茗等，茶文化的词汇不断增加，为后人了解其发展序列提供了可能。

第五章 陆羽之茶来了（茶之混淆与误正）

茶来了，是非也就来了。如果说上文梳理的是茶茗饮食文化发展之正道，本章论说的则是茶茗雾失楼台，迷失了茶茗饮食文化的半壁江山——食文化。茶，起始也扑朔迷离，是一个汉代之前没有出现过的、却与后来"茶"字一样的文字，比众所周知的"茶"字少一横，没有木；其行也迷离扑朔，紧接着西晋古文字大咖厚古薄今，指荼为茶，比公认的茶字多一横。更有和事佬将荼茶互训，貌似令人"恍然大悟"，实则视听皆为之扰乱与混淆。而容易误入歧途的，恰恰都是文人。时间一长，脱离实际的"想当然"的解释就越来越多，令人莫衷一是，茶叶的祖宗也变成了荼与槚了。

一、荼变

1. 郭璞注槚之荼

郭璞（276–324 年）是两晋时期著名的文学家、训诂学家、风水学者及方术士，他好古文、奇字，故注释的文献最多，曾为《方言》《山海经》《穆天子传》《葬经》作注，以花18年的时间研究和注疏经书《尔雅》最为有名。郭注《尔雅》释"檟"极有意思，通篇没有茶字，后来许多文人都在其"檟"字条下品出了浓浓的茶味。一说茶，必引此条文献。好好的茶茗饮食文化，倒退成了茶羹饮食文化，倒推则可以无限上溯至神农氏时代。《尔雅注疏·释木》曰：

> 檟，苦荼。（郭注）树小如栀子，冬生，叶可煮作羹饮。今呼早采者为茶，晚取者为茗，一名荈。蜀人名之苦荼。

《尔雅》有"周公著《尔雅》"和"孔子教鲁哀公学《尔雅》"的知名旧说，历代文人极为重视，被奉为经书，郭璞大概是首先为之作注的文人。郭注"檟"似乎一开始就对错号了，檟树高大通直，可"为梁与颂琴"，作为训诂家的郭璞似乎不可能不知道，用"树小如栀子"来注释众所周知的乔木，有点滑稽。作为古文字学家，郭如果真的见过另一种"树小如栀子"的檟，而且其叶是分早晚采的话，应该注明檟有两种：一种是栋榱良才之檟；另一种是树小如栀子的檟。

或许郭璞关注点在"苦荼"，后文有"蜀人名之苦荼"为之呼应，那就有理解上的误区了，将类指与特指混淆了。对于释训古文字的书籍，郭璞应该是非常熟悉的，《尔雅》中的"槚，苦荼"，会让他马上联想到《说文》中的"茶，苦荼"的，古文字家的脑海里很容易呈现出：槚＝苦荼＝茶。（这应该是古代足不出户的文人都会犯的错误。）那不就是三者同一物吗？显然，保暖终日的郭璞是不会明白《尔雅》注槚为"苦荼"的良苦用心的，误读了圣贤们对"苦荼"的类指意义，将"苦荼"曲解为蜀人专用称呼了，完全忽视了《诗经》等早期古籍中是没有一种"树小如栀子"的荼和苦荼的。

　　另一个奇怪的问题是郭何以将茗、荈扯进了对"槚"的释文中，而排斥了与"茗"同时出现的"荼（茶）"字呢？并且还在注文中将这些木叶煮的饮食称为"羹饮"。这似乎是问题所在，郭璞没有"茶荈"的体验，没读懂民间饮食已从"羹"进步到"茶"了。

　　郭璞是山西闻喜人，西晋时主要生活工作在不好茶的北地京城，西晋末永嘉之乱才随晋室南渡，东晋建立的第七个年头即被害。从郭璞注文中可知，郭是读过陆玑《毛诗疏》的，但他的生活、工作经历决定了他不太可能理解南方出现的新饮食形式——茶茗的，故注文仍称木叶煮食为"羹饮"。由于不了解新的饮食形式，将从艸的新字"茶"误以为是一种植物，并由"苦荼"推导出"茶"可能是"荼"的误写，或俗字。如果认为是误写或俗字，则"荼（茶）茗"的关系就应该由"荼茗"来替代；"荼（茶）荈"的关系也应该由"荼荈"来替换。由此可见，郭可能觉得"茶"是一个错字或俗字（对古文字非常熟悉的他没见过此字，又不解南方方言俗语的指称），且由文字从艸武断地认为是指一种植物，误以为先秦煮为羹的"荼"才是这种植物。古文字家有改正文字错误的责任，于是乎将饮食形式的"茶"改为了植物名的"荼"了。

既然都释成植物，如何将三者联系起来呢？郭璞注《尔雅》的时候，应该已有杜育的《荈赋》了（据两人的年龄推测），《荈赋》说荈草是"月惟初秋"采摘的，陆玑说荼是"得霜甜脆而美"，那么就按"得霜"和"初秋"的顺序关联出"早采者为荼，晚取者为茗，一名荈。"这是何其的合乎植物生长的推理，然而混淆了名物学的概念，将饮食形式的茶茗与草本的荼以及木本的荈三者混为一谈，并以时间概念偷换了"茶茗"称呼的的空间概念。由于有茗、荈的陪衬，使得后来不知"荼"为何物的文人，在读此段文字时，只见浓浓的茶味却不见茶字，从此误"荼"为"茶"了。

冬生，也是被不知农事的郭璞玩残的概念。茶不是"冬生"的，而是冬天"得霜甜脆而美"，其他时候是苦的。荼也不是"冬生"的，"凌冬不凋"而已。（元）王桢《农书》曰："《四时类要》（又名《四时纂要》）云：茶熟时收取子，和湿土拌匀，筐笼盛之，穰草盖覆，不即，冻死不生。至二月中出，种之树下，或北阴之地"。茶树种子要冬捂保命，其树会"冬眠"，不能冬生。

"早采"和"晚取"也是貌似很有道理的模糊语言，类似方术士的"话术"。早晚，是指节气时令的早晚，还是一季中的早晚，抑或一天中的早晚？当然，怎么说郭都占理的。茗是三国时期出现的新字，郭璞之前从来没有文人或民俗说过茗是"晚取者"，郭璞恐是根据杜育说"月惟初秋"采荈而牵强出来的。荈，同样没有被注释过，虽有季节上的秋采，并没有强调因为初秋晚采才称之为"荈"的，况且整个六朝时期并没有"早采"、"晚取"的要求。杜育说"月惟初秋"采摘，是因为此时"农功少休"，不影响农活，并不是故意要"晚取"的。故其注文明显的是根据一般农时推导出来的，以一般的农时早晚来串联那些似有关联的字，仅是将新字与老字关联上，那是为注释而注释，并不在意文字的意义。郭注"晚取"称"茗"对后世没什么影响，后来文人都将芽茶称作茗；而荈就比较惨了，一般普通树木在初秋都是老叶，那"晚取"称荈也一定是老叶。据此，（南朝梁）顾野王《玉篇》释荈曰："茶叶老者"；《茶经·五之煮》认为茶中"不甘而苦，荈也"。老叶当然是苦的。如果把茶叶不好的品质全归结为"荈"，那吴国宫廷如何"茶荈以当酒"呢？杜育也怕是赞美不了"荈"了。

　　檟、荼是《诗经》时代的物名，荼与苦荼的指称意义也不尽相同，更不是蜀人的专用名词，而是全国通用的称呼。《诗经》的采风向南止于江汉之间，体现在《周南》《召南》中，巴蜀的风物尚未进入。与巴蜀较近的楚地，有著名的、反映楚文化的《楚辞》，其《悲回风》有"故荼荠不同亩兮"之句，对荼的认知与《诗经》是一致的。故"早采者为荼"和"蜀人名之苦荼"不仅释义上有讹误，即使假借注释也是不妥的。以新的物产"荈"和新字"茗"去与《诗经》时代的"檟、荼、苦荼"相关联，需见其沿革关系，不可因檟、荼均释为"苦荼"而不顾字义、词义将貌似有关的从艹名字混为一谈。由此可见，郭璞不懂茶，其注檟仅是纸上谈兵，极其轻率。

　　虽然郭璞注"檟"匪夷所思，总有一些原因在里面，檟与荼虽然韵母相近，毕竟声母不同，是否有更接近檟音的、又与荼茗有关的字呢？（唐）段公路《北户录》"米饼"条记载："且前朝短书杂说，（广南）有呼食为头（晋元帝谢赐功德净馔一头，又谢赉功德食一头，又刘孝威谢赐果食一头），以鱼为斛（梁科律，生鱼若干斛），茗为薄为夹（温贡茗二百尺薄，又梁科律薄茗千夹云云）"。宋代《侯鲭录》也有相似的记载，文字略有出入。广南指现在的两广地区，比巴蜀更南面。从"茗为薄为夹"看，薄、夹貌似可以替代"茗"的名词；从注文"贡茗二百尺薄"和《梁科律》"薄茗千夹"看，薄、夹实为量词。但无论是名词还是专用量词，都与茗有关联。文献所叙之事有东晋元帝的和南朝梁时代的，晚于郭璞作注的时代。然对于方言俗语来说，流传时间较长，西晋已有如此叫法也是完全可能的。郭是暂短统一的西晋王朝里的大官，应该听闻过行政科律上的"茗为薄为夹"的。如此，推测郭注槚恐为同音字"夹"所误。

古代尚未普遍形成"实践出真知"的概念，所谓"秀才不出门，可知天下事"，文人的认知多"书上得来"的。三国时期新的饮食形式——茶茗是吴蜀之地的民俗，仅凭读书多而论当时风俗之事，难免因实践上的短板而造成理论上的矛盾和混乱，结果是乱点鸳鸯谱。郭璞是注经大家，其释槚并没有影响到同时代的文人，但因注疏的是十三经之一的《尔雅》，对后世的影响极大，都因此而把荼当做了古茶字，其混淆的认知长期左右着人们对茶的认识。

2. 颜师古训茶

从郭璞注槚的字里行间可以看出，他似乎在刻意回避新出的"茶"字。至唐代初期，颜师古貌似为了调和陆玑的"荼"和郭璞的"茶"之间的矛盾，将荼训为两音。其注《汉书》将《地理志第八》"长沙国"下的"荼陵"注为"荼音弋奢反，又音丈加反（chá）"。颜师古也是大名鼎鼎的经学家和训诂学家，其名头足以使自此以后，荼与茶变成了通假关系，茶可以写成荼，荼可以写成茶。后来文人以他的注音来训诂，也算是引经据典而被认可的，故"荼陵"在宋代编撰的《新唐书》中已改为"茶陵"，就是颜师古训荼之贻害。

荼陵，命名之初并非是出产荼或茶荈之故，而是因为西汉时曾是荼陵侯刘沂的领地，并有荼王城，是当时长沙国十三个属县之一。况且汉代并没有茶这种饮食形式，更没有"茶"字。时至茶开始流行的唐代，归属衡州衡阳郡，土贡只有麸金、绵纸，尚未有茶，至少说明有茶的话也不够土贡级别，不是主要的或名声在外的产品，故不可能以"茶"来命名地名的。颜师古的注音明显地受了郭璞注槚的影响，但将茶与荼彻底混淆了。两湖之地当然是适宜茶树生长的，存在古茶树也是肯定的，当荼陵茶被发现，并为大家熟知时，自然会想到郭璞注槚和颜师古注荼，联想为荼陵之名是因产茶而名之的。经济很重要，文字的质疑和辨正变得毫无意义了，甚至有人因此而无限上溯茶之源头，说荼陵是神农氏"崩葬于茶乡之尾"而得名。与古老的"荼"关联上，传说故事就比较容易编写了。

颜师古是唐初经学家、训诂学家、历史学家，地位显赫与郭璞极其相似，且等级观念极强。在担任秘书少监时压制清贫寒士，优先任用勋贵权势之人，甚至富商大贾之流，并因此遭到贬谪。如此修身、治学、为官的人生经历，是不可能了解民俗茶茗饮食的，最多就是把各种见之于经传的注释互注或调和一下，书本之外的新饮食文化一定是"五谷不分"的。

3. 罗愿去荼

上文考证《僮约》是北宋伪造的，原文的荼、茶两字是宋人的杰作，章樵注释本将荼和茶区分得很清楚也是明证。从释文看，至少章樵认为荼是荼，茶是茶。南宋孝宗时安徽人罗愿不这么认为，其著《尔雅翼》（又与《尔雅》相关），不知出于何种认知，干脆将"荼"直接抹杀了，而以标准的楷书"茶"替代了"荼"。《尔雅翼》释草八卷共 120 名，已将古老的"荼"字排除在外。只有茶字，归在"释木"。（如图为四库全书电脑版《尔雅翼》中的"茶"字条释文）。释

南宋罗愿《尔雅翼》中的茶释文

文将郭璞注《尔雅》中的"荼"字全部代之以"茶",难怪"释草"中没有"茶",荼字的历史在罗愿的《尔雅翼》中泯灭了。其后明人张溥将《僮约》中的荼茶两个字都写作"茶"了。罗愿注文"春秋齐君荼"更是以讹传讹,不对照原文,直接用了《茶经》中陆羽凭记忆写下的讹误文字,并以"荼"替代了"茗",那就看不出原文为什么会错的了。文中引用颜师古注"荼陵"来证"荼茶声近"也是荒唐的,荼茶形近是显而易见的,声近实在有些牵强,颜师古的"弋奢反"与"丈加反"也是毫无声近可言的。罗愿与章樵对荼茶的认知是截然不同的,罗愿鲁莽地将荼并入"茶"条进行释训,如何"羽翼《尔雅》并行于世"(王应麟《尔雅翼》序文)呢?鲁莽的后果是:南宋以后多认荼为茶之古字。更可悲的是一些经典古籍中的"荼"篡改为"茶",混淆了古代名物的认知,贻害可谓深广矣!

荼字音义注疏几经变化以后,文人的脑子被彻底"荼变"了。南宋初袁文在其《瓮牖闲评》中说:"自唐至宋,以茶为宝,有一片值数十千者,金可得,茶不可得也,其贵如此。而前古止谓之苦荼,以此知当时全未知饮啜之事。"袁文说的"前古止谓之苦荼"显然不是《说文》的"苦荼",而是郭璞的"苦荼",因此妄加批评古人"未知饮啜之事"。所谓古人"未知",当是袁文把"苦荼"理解为"苦茶"了吧,一片值数十千钱的茶怎么会苦呢？因此，宋代以后只知有茶，不知荼为何物，更遑论"苦荼"与"苦茶"之别了。

时至清代，茶变更加通俗了。郝懿行《尔雅义疏》曰："又诸书说茶处，其字乃作荼，至唐陆羽著《茶经》，始减一画作茶。今则知茶不知荼矣。"（《辞源》修订本 2632 页"苦荼"条。）郝懿行明确荼是茶的古字，其"减一画作茶"也成了此后最流行的说法。仔细读陆羽《茶经》中对三个不同写法的茶字注文，并没有荼字减一画而成的标准楷书"茶"。显然郝懿行没有读懂《茶经》中的"茶"字，也不可能通情达理地"义疏"《尔雅》中的"荼"字。"减一画作茶"貌似通俗易懂，实则既没有"六书"，也不见"小学"，所谓"今时知茶不知荼"，应该包括郝懿行自己。

二、茶字之乱

唐代是"风俗贵茶"开始的时代，也是茶字写法最多的朝代，而楷书"茶"字也在此时定型。唐代书法大家皆以楷书闻名，故有唐玄宗规范汉字楷书的书写和音义之举，在开元二十三年颁布《开元文字音义》。楷书被后人誉为第二次"书同文"，其字体与现在通行的书写字体完全一样，此后，"五经"注疏均以楷书形音义为标准。可惜的是此书到宋代已亡佚多卷，历代都有文人开始从诸多古籍中辑录《开元文字音义》的文字，仅得 45 条，其中"茶"字就是辑录于《茶经》的。陆羽时代，茶字的各种写法、别称、衍生意义大多已出现了，由于陆羽在唐代就被奉为"茶神"，所以他罗列在那里的茶字和别称都被后来的茶人所认可，稀里糊涂地说到今天。当然，《茶经》流传了一千二百多年之间的版本变化也导致了讹误持续至今的原因之一。

《茶经》是茶文化发展史上的重要著作，茶饮自此而彰显。陆羽虽然误茶为茶树之茶，但其对茶字的注文保留了许多重要信息。

1.《茶经》之茶字

《茶经·一之源》在描述完茶树后，又云茶字：

> 其字，或从草，或从木，或草木并。（从草，当作"茶"，其字出《开元文字音义》。从木，当作"榀"，其字出《本草》。草木并，作"荼"，其字出《尔雅》。）其名，一曰茶，二曰槚，三曰蔎，四曰茗，五曰荈。

以上文字是研究茶文化的人都耳熟能详的，括号中的文字为陆羽自己的原注，注文告诉人们茶字有三种写法，其中说"茶"字出自官方的《开元文字音义》，极具史料价值和文字溯源的意义。陆羽说的茶是"南方之嘉木"，故后面四个别称都是被陆羽认可的，并随着经书传诸后世。

由于我们现在看到的《茶经》都不可能是唐朝的版本，故不知道当时的茶字究竟是怎么写的。陆羽说"从艸当作茶"，估计所有的人都懵圈了，茶字下面明明有"木"，为什么视而不见地还说"从草"呢？这是陆羽在字"源"的问题上透露给后人的最大秘密。当1200年以后湖州的青瓷罍出土时，上面的文字才让人恍然大悟，原来陆玑时代的茶确实是从艸的，写作"茶"。如果不是青瓷罍，人们会一直认为古籍中的"茶"是漏刻了一横，根本不会理睬它，也不会去琢磨陆羽的"从艸当作茶"的意思。陆羽是认真的，虽然《茶经》之"茶"字在重刻时被他人"改正"了，释文却明示了真相。

读明白了从艸的茶，从木的茶也就好理解了。茶是没有"木"的，下面的"尒"后来写作"尔"，尔字古代写作"爾"，字形变化太大，也太难写，即使加上"艹"字头都不可能与"南方之嘉木"相联系的，故要在前面加木字旁。《茶经》"从木，当作'槚'"，最初应该是写作"梌"的，陆羽不可能傻到用两个"木"义符来说茶字的。无论是写作"梌"，还是写作"槚"，都没有"茶"写起来方便快捷，人们都不会去使用写起来不方便的字的。

三个字中最具"创意"的当属对"荼"的解释。《说文》的"荼"是形声字，并无"草木并"的意思，"余"是声符，文人陆羽则自作聪明地将"荼"重新建构了。他的思维路径应该是先将荼拆分为艹、人、木三部分，"人"在古文中是可以单独成字的，读若集，是一个部首，《说文》释"三合也。从入一，象三合之形。"从通集，音义均相同。若将"余"拆成"从"和"木"，茶就具备"集上草下木"的意思，那"草木并"的意思不就出来了吗？当然，这是笔者根据陆羽的注文进行的合理的推测，否则，无法理解其注文的意思。果真如此的话，这样的"草木并"是违背"茶"的本义的，任意解构了《说文》对"茶"的释义，将形声字变成了会意字，不合古老茶字的造字原理。

陆羽对茶字的注疏，透露出茶字缺木的早期特征。其注文以草木为本，虽符合释字归类的原则，但其对文字本义探讨的缺失也是显而易见的。在《茶经·七之事》中，没有看到陆玑的《毛诗疏》，看来陆羽并不知道煮食椒樗叶是"蜀人作茶"，也就无从知晓茶茗的饮食文化意义了，故对茶字的理解也就囿圈于从艸从木了。

2. 蔎

陆羽所说的五个名称，除"蔎"以外，其他四个字已在前文详细解读过了。蔎字很少出现，陆羽在《茶经》中自注曰："扬执戟云：蜀西南人谓茶曰蔎。"扬执戟即（西汉）扬雄，《方言》旧题是扬雄所作。《方言》的原名为《輶轩使者绝代语释别国方言》。輶轩使者就是官方委派的风俗大使，"所以巡游万国，采览异言，车轨之所交，人迹之所蹈，靡不毕载。"（郭璞《方言序》）《方言》内容来自风俗大使巡游万国所采览的方言俗语，内容比较真实可信，只要流传过程中不出差错。

不知是版本的原因还是陆羽记忆的问题，郭璞注的《方言》中没有查到此条文献，其《方言·第十二》有"荼"字，原文为"倩，荼，借也。荼犹徒也。"没有说是何地的方言，也没有说与蔎有关系，仅仅是同音假借字而已。《方言》所录的文字中没有"蔎"字，故也不可能有释训。或许相关文献在流传的过程中丢失了。即使有此条文献，也是两种草本植物荼与蔎的关系，与茶茗没有关系。

《说文》已有蔎字，"蔎，香草也。从艸，设声。"段注纠正说"当作草香"，并引刘向《九叹》："怀椒聊之蔎蔎兮"证"蔎"是草香貌。《九叹》收录在《楚辞》中，与巴蜀文化比较接近，以此来纠正《说文》的错误也是符合语境的。但诗文中的"蔎蔎"是叠词，词性发生了变化。三国《广雅·卷六》收录有大量的早期叠词，同字一旦叠用，词性就发生了转变，多为形容词，非名词。"蔎"独字时是名词，一种"香草"；叠字时是形容词，形容植物的香味。《九叹》就是形容椒香的，蔎蔎当然是"草香"的意思。段注用叠词的"蔎蔎"来解释单独的"蔎"字，是不合适的。单独一个"蔎"字，当为名词，许慎释"香草"没有错。无论是释"香草"，还是"草香"，都与茶没有关系。

陆羽是将"茶"当作草木并的"荼"字的，故把"谓荼曰蔎"当作茶史内容之一。如果读懂了羹与荼，这条文献也就与茶史没有关系了，蔎也不会是"茶"的别名了。

3. 晚唐茶字的另一种写法——荼

荼是法门寺地宫出土的银茶具上的"茶"字，虽然没有《衣物帐》碑文正规，但银器是宫廷文思院所辖作坊生产的，也不是随便刻写的，似可理解为唐代茶字的又一种写法。有些学者在讨论时认为是工匠文化不高，刻的时候略带随意性，将"茶"字一横上移形成了此写法，这未免太"想当然"了吧！随意增减笔画这种事大概率是发生在文人和现代书法家身上，内府匠人怎敢将文字随意改动。法门寺地宫出土的银器都是皇帝的供奉之物，其中的茶碾、茶罗等都有"匠臣邵元审，作官李师存，判官高品吴弘悫，使臣能顺"四名官匠和督官的勒名，"物勒工名"就是为了追查责任的，铭刻文字随意了，他们会不追究吗？官员也是文人，是不敢使用没有出处的字的。陆羽是"野人"，他写《茶经》时还要从《开元文字音义》寻找正确的楷书茶字；在没有木的情况下，加木字旁来创造从木的茶字。况且，地宫的《衣物帐》碑文中有标准的楷书"茶"字。所以，此字不可能是"想当然"的荼字一横上移这么简单，一定是别有原因的。

按字形，银器上的字在古文中确实是存在过的，写作"荼"。《周礼·秋官司寇第五》有"掌囚"官职，其职责"掌囚掌守盗贼，凡囚者。上罪梏、荼而桎，中罪桎梏，下罪梏。王之同族荼，有爵者桎，以待弊罪。"《说文注》曰："荼，两手共同械也。从手，共声。周礼曰：上罪梏荼而桎。荼（原文

篆体），荢或从木。（下有段玉裁注：犹桎梏字。）"梏、荢、桎
分别是枷首、手、足的木制刑具，荢是枷手的刑具，上面的
"共"写成篆书为"𦦵"，下部就是两只手，如果再"从手"的话，
就变成"三只手"了哈，而材质义符的"木"却没有。故早至
东汉许慎、晚至清代段玉裁都认为"荢"应该与"桎梏"一样
从木，写成"栥"，而不是从手的"荢"。由于秦朝李斯的小篆
至汉代时已变成横平竖直的方块形隶书，"共"的两只手在字
形上显示不出来了，文人们想当然地将从木的"栥"改为从手
的"荢"，以显示是手械，而"栥"从此成为保存在古书里的"古
董"了。至唐代中晚期茶饮盛行之时，出于对"草木并"的理
解，旧字新用也是有可能的。

真实的情况可能并非如此。上文已经说到尒、介、余上头
都是"入"字，并非"人"字。入字一捺起笔是有弯头的，书
写时如笔笔到位，很容易写成一短横，现在印刷体也以一短横
表示的。那唐代会不会出现这种情况呢？完全有可能。彩版一
是晚唐长沙窑青瓷盏，褐彩铭文"茶盏子"的"茶"字一捺的
起笔如一横，清晰地表现了如果笔笔到位，一捺起笔就是一
横，而下面的一横也并没有缺少，不存在一横上移的可能。故
艹字头下的一横是标准书写使然。

银器上茶字一横比青瓷盏上的"茶"字长很多，与"入"
字的横头有些异趣，与"栥"反而比较接近，这主要是书写与

錾刻的原因。书写是软笔，比较容易把控；錾刻是用金属刀具在银器上刻字，不易把控，故一横会稍长一些，但也没有超过上面一横。所以，这字一点错误也没有，标准的"茶"字。今人认为错，是因为一直把"入"误认为"人"的缘故。

4. 唐代文物中的"荼"与"茶"字

出土的一些晚唐代民窑青瓷碗上有写或刻"茶埦"、"茶盏子"（参看彩版一左下）的，应该是在表明用途，以前笔者跟大多数人一样认为这就是茶碗，证明了民间茶荼通用的情况确实存在。如果认定青瓷碗是喝茶的，按照颜师古的注音，青瓷碗上的"荼"应该读〔chá〕，而不应该读成〔tú〕，青瓷碗就是正儿八经的茶碗。然而事物的发展给人们提出了新的问题，出土的同为长沙窑晚唐时期的彩绘执壶（彩版一右下），在壶身釉下彩绘行书"镇国茶瓶"四字，虽然"国"的下划与艹字头叠压在一起，下面的"木"清晰可辨，毫无疑问是"茶"字。苏辙诗"相传煎茶只煎水"，茶瓶是煎水的。

这好像在证明茶荼通用，实则不然。两件彩绘青瓷器都是民窑长沙窑产品，老百姓的东西刻上铭文一定是要强调什么吧，是工匠在强调既认识茶字又认识荼字吗？显然工匠没有炫耀识字多的爱好的，况且老百姓应该不知道颜师古已将荼注了两个读音的（古代普通百姓是读不到史书的），而"蜀人作荼，吴人作茗"倒是与他们的生活休戚相关的。如果是强调喝茶的，那同时期的、同为长沙窑的两件器物为什么一个写"茶"、一个写"荼"呢？明显地所指是不同的。

宫廷使用的碗盏非常讲究，人们很容易从托子就可以辨别出是饮茶的还是喝酒的，似乎也不需要铭文。陆羽《茶经》专门提到茶碗，应该是"天下无贵贱通用之"的碗，其中有湖南的岳州窑碗，有的本子作"岳州上"，与越窑相提并论。之所以与越窑并论，是因为两者都"青则益茶"，单纯的青釉能衬托茶色，有益于汤色的表现。迄今为之能明确是茶碗的内壁多为光素的，特别是唐代。后来有纹饰也是釉下刻划花，或印花，并不干扰茶色。而此类长沙窑青瓷碗，釉色偏黄，又好彩绘，如何"益茶"呢？

这类碗既然不益茶，又在百姓的生活中具有通用性，那工匠还为什么要在这些碗盏上明确地题写"茶"呢？这恰恰是为了区别"风俗贵茶"，回归百姓"采荼薪樗"的生活常态。唐代晚期，茶虽已在民间普及，但不是普通百姓主要的生活常态，特别是乡村，百姓要饮的话，天然的山水、井水足矣，讲究一点的喝凉白开（即使现在生长在茶乡杭州如笔者的普通百姓，改革开放前一直如此），也不需要在碗上刻写文字。普通百姓的生活常态是"粝粢之食，藜藿之羹"，一日三餐（可能还不一定有三餐吃）的佐餐羹汤是少不了的，汤羹的常用食材是荼类野菜，盛菜羹的碗是必须的。20世纪七十年代吃"忆苦饭"，就是一碗菜汤加二只米糠团子，唯一的餐具就是盛菜汤的常见的蓝边白瓷碗，连筷子都省了。茶羹佐餐应该是条件比较好的，次一点的甚至作副食，"茶盏子"更显重要了。

这样，此字应该回归本源，依照《尔雅》《说文》的释文，此处仍应该读［tú］才对。"茶盏子"就是老百姓吃苦荼类菜羹用的碗盏，临时替代酒碗也行，喝茶既不合陆羽对茶碗的要求，也不合老百姓少酒肉的肠胃。标注文字正是为了告诉买碗的人：这是茶盏子，并不是茶碗。言外之意是不要买的时候嫌这不合茶道。简言之，"茶盏子"铭青釉盏不是茶道饮器。

此说为笔者阅读唐人文献文物的粗陋心得，如看官不以为然，可视此说为"沟渠间弃水耳"。

在青瓷盏的铭文中，"茶"字艹头下是有一短横，说明中间不是一个"人"字，那就破除了茶字是"人食草木间"的释训。另外，安徽博物院藏的唐咸通七年《二娘子家书》中"勤为茶饭"中的"茶"字（如图），书写并不潦草，行书使

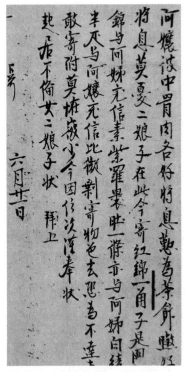

唐咸通七年《二娘子家书》中的"茶"

得"入"的捺脚短了，然一捺的横头仍依稀可见。起笔的弯头书写容易，写成一短横也无妨，但刻石殊为不便，要多刻一横，就将一捺下移一些，形成了法门寺《衣物帐》碑文的标准写法（参看下文附图）。标准写法在刊刻时，"人"与"入"的确是很难区别的，故会出现误读。

古代文人喜好摆弄学问，生造出一些匪夷所思的文字来。唐代还出现了一个似茶非茶、似茶非茶的文字，艹字头下面一个"佘"。右图是"中国茶叶博物馆"门前石板路的石板上镌刻的文字，标注是唐代徐浩所书，装饰在"茶博"门口一定是告诉人们这是唐代的"茶"字。这还不是孤证，浙江湖州长兴顾渚唐代贡茶院遗址内有唐德宗兴元元年（784）袁高题名的摩崖石刻，其铭文："大唐州刺史袁高，奉诏修茶贡……"的"茶"字也是如此写法。上文所述《茶经》中的茶字还保持着青瓷罍铭文写法，初唐颜师古训荼有二读音，此荼字的写法似为兼顾了荼和茶，在"小"上面加了二横。此字虽然彰显了书写者的"学问"渊博，但如何释训呢？"二小"来表示"小之又小的芽叶"吗？陆羽等文人还知道需要"木"的义符，这字连"木"也没有，书写上比古茶字多二横，比标准茶字多一横，增加了书写的笔画。所以，此"想当然"写法的茶字，只存在于极少部分文人的作品中，并不流行。"想当然"

是古代文人的机智，孔融以此讥刺曹操，苏轼借此高居榜首，然而对于因形见义的文字来说，"想当然"则聪明反被聪明误了。

唐代荼字及茶问题的复杂，也反映在唐宋类书《艺文类聚》和《太平御览》中，两部类书均没有"茶"目，只有"茗"目。前者是中国古代第一部官方大型类书，成书于初唐武德七年（624年），此时尚未有《茶经》，也没有"南方之嘉木"的概念，在搞不清荼茶的情况下，故选择了"茗"，纳入《药香草部》，仅六条。《太平御览》成书于北宋太平兴国八年（983年），奇怪的是此时文人已煞费苦心的为茶字找到了"木"，而类书的木部仍没有"茶"，"茗"是归入《饮食部》，多达五十九条。其中的"荼"都改成了"茶"，因此多了一个新名词"苦茶"。两部类书"茗"下首条都是：《尔雅》"槚，苦茶。"（都是宋以后重刻本之故）并引郭璞注文。说明初唐类书主要是为了避免荼茶之辩；后者是为了避免草木之辩，故归在《饮食部》，也就无所谓从艸从木了。然而"苦茶"开始害人了。

三、陆羽之茶

无论是杨晔《膳夫经手录》还是封演的《封氏闻见录》，都说"开元"是茶饮之风盛行之始，此"风"起于青萍之末是茶神陆羽的诞生。唐开元二十一年（733年），上帝把陆羽降临在竟陵西郊一座小石桥之水滨，并遣群雁以翅羽护其体（天降神人，概莫如此），恰巧竟陵龙盖寺的智积禅师路过，将陆羽捡回收养。"（陆羽）稍长，自筮，得《蹇》之《渐》，繇曰：'鸿渐于陆，其羽可用为仪'。乃令姓陆名羽，字鸿渐。羽有文学，多意思，耻一物不尽其妙，茶术尤著。"（李肇《唐国史补》）这故事很中国，茶神降临总归需要与众不同的，取名也与众不同。稍晚于陆羽的朝中大官赵璘，著有《因话录》，《卷三》记载竟陵龙盖寺僧俗姓陆，收育的婴儿非僧非道，自然随其俗姓陆为姓氏了。

不知是历史的巧合，还是地域的钟灵毓秀，三国吴人陆玑在太湖之畔的吴兴著《毛诗疏》，揭示了茶茗饮食文化；五百年后，陆羽也来到此人杰地灵之地，著茶饮文化开山之作《茶经》。先贤说："五百年必有圣人出"，信乎！陆羽青壮年时，游历巴山峡川、江淮名山，寻茶品水，浸淫茶事。久之，将体验付之于笔端，于唐代宗广德二年（764年）完成《茶经》三卷。

从陆玑说茶，到陆羽《茶经》之前，茶一直没有被认真地释训过，其中的变化也因为文化传播不便、信息不通而不为人所全面知晓。茶的问题注定要姓陆的人来解决的，解决问题方法是误会，陆羽因误会而认定了植物意义的茶树之茶才是茶，其饮也主要指茶树茶作饮。

《茶经·一之源》首次详细地描述了特指植物的茶树，也就是杜育歌颂过的荈。陆羽将《荈赋》"弥谷被岗"的全景描绘推进到了全方位的特写，自此，无论南北的中国人仅从文字就可以认识"南方之嘉木"的植物，它的新名字叫"茶"。引文如下：

> 茶者，南方之嘉木也。一尺、二尺乃至数十尺；其巴山峡川有两人合抱者，伐而掇之。其树如瓜芦，叶如栀子，花如白蔷薇，实如栟榈，蒂如丁香，根如胡桃。（原注：瓜芦木，出广州，似茶，至苦涩。栟榈，蒲葵之属，其子似茶。胡桃与茶，根皆下孕，兆至瓦砾，苗木上抽。）

陆羽首先肯定有一种植物叫"茶"（按陆羽的释文此时茶字无木），其产地是南方，并明确了这从艸的文字命名的是一种好的木本植物，而非草本。其定性为"嘉木"，茶从此为一种木本植物的专指了。遗憾的是陆羽在吴地也没有与先贤陆玑冥冥中神通一下，而是风从了不好茶茗的北人郭璞，将"茗"称作了茶的别名，所幸的是没有把"茗"当作叶老者。

茶有灌木类（一二尺）和乔木类（数十尺），巴山峡川甚至有两人合抱的老茶树。对于这些高大的老茶树，陆羽说当时是砍伐下来采摘茶叶的，大概是砍伐芽多的高枝来采摘，仍有点"竭泽而渔"的意思。接下来，陆羽以几种易于混淆的植物来对比描述茶树长啥样。

首先是树形，对比的不是"树小如栀子"（对郭璞的否定），而是"如瓜芦"，这也极有意义。瓜芦，即现在的苦丁茶，东晋裴渊《广州记》就误以为茗，说"新平县出皋芦，茗之别名。"可见东晋时就有文人将皋芦当作"茗"的别名，也就是皋芦和茗均当作是一种植物的名称。陆羽以此作比对，当是有所用心的，考虑到误认率太高了。瓜芦与茶最大的区别在于煮为饮的"味"，陆羽说"至苦涩"，苦涩到顶了。

其二是茶树叶才是如栀子的树叶，不是树型小如栀子树，是叶形很像。茶树的花如白蔷薇，子实如蒲葵类的栟榈，蒂如丁香，根部如胡桃树。有些本子的《茶经》作"茎如丁香"。无论茎、蒂，反正陆羽以比较常见的、易搞错的植物将茶从上到下、从里到外、从根茎到子实，都以对比的方法将之说清楚了。这些对于今人来说是常识问题，但在茶说纷纭的中唐时期，陆羽武断地误茶为一种木本植物具有积极意义，将这种植物说清楚了，对茶饮文化发展意义重大。

以上说的是茶树，那茶树上的"茶"到底是什么呢？现在一说茶，大家首先想到的是茶叶，并按需要采摘，按粗细分级，按制法分类。长兴文化公园"大唐贡茶院"内"陆羽阁"中的陆羽像，展现的是陆羽两指捏一大一小连在一起茶树叶（如图）；日本人更是夸张，曾在电视上看到日本机器采茶，

大唐贡茶院内手捏茶树叶的陆羽像

不论粗细囊括而去，可能反正是磨成茶末的缘故。这些现象都是因为茶的经书没有读明白的缘故，道不明则不知事。《茶经》所说的茶并不是茶树嫩叶，而是"法如种瓜，三岁可采"的茶。懂农林园艺的都知道，瓜果一般种植三年才能结果，供人们采食。茶树也一样，不到三年的树只有树叶而无茶，种植三年才能生长出可采食的茶。那茶树上的茶是什么？陆羽说"笋者上，芽者次"，没有说"再次者"是什么了，也就是说笋、芽才是长在茶树上的"茶"，其他只能算茶树叶。如同果树，有果实有树叶，人们采食的是果实。陆羽《茶经》揭示了他所谓的"茶"的样貌。

陆玑的茶茗是嫩茎叶煮的；杜育的荈或荈草没有明示，朦朦胧胧；陶弘景的茶茗是极似苦菜，可理解为嫩叶；直到陆羽才明确了茶是指笋芽，从草木文化的角度正了茶之**名**。关联一下西晋文人在赞美自然植物时，杜育也赶时髦写了《荈赋》，读了《茶经》才回过神来，原来杜育的"荈草"应该也是指茶树笋芽，如果是嫩叶，许多树都有，也可饮食，又有什么可赞美的呢？唯有独特的笋芽，其舛饮才能"沫沉华浮"，吴国宫廷才会"茶舛以当酒"，贵族们才会饮茗汁吃粽子。由此可知，所谓"茶舛"就是舛芽作茶饮，或作茶饮用的舛芽。**笋芽才是陆羽要表达的饮文化的茶的本义所在**，此后文人们的茶书不再模棱两可了，论茶主要是笋芽作茶，很少论及民间的茶叶茶和茶茗饮食文化。

茶树之笋芽，如同果树之果实，都是木本植物奉献给人类的食物。

自从陆羽说茶是"南方之嘉木"以后，茶成了特指木本植物，文人们都想在"茶"字上附丽木本的义符，如果没有木，茶字就归入艸部了，那事情就大了，属于名不正言不顺。这与"荼"字改成"挐"的情况很相似，前者本来有手，文人看不懂，去掉了不该去掉的"木"，加了多余的"手"；茶本来就是指称木上之草，应该就是从艸的文字，却因为偏执于木本，一定要加上木的义符。几经周折以后，最早的、官方的标准楷书"茶"字出

法门寺地宫《衣物帐》碑文中的"茶"字

现在法门寺地宫《衣物帐》碑上（如图），与现在通行的楷书"茶"字一模一样，碑文落款时间是咸通十五年（874年）。《衣物帐》碑文正了茶字的书写以后，茶从属艸部的文字，发展为从木部的文字了。殊不知无论是陆玑的茶，还是陆羽的茶，都在指称木本上的嫩叶笋芽，这在古代都是"草"啊。

石刻，向来被古人认为是保存经典的最好办法，著名的《开成石经》就记录十二部早期典籍（南宋复增《孟子》，为十三经）的，立于长安国子监内供学子们学习校对。所以，对于勒石铭记的文字自然是很慎重的，文字也是最标准的。法门寺石刻《衣物帐》碑文，既是官方的文献，又是刻在石碑上的，毫无疑问其"茶"字是最早出现的、并通行至今的、标准楷体"茶"字。因是刻石，已不见入字一捺的横头，极似"人"字，故后来有"人在草木间"之说。

从《茶经》问世到《衣物帐》刻碑，有一百多年的时间，唐代中下叶的一百多年，正是茶饮逐渐形成风俗之时，人们对茶的认识发生着深刻地变化，"茶"的写法也因认识不同而写法不一。《茶经》也几经传抄，字形随着人们对茶的理解和书写习惯，不可避免地发生着渐变。遗世的晚唐时期的文物中有长沙窑彩绘"镇国茶瓶"铭壶和《二娘子家书》的"勤为茶饭"，虽为民间人士书写的行书"茶"，但字迹清楚，能很明确地辨认出与现今的茶字相同。与其他茶字相比，《二娘子家书》中的"茶"字为行书，体现了新字既有"木"、又书写快捷的特点。从敦煌藏经洞出土的文献看，唐代文献主要靠手抄，出土的绝大多数是写本，一小部分是木刻本，其中公元868年刻的《金刚经》是现存的最早木刻本书。可见，手抄、自书是唐代文化传播的主要手段，书写快捷也是唐代以前文人造字要考虑的重要因素之一。即文字本义要明了地表述在字形上，且文字书写要简便。王阳明在《传习录》中说："圣人教人，只怕人不简易。"从敦煌文献和茶字发展轨迹看，汉字不仅造字之初就力求简化，且书写使用过程中也一直在简化，这是"圣人教人"之法，并不是现代人才有的意识，主要是文字嬗变期间无聊的文人想多了，文字书写才会复杂的。可见，字体繁简不用争执，简易是道，但怎么简易是极讲究的事，仍需遵循"因形见义"的原则。

陆羽对茶执着于草木的阐述，比较易为文人所接受，直接影响了茶业在晚唐的迅猛发展，以至于他所说的神农氏没有成为茶神，而他自己却因此而在唐代就被民间奉为"茶神"了。

第六章　茶的意义

　　茶，最初是涵盖饮与食的文化，既有民俗的食，又有王公贵族的饮。由于文人士大夫对民俗之茶知之甚少，茶茗饮食在整个六朝时期是雅俗各为其道地发展着，而古籍中的民俗茶事极少。虽然略知民间茶事的文人在极力钩沉，文物也在无言地诉说，仍无法摆脱文字大家和茶神的影响力，古籍中零星的茶事无法彰显。茶饮文化繁荣的宋代，茶树之茶已深入人们的生活，以至于后来人们看到宋文化作品中的"茶"字时，只想到末茶点茶，殊不知穿越回宋代全是笑话。所以要读懂茶，需将茶的意义条分缕析一下，才能全面理解中国古代的茶文化。

一、饮之茶

　　茶的初字写作"荼"，刻在青瓷罍上，直接表明了茶是一种类似于酒的清饮，在饮食文化中属于饮文化。吴国宫廷的"茶荈以当酒"和东晋贵族饮"茗汁"，不仅证实了茶是一种上流社会的高档饮料，还是一种清饮，与"蜀人作茶"那样连叶吃的菜汤型茶不是一回事。之所以高档，是因为原料的精贵，茶、茗二字及《茶经》告诉我们，作茶的原料是以茶树上极少的嫩芽烹煮而成的，如此稀少的野生荈芽当然只能满足宫廷、以及达官贵人所需。嫩芽所作的茶茗饮料应该与酒一样是口感香甜的。

南朝名士山谦之的《吴兴记》已记载有"御荈"，应该是贯穿整个六朝时期的贡御制度，虽不是常贡，但能满足上流社会的"当酒"和茗饮。

张华的《博物志》和陶弘景注《桐君采药录》据内容判断主要是记载民间茶饮情况的，其"真茶"、"真香茗"极似"苦菜"，可能涉及茶芽以外的嫩叶，故"当酒"、"茗汁"时不曾听闻的"令人不眠"的功效才会被披露出来。真茶、真茗应该包含了民间的清饮。优质的笋芽被王公贵族包揽了，民间作饮只能退而求其次了。

南朝文献记载民间作茶茗的食材发展壮大到了天门冬苗、菝葜叶、檀叶、大皂李叶、瓜芦木叶等，据作茗的"天门冬苗"推测其他木叶也都是嫩叶。从"火煿作卷结"和"取其叶作屑"看，当时已开始用干叶，并可能都是碾碎再煮的，与"蜀人作茶"在原料的状态上可能是不一样的。由于这些植物叶作茶作茗是分冷饮和热饮的，故也是清饮，于人的身体而言主要是"饮之益人"。"通宵不寐"的瓜芦木叶茶除了提神，也有清除熬盐带来的火气的益处。

茶茗二字实际使用时含有木芽和嫩叶双重意义。不是所有的树木都有树芽的，有些树新长出来是呈小笋状的芽，有些树新长出来则是细嫩叶，首先作茶茗的椒树和樗树都是嫩叶状的。荈起始被发现的是秋芽，故初秋采摘，相当于秋茶。发现茶树春季新萌之芽更好吃以后，更多的木芽才为大家普遍认可作茶茗的好食材。以木芽作茶茗的观念直到五代毛文锡《茶谱》才做了比较详尽的表述。

《茶谱》记录了很多可作茶的木芽，"茶之别者，枳壳牙、枸杞牙、枇杷牙，皆治风疾。又有皂荚牙、槐牙、柳牙，乃上春摘其牙，和茶作之"。牙即芽，"茶之别者"局限于**木本芽叶**，说的是不同于茶树芽作茶的茶，也就是"真茶"以外的茶。前三种树芽没有强调采芽的时令，可能一般树芽都在春天生长之故。这三种树芽作茶，也是"饮之益人"的，专治风感类疾病，相当于药茶，后来一些汤药也有被称作"茶"的。后三种芽叶强调要上春采摘，可能这三种树发芽较早，就跟部分地区的茶树初芽在上春，要上春采之一样。这些新芽与茶芽一样好吃，在采摘时令和制作上都要跟上春采茶芽的节奏，故曰"和茶作之"。

最初的茶茗是不排斥任何木芽嫩叶的，也无需作专门解释，需要强调的时候称"茶荈"。自从陆羽将茶专属于"南方之嘉木"以后，五代毛文锡则要专门声明"茶之别者"，民间的买卖和煮食则可能还是很寻常的事，将"别者"当作茶的原料买卖也是不奇怪的。当茶作为重要的贸易商品时，特别是宋代榷茶，将"别茶"磨末混入茶，则是谋了国家之利，就属于犯法了，故称"伪茶"。《宋史·食货志》记载："雍熙二年，民造温桑伪茶，比犯真茶计直十分论二分之罪。"对于这种犯法，处罚非常轻，可能宋人认为其社会的危害度比私下贩茶还轻，故按私贩真茶罪处罚的十分之二论处。

　　从"蜀人作茶"到笋芽为茶；从"茶之别者"到"伪茶"，人们对茶的认识因社会的发展而悄然地改变着，那这些"茶之别者"是否从此离开人们的生活了呢？当然不是！煮食其他木本芽叶为茶，被另一个名字——汤所取代了。

　　汤，现在是指佐餐之汤菜，古代首先指的是热水。《说文》曰："汤，热水也。"这里的"热水"是指烧开的水。别茶虽被称作"伪茶"，其益人的好处也是实实在在的，并广受欢迎。既要保持，又要有别，宋人将传统的"汤"赋予新的意义，汤中加入了可食且有益的木本植物或草本植物，仍延续旧名称汤。与六朝的茶茗不同的是，汤可以是煮的，也可以是点的，乃是当时点茶对点汤的影响，点别茶称点汤。体现了"真茶"与"别茶"从此分道扬镳。

　　最初解释点茶的有宋初的《清异录》，书中收录（唐）苏廙《仙芽传》卷九记载的作汤十六法，其汤是开水，作汤就是用来点茶的。点汤一样要候汤，其作用是点"别茶"的，几乎是点茶的翻版。（宋）张齐贤《洛阳搢绅旧闻记》"水中照见王者服冕"条记载：

> 开宝中，有布衣，貌古，美须髯，策筇杖，引一仆，须眉皓白，担布囊随之。命老仆叩院门，僧启扉纳之，既升堂，院主相揖，共语且久。布衣命老仆取茯苓汤来，老仆声喏，开布囊取汤末，并金盂两只，小金汤瓶一只，从行者索火烧金瓶，借院家托子点汤，俟温而进之。

茯苓汤有事先准备好的像末茶一样的汤末，以点茶那样金瓶候汤（宋代权贵之家多以金瓶候汤），用自带金盂点汤，金盂烫手，自己又没有携带盏托，故要借寺院的盏托。老仆细心，等汤温和了再进之。整个过程与点茶几乎一样，唯独没有击拂的说明。既然是汤末，点搅是肯定少不了的。

宋代的卫生保健工作做得非常好，有惠民局专门管理，并负责流行病防治中的医药施散，还对社会公布各种养身补气、防病治病的汤，可居家自制。如《太平惠民和剂局方》公布有下列"诸汤"：

　　豆蔻汤　木香汤　桂花汤　破气汤　玉真汤　薄荷汤　紫苏汤　枣汤　二宜汤　厚朴汤　五味汤　仙术汤　杏霜汤　生姜汤　益智汤　茴香汤　檀香汤　缩砂汤　胡椒汤　挝脾汤　小理中汤　白梅汤　三倍汤　铁刷汤　快汤

　　从上述汤品看，不独有木本植物，还有草本植物、子实等；有些是煮的，大多是点的，但都没有茶叶的加入，汤从茶中分别出来，饮品更加多样化了。这些汤看起来就是防病治病、养身的汤药，估计茶坊里也会卖此类汤，大多数应该是可口的甜汤。这些汤如果放到现在卖，一定会称"某某茶"的。如"薄荷汤、紫苏汤"，现在仍有，称"薄荷茶、紫苏茶"。

　　中国地大物博，食物丰富，饮食不慎，伤身也是常态，此时并不需要多高明的医术的，点一碗汤就能解决。宋代的卫健制度很值得现代社会效仿。

　　由于汤的内容远比茶多，汤在宋代与茶一起成为一种常礼了。（宋）无名氏《南窗纪谈》曰："客至则设茶，欲去则设汤，不知起于何时？然上至官府，下至里闾，莫之或废。有武臣杨应诚独曰：客至设汤是饮人以药也，非是。故其家每客至，多以蜜渍橙果木瓜之类为汤饮客，或者效之。予谓不然，盖客坐既久，恐其语多伤气，故其欲去，则饮之以汤。前人之意必出于此，不足为嫌也。"无名氏的观点无疑是正确的，水果甜汤具有养身补气的作用，又好喝，应是茶坊和人家日常制作的汤品。客人久坐多语必伤气，临走之时，主人招待喝甜汤补补气，是极好的待客之道。现在广东人还常煲甜汤以养生。

宋代点茶，虽然也是连茶末同饮，但与"蜀人作茶"异趣，仍然是饮文化。此后瀹茶（泡茶）更是大家熟知的、传承至今的茶饮样式。

以饮而论，青瓷铭文"茶"字罍堪称文物之祖宗。从"当酒"的茶饮，再从茶到汤，都是饮食中的饮文化，名称变了，内容和制作并无多少变化，源于中国古代文人对草木为饮食的文化，成于养生之道、待客之礼。

饮之茶中最易被忽视的是"熟水谓茶"。传统祭祀的酒饮中有清水为之的"玄酒"，民俗的茶饮中将熟水称作茶，是晚唐以来的民俗茶饮，在南方一直传承至今。

当燧人氏钻木取火，教人民化生为熟时，人民对熟水就产生了特殊的情感，没有"茶"的概念的时候，称之为"汤"；"蜀人作茶"以后，渐渐地也称熟水为"茶"了。

熟水作饮的器皿，有青铜时代的罍。罍主要是盛酒的，也可以盛水。此水非普通水，古代称作"玄酒"，可能也是熟水，是祭祀的上品酒醴。《礼记·郊特牲》曰："酒醴之美，玄酒、明水之尚，贵五味之本也。"胡平生等译注："玄酒：清水。"《说文》释玄曰："幽远也。"仅仅是清水不足以称"幽远"的，可能是清洁的水煮开后的熟水，也就是燧人氏教民炮生为熟以后的文化之水。后文的"明水"是铜鉴盘放在月下承接的露水，也是文化之水。陈澔注曰："未有五味之初，先有水，故水为五味之本。"也是"酒醴之美"意义的体现。

　　水具有五味，是酒的根本，也是茶之司命，熟水谓茶大约始于晚唐。上文说到的晚唐长沙窑的执壶，壶嘴下褐红彩行书"镇国茶瓶"四字，这里的"茶"应该就是指熟水。有人将此壶与民国泡茶的大瓷茶壶相提并论，以为是煮茶叶茶的，那是不知时空变化而形成的惯性错觉。陆羽《茶经》指出煮茶用"鍑"，类似于大口宽沿锅，这样的容器既利于观察水的熟度，又便于舀水和搅水下茶，若以壶瓶是做不来陆氏煎茶的。所以，"茶瓶"是煮水用的，这也是为什么同时期、同窑口的青瓷盏要写"茶盏子"的原因之一。两者并不是配套使用的。

　　宋初陶毂《清异录》辑录了晚唐苏廙的《十六汤》，也可以称为"十六茶"，为避免与行文中的茶在语意上纠缠不清，故言"汤"。"第十一减价汤"云："无油之瓦，渗水而有土气，虽御胯宸缄，且将败德销声。谚曰'**茶瓶**用瓦，如乘折脚骏登高。'好事者幸志之。"瓦不是指盖屋之瓦，而是指陶瓷器。瓷器就是有油（釉）之瓦，因有釉，比之陶器更不渗水，且煮水无土气之虞。所以民间的谚语说："煮茶水的瓶壶用陶器，就如同骑着断脚的骏马往高处走。"民间谚语的"茶瓶"与长沙窑青瓷"茶瓶",在时间、语境、意思上完全是一致的,茶即熟水,煮水的壶称"茶瓶"。现代人仍称烧开水的壶为"茶壶"。

熟水谓茶在苏辙的《和子瞻煎茶》中得到了进一步的诠释,苏辙说:"煎茶旧法出西蜀,水声火候犹能谙。相传煎茶只煎水,茶性仍存偏有味。"这里"煎茶"的"茶"就是"熟水"的意思,水煎得老嫩有度,才可称"茶",方能更好地保全茶性,这是长期以来的"煎茶旧法",出自他的老家西蜀一带。这种"煎茶只煎水"的方法是代代相传的,如风俗习惯一般。唐宋茶书说茶时,一定要讲煎水候汤的,水煎不好,做出来的茶也好不到哪里去。当然,既然是"煎茶",那煎出来的水其目的就是用来泡茶或煎茶的。

宋元人写的小说中,也有民间将熟水称作"茶"的故事记载。《快嘴李翠莲记》有新媳妇李翠莲为公公、婆婆泡茶的事情:"只见员外吩咐:'交张狼娘子烧中(盅)茶吃。'那翠莲听得公公讨茶,慌忙走到厨下,刷洗锅儿,煎滚了茶,复到房中,打点各样果子,泡了一盘茶,托至堂前,摆下椅子,走到公婆面前,道:'请公公、婆婆堂前吃茶。'"故事中"煎滚了茶"与前文"烧中茶吃"及后文"泡了一盘茶"的意义不同,与苏辙的"煎茶只煎水"意义相同。之前只有洗了一下锅,并未下茶物,说明"茶"是指熟水;而"泡了一盘茶"就是员外想要的"烧中茶吃"，此茶是在"打点各样果子"以后，那冲泡的对象是各种果子，而非茶叶。故事中李翠莲解释说："此茶唤作阿婆茶，名实虽村趣味佳。两个初煨黄栗子，半抄新炒白芝麻，江南橄榄连皮核，塞北胡桃去壳粗。"阿婆茶中似乎没有茶叶，其中的食材是芝麻和各种果子。（元）王桢《农书·卷三十六》曰："茶之用芼，胡桃、松实、脂麻、杏、栗任用，虽失正味，亦供咀嚼。"《说文》释芼曰："草覆蔓也。"王桢"用芼"的茶与阿婆茶一样，似也没有茶叶，虽然老土（村），还失"正味"（暗示无茶叶），但有果子咀嚼亦别有趣味；假如有末茶加入，那就是"漏影春"类的茶了。

另一部宋元小说《错斩崔宁》中的"茶"是实实在在的"熟水"，是烧开后放凉的熟水。"却说这里刘官人一觉直至三更方醒，见卓（桌）上灯犹未灭，小娘子不在身边。只道他还在厨下收拾家伙，便唤二姐讨茶吃。"故事发生在南宋临安城，时间是半夜三更，刘官人醉酒回家，故一觉睡至三更。此时一般灶膛早已火灭，若要像上文一样"煎滚了茶"是颇费周折的。刘官人以为小娘子还在厨房收拾，故讨茶吃。另外半夜讨茶吃性急，给热茶易烫嘴，故刘官人向二姐讨要的可能是烧开后存放在那里的熟水，近似现在所谓"凉白开"。

这样的场景，在改革开放前的普通人家家里也是寻常事情。小孩子放学回家都会向大人"讨口茶屈（吴语吃）"。那时普通人家里哪有茶叶，况且，用煤炉、柴灶烧茶也颇费周章的，所谓"茶"也就是大茶壶中的凉白开而已。喝开水，是建国初期就开始的、爱国卫生运动中的重要一环。由于火柴的发明，烧煤的普及，"煎滚了茶"变得相对容易了，也是减少疾病的最低代价。随着"不喝生水喝开水"在全国的普及，北方人多称熟水为"凉白开"；南方人则称为"茶"。小时候天天挂在嘴上的"讨口茶屈"的"茶"，就是熟水，浑然不知已说了一千多年了。

燧人氏教人民炮生为熟，减少了人民茹毛饮血带来的疾病，其中的"生"包括生水。煎滚的水，性质发生了变化，致病的细菌已灭活，有益身体的矿物质依然存在，口感也没有发生变化。然而煎水既要柴薪，又要时间，在生产生活水平低下的古代社会，实在是有点"小奢侈"。故喝生水是平民百姓的生活常态，喝熟水是小康殷实之家才有的生活常态。南宋临安城中的刘官人家虽不殷实，小康是有的，自然是讲究喝熟水的。

别小看这煮熟的水，消灭了因喝生水造成的诸多疾病，使我国的人均寿命得到了极大的提高。据网上公布的信息：我国城乡居民人均预期寿命从新中国成立初期的35岁提高到2018年的77岁，喝熟水是其中的功德之一。若以"熟水谓茶"论，应将陆羽茶饮起源的名言改为"茶之为饮，发乎燧人氏"。

二、食之茶

文献记载的"蜀人作茶，吴人作茗"貌似菜汤，但没有主食，也与饮茗汁吃粽子不可相提并论，倒与后来救荒时的凉拌菜叶或菜羹很相似，更像是副食，是作为饮食文化的"茶"所体现出来"食"的意义。陆玑的《毛诗疏·卷上》主要是讲民间如何利用草木的，其中如何饮食草木也主要是反映民间的情况，若以茶茗饮食文化的"食"方面而论，陆玑的《毛诗疏》堪称文物之鼻祖。

（唐）《膳夫经手录》说："近晋、宋以降，吴人采其叶煮，是为茗粥"。文中明确地说的是"叶"，可见陆羽解释的茶树茶意义重大。随着人口的增长，食物的不足，平民的茶茗有向主食发展的倾向，表现为在茶茗中加入米粉，并和茶成饼。《茶经》有一条陆羽张冠李戴的文献，很好地说明了这个问题。《七之事》曰：

> 《广雅》云："荆巴间采叶作饼，叶老者，饼成以米膏出之。欲煮茗饮，先炙令赤色，捣末，置瓷器中，以汤浇覆之，用葱、姜、桔子芼之。其饮醒酒，令人不眠。"

这段文字非常有名，被广泛引用在各种茶书中，以反映民间茶饮情况，但恐非陆羽所说的"《广雅》云"。

《广雅》是张揖奉魏武帝之命而修的官方书籍，其书名是"增广《尔雅》"的意思，与《尔雅》一样是训诂类书籍。训诂要求"文约而义固"（张揖《广雅》原序），所谓"文约"就是语言简练，像《尔雅》训槚曰"苦荼"，两个字就解释完了。而陆羽所引的完全是笔记小说类的陈述性语言，不但行文格式与《广雅》完全对不上号，也违背了训诂书籍"文约"的原则；再说，这条文献说了一大堆话，也不知道在释训哪个字？或哪个事？说此条文献出自《广雅》，那就是文献版的"关公战秦琼"。迄今为止，没有人在任何版本的《广雅》中找到过这段话，当然，亡佚是一个不错的理由。然而如此细致地记载民间茶俗的，一定是某本注疏或笔记小说，陆羽极可能张冠李戴了。

另外，文中出现了"瓷"字，整本《广雅》训释"万八千一百五十文"，并没有"瓷"字，《释器》中有许多带"瓦"字义符的字，也没有瓷字。目前能见到最早的瓷字，出自西晋潘岳《笙赋》"倾缥瓷以酌酃"，这在论说古陶瓷历史时经常被引用的。

无论是不是《广雅》云，所述都没有越出六朝时期。陆羽引述的文字与陶弘景注《桐君采药录》的语言相似，可能反映的是两晋南朝茶事，因有米膏的加入，那是名副其实的茗粥了，但文中仍称"茗饮"。这里的"叶"并没有说是什么植物叶，椒叶？樗叶？别荼？当然，出现在《茶经》中最可能是茶叶，后面有"茗饮"、"先炙"等字词，也都是煮茶的专用词语。此文如果是"《广雅》云"，应该是"荈草"。

陆羽的引文出现了最早的饼茶，是老叶合米膏做出来的，这种合米膏的茶饼深受平民百姓的喜爱，唐宋元历代都有，制作方式大同小异。此则文献中的茶叶已分老嫩，民间吃的只能是老叶，贵族将嫩芽作茗汁了。茶饼要煮为"茗饮"，需"先炙令赤色"，再捣碎为茶末，与唐代茶饮一样。接下来有点矛盾，前文是"欲煮茗饮"，后文是"以汤浇覆之"，很难理解到底是煮的、还是热水冲泡的？后面的用葱、姜、桔子覆盖在上面，与陆羽斥之为"沟渠间弃水"的唐代民间煮茶倒是一致的。抑或陆羽看到的是唐代民间的无名氏文献。

加入米膏明显地是为了充饥。东晋贵族可以一边吃粽子，一边饮茗汁；老百姓手中粮食少，直接将拌和了米粉的茶饼或"浇覆"或烹煮为一碗茗粥，以完成日常的一餐。《茶经》记载西晋一则文献："傅咸《司隶教》曰：'闻南方有蜀妪作茶粥卖，为廉事打破其器具，后又卖饼于市，而禁茶粥以因蜀妪何哉？'"蜀妪在市场先卖茶粥，后卖饼，相当于新中国成立前在大街上摆个粥摊，后改卖馄饨，买来吃的多为普通民众，吃了也就聊作一餐了。

茶叶老则性凉，米性温，两者都有特殊的香味，相和以后既充饥又养身。宋代也有制茶成饼的，名曰"小䐅茶"。《东京梦华录》记载东京的酒楼内有用托盘卖干果子的，买卖的干货就有"小䐅茶"。宋末陈元靓《事林广记》有造䐅茶法，曰："细茶不拘多少，重蒸过焙干，细碾，煮精米，胶和，令微润，于茶模子上，以木槌令实，焙干片子方收之"。与陆羽说的"饼成以米膏出之"差不多，吃法也应该是一样的。小䐅茶用的是上等细茶，价格一定不便宜，故在大酒楼内买卖。用"细茶"和米做成的茶饼，都是蒸熟、细碾的茶和米，这样的茶饼都是熟料，本来就是直接可以食用的，相当于干粮，还便于携带、保存。干粮直接吃难以下咽，碾成碎末点注成茶，饮食体验才佳。陆羽所说的茶饼和小䐅茶更像现在加入蜜饯的香糕类点心，或压缩饼干，只是古代加入熟茶而已。由此可见，加米粉的饼茶，其目的是为了"食"，制作宜于长期保存的干粮，饿了，烧点汤一冲即可食用，类似于古代的汤泡饭。这种饼茶与现在压缩得更紧实、便于保存的茶饼有着目的性的异趣，现在的饼茶用料单一，主要是用来作饮的。

以其他木叶和米蒸煮，也称作茶。毛文锡《茶谱》记载："湘人以四月摘杨桐草，捣其汁，拌米而蒸，犹蒸糜之类，必啜此茶，乃其风也。"杨桐草即杨桐树的叶子，这里明确地称树叶为草，反映了至少到五代，仍称树叶为"草"。杨桐草叶面宽大，出汁率较高，故"拌米而蒸"，此茶最后的样子是"蒸糜之类"。糜即是粥，据文意推断，应该是以杨桐草汁为水，米为主料，蒸成粥样，这样的茶应该是名副其实的"茶粥"吧。"啜此茶"必为果腹，呈现出主食的意义。这里用"啜"，应该是浓稠的粥状；称其为"茶"，木叶汁之故，陆玑的"茶"的本义体现。啜杨桐草和米作的茶是湘人四月的风俗，暮春时节，早已没有芽叶，而树叶正是最肥厚的时候，捣其叶的出汁率一定非常高，木叶作茶的另一种形式。

　　杨桐草拌米而蒸的茶，到宋代成了真正的饭食了。（宋）阮阅《诗话总龟·第二十一卷·咏物下》："杨桐，叶细冬青，临水生者尤茂。居人遇寒食，采其叶染饭，色青而有光，食之资阳气，谓之杨桐饭。道家所谓青饤饭。"《茶谱》是用汁"拌米而蒸"，宋代是"采其叶染饭"，估计是将叶捣成浆水状，拌米而蒸煮为饭的。一个是汁多米少；一个是汁少米多。杨桐饭与现在的乌米饭极相似，其对于身体而言是生阳气的，当地人在寒食节食用，比杨桐茶食用季节略早一点。如果将杨桐茶汁水收干一点，捶打成团；杨桐饭也打烂成团，则与现在清明节必吃的青团子一样的了。

　　杨桐草作茶现在仍可见其遗韵。央视《美食中国》节目介绍的"风枵茶"，即以中等嫩桑叶切碎，和以蒸熟的糯米，捣搅后在热锅中碾压成薄饼，再卷饼切成条，沸水冲泡而啜，似为点心之类。杨桐做饭，与江浙一带用艾青叶捣汁，和米粉做成清明团子（饼）异曲同工；也与贵州的香藤粑（香藤、棉花菜、糯米）、紫色荷叶粑（紫草、糯米、芭蕉叶）等相似，都保留了"饼成以米膏出之"的制作方法，如同未焙干的小臈茶，只是最后的饮食为非粥状的，故未称其为"茶"。

五代的"漏影春"、宋代的"七宝擂茶"等是另一种类型的茶。漏影春以末茶为花样，点缀荔肉、松实、鸭脚等物装饰以招徕顾客。此处的鸭脚并非是鹅鸭的脚掌，因银杏树叶似鸭脚故名，疑是指银杏果。（宋《山家清供》有"鸭脚羹"，说的是叶似鸭脚的葵类蔬菜作羹。）文中"鸭脚"与"荔枝肉、松实"并论，当指银杏果。三种果实皆为木本植物所产，不知是巧合还是有意用木本果实？最后也是"沸汤点搅"，亦可归属于点心范畴的茶。

南宋《梦粱录》有"七宝擂茶"，但没有说用哪些食材制作。（宋）袁文《甕牖闲评·卷六》有"晶茶"，应该和"擂茶"的加工方法是一样的。晶茶的加工方法："其法以茶芽盏许，入少脂麻（即芝麻），沙盆中烂研，量水多少煮之，其味极甘腴可爱"。从制作过程看，食材只有茶芽和芝麻，与"七宝"尚有食材多寡的差异。现在南方一些少数民族的擂茶，加入炒米、花生米、姜等食材，更符合"七宝擂茶"之名，恐是"七宝擂茶"的传承。擂茶除了茶叶，其他加入的有草本植物，说明民间已不拘泥于木本了，草本植物果实亦可为茶。擂茶在制作过程中，喜选择富含油脂的食材，如芝麻、花生等，使茶的口感"甘腴可爱"。袁文的曆茶与茶粥有异同之处，相异的是用芽茶，相同的是均需要用水煮，水煮方能称其为"茶"。袁文说曆茶是"北人"做给他吃的，应该还是北方民间流行的茶茗饮食，具有副食的意义。

食意义的茶要数蒙元茶茗。元宫廷御医忽思慧，回人。元仁宗延佑年间（1314—1320年）被选充饮膳太医一职，至元文宗天历三年（1330年）编撰成《饮膳正要》一书。《饮膳正要》是我国甚至是世界上最早的饮食卫生与营养学专著，编著的目的是为蒙元王公贵族养身服务，故其内容是不敢造次的。书中许多"茶"光看名称是不知道什么茶的，如"金字茶"、"范殿帅茶"等；有些看名称会误解的，如"炒茶"，以为是炒青茶，实则是"用铁锅烧赤，以马思哥油、牛奶子、茶芽同炒成"的调和茶。只有"清茶"（先用水滚过滤净，下茶芽，少时煎成。）等少数几个茶是名实相符的。

蒙元茶的最大特点就是加入了酥油。酥油是牛羊奶中提炼出来的脂肪，与曆茶加入富含油脂的植物有些相似。这种香甜的膏脂，口感甘腴，物性温和，很适合生长在寒苦之地的蒙古族人饮用。元代蒙古族人用酥油煎茶（西番茶制作）、炒茶（炒茶制作），还用它与末茶调膏（兰膏和酥签茶制作）。茶能消酒食毒，但物性寒凉，加入温热的酥油正好起了扶正的作用。不加米粉的酥油茶，似饮又似食，是因地制宜的茶文化。

　　加入米粉的蒙式茶，才完全具有食的意义。《饮膳正要》有"玉磨茶"，是用茶和米磨成末茶，但并不合膏成饼。玉磨茶"上等紫笋五十斤，筛筒净，苏门炒米五十斤，筛筒净，一同拌和匀，入玉磨内，磨之成茶。"省却了成饼再碾碎的工序。这种玉磨茶是用来制"兰膏"茶的，用"玉磨末茶三匙头，面、酥油同搅成膏，沸汤点之。"面指玉磨茶粉，调膏用酥油，不用热汤，最后以沸汤冲点成茶，名副其实的蒙式点茶。蒙式点茶既有游牧民族的酥油，又有农耕民族的精米，还有南方山地丘陵的芽茶，真是一碗货真价实的民族融合之茶。

　　茶粥茗粥是平民百姓的茶，体现饮食文化的"食"，是沿着"蜀人作茶，吴人作茗"的路线发展的，虽然是"食"，必须带汤，水是不可少的，故此茶既解渴，又充饥，还养身。

三、菜肴之分茶

　　如果你穿越到两宋京城的大街上，看到"分茶"的招牌，千万不要以为找到了喝茶的地方，那是吃饭喝酒的坊肆；走进店铺，也不要高叫"来一分茶"，店小二马上会应声给你上一小份下酒菜的；如果在大街上看到提瓶卖茶的，不要随便与人要"分茶"，那卖茶人以为你是来砸买卖的，因为民间分茶是难度极高的专业表演。宋代社会，分茶专指各种荤素菜肴，小份下酒菜称作"分茶"，喝酒吃饭的大酒店叫"分茶酒店"，京城里招呼出差的士大夫的面食店叫"川饭分茶"。可见，这里的"分茶"其实是茶的食文化。

宋元话本小说《快嘴李翠莲记》有李翠莲的一句说辞："两碗稀粥把盐蘸，吃饭无茶将水泡。"这里的茶就是"菜"的意思。因为后面已经有"将水泡"了，这"茶"绝对不会是茶水的意思。在上下文意上，"无茶"与上文吃粥无菜盐蘸蘸是一致的。前文说晚唐《二娘子家书》中"勤为茶饭"的"茶"恐怕也是菜肴的意思，如同现在浙江宁绍一带将菜肴称为"下饭"一样，吃饭无菜怎么吃得下去，有饭有菜才能有滋有味，落胃饱腹。故"勤为茶饭"就是"勤为菜饭"。

南宋周辉《清波杂志·卷五》曰："又尝见北客言：耀州黄浦镇烧瓷，名耀器，白者为上，河朔用以分茶。"这里的"分茶"常被解释为：宋时流行之"茶道"。（刘永翔校注《清波杂志校注》）非也，那是指河朔人用耀州瓷器来盛菜的意思。这可以用南宋早期陆游《老学庵笔记》的记载以佐证。《老学庵笔记·卷二》曰："耀州出青瓷器，谓之越器，似以其类余姚县秘色也。然极粗朴不佳，惟食肆以其耐久多用之。"北地耀州不产茶，百姓也不好茶，"用以分茶"绝不是指茶饮。况且，耀州窑青瓷在宋代文人眼中多是"粗朴"之物，哪能用来作高雅的"晴窗细乳试分茶"（陆游诗）饮器的。两条文献说话的语境、所说的事情相似，陆游只知道茶饮的"分茶"，却不知道民间的"分茶"。所以，陆游的"食肆以其耐久多用之"，就是周辉的"用以分茶"，即食肆用粗朴的耀州窑瓷器盛菜。

菜肴谓之茶的意思，在反映北宋和南宋京城社会生活的"二梦"中表现得尤为充分，且明白。《东京梦华录》作者孟元老在汴京居住生活了24年，避乱南下后，于宋高宗绍兴十七年完成此书。所记均为其亲见亲历北宋京城生活，可信度极高。书中记载"宣德楼前省府宫宇"有"街东车家炭，张家酒店，次则王楼山洞梅花包子、李家香铺、曹婆婆肉饼、李四分茶……街北薛家分茶、羊饭、熟羊肉铺……御廊西即鹿家包子，余皆羹店、分茶酒店、香药铺、居民。"这里的"分茶"不是茶坊，与肉饼店、羊肉铺、羊饭店相提并论，都是卖酒肉菜肴的。前者"薛家分茶"是私人专营大酒店，后者"分茶酒店"因紧跟着"羹店"，是泛指卖下酒小菜的饮食店。

《东京梦华录》写成127年后，吴自牧写了相似的描写南宋京城昔日繁华的《梦粱录》（完成于宋末咸淳十年）。"二梦"都作于南宋，一前一后，前者讲北宋京城风貌，后者说南宋临安都会，完整地反映了两宋都城的皇宫园囿、社会风俗生活场景。《梦粱录·卷十六》"酒肆"章节下有"然店肆饮酒，在人出著，且如下酒品件，其钱数不多，谓之分茶，小分下酒……且杭都如康、沈、施厨等酒楼店，及荐桥丰禾坊王家酒店、暗门外郑厨分茶酒肆，俱用全桌银器沽卖。"这里的"分茶"是指卖"小分下酒"菜肴，分与"份"同义，属于生意活络做。而大规模的分茶酒店则全桌餐具均用银器，宋代民间的奢华由此可见一斑。

对于小份的概念，《东京梦华录·卷二》有明确的解释："其余小酒店，亦卖下酒，如煎鱼、鸭子、炒鸡兔……粉羹之类，每分不过十五钱。"不知道南宋的京城物价是否有变化，有变化也不会太大，毕竟小酒店的服务对象的主流是城市平民大众。

吴自牧在接下去的"分茶酒店"章节里说"杭城食店多是效学京师人，开张亦效御厨体式，贵官家品件。凡点索茶食，大要及时。"杭城与东京的饮食是一脉相承的，名称、叫法也一以贯之的，其奢华是因为"效御厨体式"。对于饭菜，此处统称为"茶食"，亦是菜肴的意思，可能还含有面饭的意思。

两宋京城店招中有"茶"字的"分茶酒店"，实乃酒肆，有些是大酒店，酒店里除"量酒博士、师公"、"大伯"等服务人员外，还有很多生意人进酒店蹭买卖的，如帮食客"买物命妓"的"闲汉"；帮着"换汤斟酒、歌唱献果"的"厮波"；还有被称作"打酒座"的不呼自来筵前祗应的下贱妓女；更有不问要与不要，将食药香药果子散于坐客，等食用则收钱，称作"撒暂"的，"如此等类，处处有之"。分茶酒店的"分茶（菜肴）非常丰富，"食次名件甚多"，不知是吴自牧将所有分茶酒店的菜品都罗列在一起了，还是专挑一家最大的介绍，其开列的菜品竟然多达242名件，有些名件如"十色咸豉"不知道是十种和在一起为一份的，还是有十种可任意选择搭配？如果是后者，那还不止242种嘞。除了店家自己供应的菜肴外，"又有托盘担架至酒肆中，歌叫卖买的"，所列菜品有48种，其中的脯腊从食似乎并没有说尽，用了"等"字。另有"荤素点心包儿"12品；四时果子37品；干果29品；地方名品干果、糟藏菜若干。如此菜品规模，即使现在的京城大饭店，还是沪杭的餐饮行大咖，抑或美食天堂广州，也找不出如此多菜品的餐饮店。难怪林升《题临安邸》要说："山外青山楼外楼，西湖歌舞几时休？暖风熏得游人醉，直把杭州作汴州。"

分茶店的规模相对小一点，相当于现在品种比较丰富的面食店和快餐店。最初在汴京开设是为了方便南方差人就餐的。吴自牧在"面食店"开头进行了说明："向者，汴京开南食面店，川饭分茶，以备江南往来士夫，谓其不便北食故耳。南渡以来，几二百余年，则水土既惯，饮食混淆，无南北之分矣。大凡面食店，亦谓之分茶店。"这里的"南食面店"、"川饭分茶"是以备南方来的文人士大夫，说明称菜肴为"分茶"是受南方饮食影响的缘故，至南宋饮食混淆，直言面食店也称"分茶店"。接下去对分茶的具体餐饮名件进行了介绍："若曰分茶，则有四软羹、石髓羹、杂彩羹、软羊焙腰子、盐酒腰子、双脆石肚羹、猪羊大骨杂辣羹、诸色鱼羹、大小鸡羹、撺肉粉羹、三鲜大熬骨头羹，饭食。"可见，所谓"分茶"是以羹类汤菜为主要菜品的，这似乎与"蜀人作茶"关联上了。当然这里的"羹"相当于周代的"铏羹"，大多有肉有菜，汤汁鲜美，对于不便北食的江南士夫来说，一羹一饭足以饱食乐胃。上述可见，在经济、文化繁荣的宋代社会，鱼肉类汤菜的羹已端上了寻常百姓的餐桌，虽然统称为"分茶"，具体仍称作"羹"，属于茶的食文化。

南宋京城的餐饮能满足各方人士的需求，对于长期斋戒或临时斋戒的人，专门有"素食分茶"店，择其几个名件就可以看出经营特色："夺真鸡……假炙鸭……假羊事件、假驴事件、假煎白肠……煎假乌鱼等下饭。"无论加不加"假"字，素食分茶店卖出的全是做成肉菜样的素食。现在杭城还在流行的"素烧鹅"、"素鸡"等就是"素食分茶"的遗迹。

对比宋代"二梦"的记载，似乎北宋京城多"分茶店"，因政治中心在北方，方便进京的南方士夫餐饮；南宋京城多"分茶酒店"，皆因政治中心南移，饮食混杂，南北菜肴融合，南北士夫均适合此种饮食方法，遂成风气，并向着奢华享受发展。

时光流逝，然而"分茶"这种餐饮方式并未随着时光而消失。随着中国经济的迅速发展，人民生活水平的日益提高，餐饮也更多地社会化，"小分下酒"的饮食理念逐渐成为现代社会的需求，现代流行的"茶餐厅"虽然没有宋代分茶酒店的菜品多，但经营理念是十分相似的；而现代社会不可或缺的快餐店则是宋代"川饭分茶"的翻版。

浙江兰溪游埠古镇早茶街

随着旅游业的发展，品尝过杭州菜的都说杭州菜好吃，就是不知道该归入哪个菜系。是啊，本来就是"效御厨体式"，融南北风味的分茶饮食，哪个菜系都包容其中了，当然是"有茶无类"的，一定要归类，就以当下时髦的词汇"宋韵"名之吧。

近日到浙江兰溪出差，在游埠古镇品尝了特色早餐——早茶（如图）。说是早茶，喝不喝茶其实无所谓，店家真的泡茶给你，那茶叶的品质，茶客是不屑饮之的。然而吃食却是相当的丰富，尤以烧饼、酥饼等各种饼类著称，其中的鸡子馃（灌入蛋液的肉饼）、肉沉子（塞有肉馅的水铺鸡蛋）大约是每位食客必点茶食。可见，所谓早茶，就是早餐，茶主要是指称各种美食的，像肉沉子既可作菜肴，又可作早点。早茶以粤港一带最为著名且普遍，其菜肴类茶食远多于游埠早茶。两者所传承的都是宋代饮食的分茶。究其源头，实乃是"蜀人作茶"。百姓之茶一直循着"蜀人作茶"发展的，其意义也从未消失过，人们熟视无睹罢了。

茶具有"餐"的意义，源自于茶中加入米粉的饼茶，其后宋代有加入精米的干粮型小腊茶，以之为食都是权作一餐的，以至于晚唐和宋代民间将"吃饭"称作"吃茶"，这在佛门口语中经常可以听见。具体事例将在《文人茶》篇中予以揭橥。

从"蜀人作茶"、"茶荈以当酒"，到姜葱米粉煮作茶、熟水谓茶，乃至菜肴称茶，茶字的意义在古代是非常丰富的，只不过文人茶喝多了，忽视了民间尚有芬芳满园的茶茗饮食文化。读明白了茶中的食文化，就知道了勤为茶饭、茶饭不思、粗茶淡饭等成语中"茶"的意义了，茶文化不仅是茶饮文化，在民间最鲜活的是食文化。

分茶，当然也是茶饮文化名词之一，是宋代文人士大夫的专用名词；也是社会分茶艺人的专称。由于事关茶事，将在下篇《茶事考略》中专章论述。

第七章 茶义絮语

由于饮食关乎民生，关乎礼仪，早在燧人氏时代中国先圣就开始对饮食进行文化了。日积月累，先民们将可食之草称菜，禾类子实称谷，木类之实称果，木类嫩叶称草，芽称萌。烹煮汤菜称羹，谷类蒸熟称饭，酿作饮称酒、称浆。至三国，南方吴蜀之地开始普遍的烹煮木芽嫩叶为饮为食了，人们称其为茶、茗。自此，中国饮食文化有了一种新的样式叫"茶"。从饮食文化论，茶是羹的发展。

五谷粮食对于平民百姓来说是主要的饭食；对于王公贵族来说是祭祀、宴饮之酒的原料。同样，对于百姓来说，木本嫩叶是日常的菜汤、茗粥；木本嫩芽则是王公贵族"当酒"、"茗汁"的茶饮原料。基于这样的饮食文化传承，文人对民间采食木芽嫩叶的饮食，以六书理论创制了茶、茗两字，归纳了所有的木芽嫩叶所做的饮食。五代文人毛文锡称其他木芽为"别茶"时也毫无违和之感，甚至民间熟水谓茶。最基础的饮是水，然后有汤，有酒、有浆、有羹、有茶，茶又是食文化，并自成体系，其科学乎？

考释完荼茗的字义，再来反观《尔雅》："槚，苦荼"，就比较好理解为什么也是以两个从艸的文字来解释了。《尔雅》以"苦荼"释槚，在先秦时代实在是一个了不起的发现，在普遍采食草本野菜的年代，指出乔木上的嫩叶也是可食的，对于开拓救荒食源意义重大，其重要的文化意义被不食民间烟火的文人给耽误了。

树之木对于先民来说是拿来使用和制造的，不是吃的。某天某人偶然发现其嫩叶煮食也很好吃，味道近似苦荼类野菜，便告知了左邻右舍，圣人记载下来以便告知更多的民众。由于初始采食行为的偶发和零星，并不需要从菜羹中分离出来单独命名，都会视为传统的羹饮，不足以归纳为一种新的饮食文化，但足以引起人们对其他木芽嫩叶是否可食的兴趣。当饮食木芽嫩叶如同藜藿之羹一样成为大区域的普遍饮食，才会引起文人的注意，总结为新的饮食文化，赋予新的名称，创造新的文字。

说好是"蜀人作茶，吴人作茗"的，吴地出土的青瓷罍应该刻"茗"才对啊，为什么青瓷罍刻的是"茶（荼）"字呢？原因可能与三国晚期吴宫廷"荈荈以当酒"有关。陆玑是椒樗作荼，蜀地率先以荈作荼，极可能是荈芽，那滋味一定优于椒荼；从"当酒"看，还是清饮型的，香甜的清饮并不亚于酒饮，当然首选为优质特产进贡，或作为国家交往的高级礼品馈赠。这种新特产蜀人专门用来作茶的，故常以"茶葬"称之。进入吴宫自然把"茶葬"这个专用名词带了过来。葬芽作茶后装入酒罍，顺理成章地以蜀人的称呼刻"茶"字了。罍，一般是盛酒的，也盛水，当然更可以用来盛茶。酒水与茶水应该是很相似的，众多的罍摆在那里，如果不标明是茶，极易混淆。刻"茶"字就是告诉人们此罍跟彼罍不同，里面是茶。这跟改革开放前酱酒店零售酱油、米醋、黄酒、白酒等是一样的，所用的坛子均是小口大肚，坛内很暗，不易辨别，必须贴标签明示坛内所盛之物，以免售卖时打错。虽然时空跨度一千七百多年，方法、目的如出一辙。从陪葬器物的规模看，无疑是吴国贵族级别的墓葬，青瓷罍应是定制的器物，吴国宫廷都称"茶"代酒，刻在器物上当然是"茶"字了。

弄懂了茶从哪里来，《僮约》是否汉文自然就清楚了。且不说王褒有生之年根本就不可能知道"茶"为何物，就迟至三国两晋也是没有茶叶可买的，只有作茶的葬草，孙楚会告诉你："姜桂茶葬出巴蜀"。如果按照《僮约》四言句式，汉文只可能是"武阳买葬"。

第二章之所以不吝笔墨地说《僮约》，是因为其中有太多的文化之道：一是学校学习的文史知识都是精选出来的，对民俗类变文、话本、笔记小说等甚少学习，故而对文体、言辞雅俗缺少应有的直观感受；二是对古文献缺乏质疑精神。孟子对古《尚书》都不尽信，何况汉唐民俗文献和文化昌盛的宋代文献。有一句古话叫"书不读秦汉以后"，那对来路不明的汉代文献就尤其要警惕了。三是正确理解历史的真实和艺术的真实，不要把小说、演义类文学作品当作历史来读。否则，就会让历史和历史人物蒙羞。比如茶史和"王褒过章僮约"。

古代由于文化交流极为困难，大多数文人不明白什么是茶，也就不知道茶从哪里来了。今人见多识广，但思维将"茶"固化为"茶叶"了，那就茶来了也不知道，茶树之茶来了也不知道，陆羽之茶来了虽然知道，然则眉毛胡须一把抓，古茶树的茶树叶嫩老不分都称之为"茶"了。为饮的茶因要有别于酒，将"茶"刻在了青瓷罍上；为食的茶因要有别于"羹"，文人陆玑将"茶"解读在名物学著作《毛诗疏》里。罍是小口大肚容器，如果不了解什么是茶，一般都会因此而联想到是盛放茶叶的茶叶罐，这样认知的话语在铭文罍展出时经常能听到。当读懂"茶荈以当酒"时，方才明白"茶"铭罍是盛"当酒"的茶汤的，是初始茶饮文化的体现。同样，不看到青瓷罍上的铭文"茶"，便一直以为陆玑的"茶"是写作"茶"的，就不能正确地释读茶的本义，从而丢失了食文化的意义。

陆羽对茶饮文化的贡献是多方面的，在《茶经》中的首要贡献就是揭示了茶是"三年可采"的笋芽。然而文人出于对"南方之嘉木"的理解，却开始为"茶"的有木而忙碌，唐代是最忙碌的年代，也成为茶字书写最混乱的时代，阴错阳差地共出现了荼、榡、搽、茶、槚、茶、搽、荼等八个异体字。虽然有的是被误认，有的因书写麻烦而没有流行，但都真实地存在于我国古代的文物文献中。从《茶经》问世到法门寺《衣物帐》碑这一百多年，正是茶字从"荼"向"茶"的嬗变时期，出现诸多写法的茶字也在情理之中，只是近现代人不能因此而不加辨识地引用和演义。

荼、茶及六个异体字，加上陆羽所说的槚、荈、茗、蔎等别名，着实令人（主要是识字的文人）晕头转向。首先懵圈的是陆羽自己，他的《茶经·七之事》因"荼"字，将茶之为饮上溯到"三皇"的神农氏，因"槚"连上了周公旦，因误读的"苕"关联上了齐相晏婴。当人的思维被"从木"所困囿，理解就会变得狭隘，渐渐地茶的本义被遗忘了，以至于《二娘子家书》中的"勤为茶饭"、宋代文献上的"河朔用以分茶"等民间常用语中的菜肴之"茶"，都被当作茶饮理解了。这正好反映了有"木"的茶字出现以后，人们已忘却了木芽嫩叶都是草，就不能读懂荼茗出现以来、多层次的茶的意义了，自然更不能明白茶是饮食文化次第发展的结果。越到后来，成茶的品种越来越丰富，足以使人们数典忘祖，迷离于各种"想当然"之中。

中国人向来是求"正"的，出于对茶是"南方之嘉木"的认知，官方的标准楷书"茶"字也在此时形成。这是根据字义的发展，合乎逻辑地借用、改造的一个文字，是一个为大多数文人都接受的新字，约定俗成以后，成为公私书籍的书写正字。然而荼茗同源，新的茶字与茗就不一致了，一归"木"，一归"艹"，意义相同，归类却不同了。可见文字的发展和改造并不理想，非善的情况是对本义的熟视无睹，迷失了"茶之源"。

虽然文人很想弄清楚茶茗与饮食的文化关系，但由于文野之分、雅俗有别，两者一直不能融洽在一起。居庙堂之高的文人以文注文，往往脱离实际；处江湖之远的文人既无法一窥秘藏典籍，也无纠错之话语权，以至于传至今时之茶，错综复杂，正邪莫辨。"文不在兹"哉！

汉字是表意文字，字形很重要，有时候读不出音也能知道字的大概意思。形近的字，义符很重要，组成字的每一个义符是不能随便篡改的，义符多一笔少一笔，不仅读音各异，意思也相差甚远，许多形近的字往往因此而被误读误用。除荼与茶之外，壶与壸、毫与毫、冷与泠、修与脩（非繁简字）、骞与骞等，都冲眼一看，字形极似，但意义不同，误写误释，可导致整句话语意思的改变，或历史的改写。所谓"荼字少一划为茶"，就是不以六书释训而贻害他人的典型。

当字不够用时，一般会假借同音字，成为同声假借字，在古代属于声训。这时候字形并不重要，读音很重要，必须和借用字声音和声调都相符。茗与萌都是从草的同音字，而蚤与早、骚与扫、薨与轰等，则字形毫无共同之处，本义也完全不同，因音同被假借使用。

荼与茶声母韵母均不相同，不可能同声假借的。而荼字因为古老，古代记音或音译时经常被假借使用，最多是作为梵语音译文字，如荼毗、曼荼罗、荼吉尼等。由于颜师古注"荼"造成的荼茶不分，影响陆羽将《晋书·艺术传》中的"所饮荼苏而已"的"荼苏"当作了茶事发展的一环。宋代以后文人往往将文献中的"荼"篡改为"茶"，荼苏变成了茶苏，因此有人将"荼苏"译为"紫苏茶"；讹误愈发离谱的是，有人将苏轼"不觉灯花落，荼毗一个僧"中的"荼毗"写作"茶毗"，因此而将这首诗收录在苏轼的茶诗汇编中，实在是贻笑大方。

荼苏，即"屠苏"，亦作"屠酥"、"酴酥"，是中国传统正月初一的酒饮，有长寿之功效。《艺术传》中的单道开因常年饮荼苏酒养生，以至"年百余岁"才"卒于山舍"。这是《艺术传》作者所要表达的单道开这个人物的传奇之处。荼毗是梵语"火葬"的意思，苏轼由"灯花落"联想到一个僧"荼毗"了。由此两则古文错译可见，荼与茶必须区分清楚，不可互训。否则，这种令人哂笑的错误还会不断出现。

荼苏、荼毗、茶盏子、镇国茶瓶、勤为茶饭等文物文献上出现的荼茶文字告诉我们，亲民文人和老百姓从来没有搞混过荼茶二字，搞错的都是死读书、不亲民的文人，特别是深居宫廷的士大夫文人。历史上典籍的流传，靠传抄、翻刻，形似的字不加辨识很容易被误读误写；有些是专用的、固定的词汇，文字是不能随意更改的，也不能"想当然"地释读的。否则，轻者有辱斯文，贻笑大方；重者误人子弟，祸文殃史。古籍文字不可不细辨也！

茶的初字，无论是文献还是文物都出现在吴地，不是无缘无故的，苏秉琦先生的《满天星斗》将中国的考古学文化区系类型划分为六个大块，其中东南区就是环太湖流域为中心的吴地。此区块气候温润，物产丰富，人杰地灵，孕育了马家浜文化、崧泽文化、良渚文化等，这些文化的典型特征就是稻作文明程度高和手工业发达，现今依旧如此。稻米为食也促使了下饭的菜蔬和副食的开发，饮食从草本植物向木本的芽叶发展，也是饮食文化的必然趋势。吴蜀之地平民以茶茗作菜汤、作粥食，吴地王公贵族则以"茶荈"代酒作饮。

稻作文化是农耕文明中技术含量最高的，对大脑的开发极为有益，致使此区域的先民心灵手巧，形成了高度发达的原始青瓷制造业，最早的成熟青瓷也在此区域出现。如此，才有记载茶文化的文物——"荼"字铭文青瓷罍传至今世。青瓷生产不仅要材美、工巧，更需要天时、地利。器物和铭文的工整，足以使人想见当时工匠是怀着怎样的敬畏之心去完成这件作品的，他是知道了自己在记录历史，还是感知到了茶文化从此拉开了序幕？器物能完美地烧成，并完好如初地留存到现在，全赖皇天后土的保佑，天之未丧斯文也！

茶住长江头，茗居长江尾，《毛诗疏》里曾相见，又见吴地青瓷罍。茶文化最早的文献证据和文物证据都出现在人杰地灵的湖州地区，岂不善哉！

第二篇　茶事考略

当茶的源流不清，茶义未明之时，茶事是无法讨论的。即使讨论了，也仍是张冠李戴，指鹿为马，混沌不清的。只有辨明了茶义，以茶树茶作茶的茶事讨论起来才能名正言顺。

物质文化的大道不是一蹴而就的，而是次第发展的，一旦形成普遍的生产、生活行为，一定会或多或少地在文化艺术作品中反映出来。现代人能看到的汉代现世生产生活的图像主要保留在画像石、砖上。西汉的画像石砖主要出土在河南、苏北地区，而东汉画像则以产茶的四川地区出土最多。以四川省博物馆展出的画像砖看，农事主要有播种、薅秧、收获（稻米）、桑园、采莲等，相关的生产生活活动有舂米、酿酒、渔猎、弋射、庖厨、飨宴等，没有关于茶事的场景。也就是说，即便是最早出现茶事的四川地区，东汉时期尚未出现在人们的生活中，故考略茶事还得以讨论茶义的文物、文献为线索，从三国时期开始进行探讨。

从《三国志》的"茶荈以当酒"到《世说新语》的饮茗汁，是否可以理解为王公贵族和有钱的富户，均以真正的茶——笋芽来做茶，饮用的是清汤状的"汁"，推想茗汁的特点应该是甘香可口的；普通百姓所食的是等级次一点的嫩叶，严格地说，这是茶叶，不是茶。嫩叶已具寒凉之性，味略苦涩，但茶味更浓郁，故后来大多加上米（粉）、姜葱、橘子等食材，煮得比较浓稠，是"粥"状的，味儿比较杂，然五味调和。可见，茶从一开始便有文野之别，朝廷显官反映的多是荈芽作的当酒、茗汁，饮文化的意义明显，是本篇讨论的主旨；县令级的地方官员对民间茶茗饮食揭示比较多，食文化的意义明显，不是本篇所关注的对象。

　　唐代中期以前，吴蜀之地虽有零星茶事记载，不具有普遍性。《茶经》问世，茶茗饮食在文人士大夫阶层起了变化，民间的粥样的茶茗，被陆羽斥之为"沟渠间弃水"，不那么彰显了；而"茗汁"型（茶叶）茶在陆羽的弘扬下，日渐凸显，为多数人所接受，特别是文人士大夫。如此，茶的问题也转到了对茶饮的研究上，所谓"茶"既指茶树笋芽，也指茶饮，形式和内容形成了单一的统一，对茶的关注也转到了"如何饮到一盏好茶"上。

　　要饮到一盏好茶，除先天的自然环境外，茶的粗细老嫩、采造时间和方法、成品品种选择、烹点之法等都有讲究；茶好了，但水、器、火不好，名茶也成"凡夫俗子"。对于"一盏好茶"的探讨，始于没有茶字的《荈赋》，而展开详尽叙述的首推《茶经》。

　　所谓茶事，就是茶饮之事，及与茶饮相关之事。以茶树之茶论，《茶经》不仅正了茶，还推介了当下流行的饮一盏好茶之法。《茶经》创立茶道以后，茶事也成为普遍的、持续不断的生产生活活动。

　　但由于社会发展造成的语境变化，文人喜好纸上谈兵的陋习，以及明代早中期严厉的专制集权以及闭关锁国政策，晚明人对唐宋茶已不甚了了了。明谢肇淛《五杂俎》对蔡襄的"茶色白，故宜于黑盏"殊为不解，妄加批评说："茶色自宜带绿，岂有纯白者？"相比古代，现代文献、文物的资料是开放的，人们能看到的资料比古人更多、更全面，虽然不会有谢肇淛的迷惑，但对唐宋茶的理解也常因语境不同而失之偏颇。因此，以古人说茶的语境，实事求是地格致一下《茶经》以来的茶事，也是迫切和必要的。

第一章　人间相事学春茶

对于茶饮渐为风俗的起始，古人的看法与现在人们能找到的资料差距不大。晚唐杨晔《膳夫经手录》说："茶，古不闻食之，近晋宋以降，吴人采其叶煮，是为茗粥。至开元、天宝之间稍有茶，至德、大历遂多，建中以后盛矣。"杨晔是巢县县令，所言自然是"吴人"、"茗粥"。时间点是"近晋"，撰写《三国志》的陈寿的时代标签是"晋"，文人读书论史，自然说"晋"。唐代人也没有听说过古人吃茶，所谓"古"大约指汉代及以前，与"近晋"相异。这里的"茶"与《茶经》的"茶"意义是一致的，指茶树之茶。杨晔所知的食茶是两晋南朝，吴地人才采其叶煮作饮，此叶当指茶树嫩叶，此饮称为"茗粥"。"吴人"当然指平民，与"当酒"的"茶荈"不可同日而语。文中称"采其叶煮"为"茗粥"，可能类似"藜藿之羹"，既充饥又佐餐，有没有加米类谷物文中没有提及。茗粥也没有提到"令人不眠"的功效。

杨晔说："至德、大历遂多"，是因为期间陆羽完成了《茶经》，指导"民间相事学春茶"了。再一个是大历年间茶由原来的零星入贡，开始形成常贡。采茶时令的改变，常贡的形成，茶的生产者从传统农业中独立出来为茶民，茶事也成为春天重要的生产、生活活动。

一、春茶

茶最初的名称是"荈草"，三国吴宫廷"茶荈以当酒"肯定是细茶，但不能确定是春采的芽茶，因为西晋杜育在《荈赋》中说采摘荈草的时令是"月惟初秋"。南朝山谦之的"御荈"没有说时令，已有春采芽茶的可能了。

然而"自从陆羽生人间，人间相事学春茶"，宋代梅尧臣的诗告诉我们采茶普遍改在春季是陆羽指导人们实现的。《茶经·三之造》说"凡采茶，在二月，三月，四月之间。"也就是春季三个月。不仅时令变了，时间也由"月惟初秋"的单个月延长到三个月。这是因为更多的地方发现了好茶，各地出茶时间随着气温变化而出现之故。陆羽首次明确提出采茶最好的时节是春季，尤以早春采摘的为上。根据茶的生长环境来选择采摘季节，无疑是对茶认识上的一个巨大进步，那是基于春茶好于秋茶的茶饮体验上获得的认识进步。《茶经》之后，春季采茶成为通识，成为重要的农事活动，而不是"农工少休"式的劳动。

春采茶，是因为此时多为"若薇蕨始抽"的笋芽，笋芽是茶的本真，春芽是一年中的初芽，娇贵且先天营养富足，还过时不候，故陆羽严格规定早春时节采摘。即使早春，也要在一天中的早晨"凌露采焉"。但也不是每个早晨都适宜采摘，如果有雨有云，则"有雨不采，晴有云不采"。必须候到晴空无云的天气，方能"凌露采焉"。这种极致的采茶要求，陆羽提出以后为历代茶人和茶民所遵循。当然这些要求是对笋芽类茶说的，延伸出来的中下茶和贸易茶估计也不会如此讲究。文人对采茶的极端求精，源于对饮一盏上品好茶追求。在茶叶加工方法尚未多样的情况下，只能顺应天时地利而为，选择春天最好的时机采摘茶芽。

对于早期的春茶，陆羽说"笋者上，芽者次"。现代人理解起来有一点困难，怎么还有比"芽"更嫩的茶？但看到蒙顶黄芽时，才豁然开朗。蒙顶早春黄芽李肇《唐国史补》、杨晔《膳夫经手录》、毛文锡《茶谱》三部晚唐五代的古籍都有记载，誉其为"第一"、"最上"。蒙顶黄芽现在仍有恢复生产的，但不是古籍上说的"无等"、"第一"的黄芽。《膳夫经手录》说得特别清楚：

　　蒙顶（自此以降，言少而精者）。始，蜀茶得名蒙顶也，于元和以前，束帛不能易一斤先春蒙顶。

是以蒙顶前后之人，竞栽茶以规厚利。不数十年间，遂斯安草市，岁出千万斤。虽非蒙顶，亦希颜之徒。今真蒙顶有鹰嘴、牙白茶，供堂亦未尝得其上者，其难得也如此。又尝见书品论展陆笔工，以为无等，可居第一。蒙顶之列茶间，展陆之论又不足论也。

传说中的真蒙顶是"少而精"的，唐代元和以前精贵到"束帛不能易一斤先春蒙顶"。束帛，即五匹为一束的帛。唐代绢帛是直接可以当钱用的，唐玄宗时一匹帛相当于450文钱，那就是至少2250文钱一斤。因为精贵，蒙顶前后的茶农就开始栽培茶树，冒充真蒙顶以谋取高额利润。杨晔说"虽非蒙顶，亦希颜之徒"。也就是说一年产万斤的栽培蒙顶，在大唐的"草市（疑是茶叶市场）"上仍是稀罕之物。

陆羽说茶"野者上，园者次"，真蒙顶应是野生茶，采天地之气、花草之香；茶民栽培的就是"园者"，先天条件不够，自然茶味就差多了。但对于大多数没有品尝过真蒙顶的人来说，蜀茶本来就不错，蒙顶就更不要说了，当然是"稀颜之徒"了。真蒙顶是野生的芽茶，文中说有鹰嘴、牙白茶，野生茶本来就少，那笋芽茶就少之又少了，少到祭祀的供堂也得不到那"少而精"的"上者"蒙顶。

杨晔是唐宣宗时巢县县令，是文人士大夫，自然将蒙顶茶与其比较熟悉的展子虔、陆探微的绘画相提并论。陆探微是南朝宋画家，南齐理论家谢赫将其绘画置于上品之上；展子虔是隋代画家，被誉为"唐画之祖"。杨晔见书上品评展陆的绘画是"以为无等，可居第一"，也就是谢赫的"上品之上"。杨晔认为蒙顶之于茶间，比之更高，"展陆之论又不足论"，如鹤立鸡群。事实果真如此吗？

冰箱冷冻储藏四年的蒙顶黄芽

如图为友人周厚屹所赠蒙顶黄芽，是《膳夫经手录》所说的"少而精者"，据说年产仅20斤左右。所谓黄芽，首先是芽茶；其次加工工艺特别，采用闷黄工艺提香的。故叶色黄嫩，形状扁圆。唯其扁圆，嫩芽才会呈初始的小笋状。此茶已珍藏四年，按理色败香陨，但此蒙顶黄芽貌似有些色败（后来亲手购买的新茶也是如此），依旧暗香浮动，混合着茶香和近似栀子花的香味。左边第一颗大约就是所谓的"芽"，第三颗为标准的"笋"，其他也均为笋芽类，并有白色绒毛。陆羽说的"笋"，既是采摘时的形态，也是成品后的形态。陆羽是依照湖州一带常见的小冬笋来形容芽头的，非常形象。

　　蒙顶黄芽有奇异的近似栀子花的香味，现代人马上会想到窨制花茶，窃以为正好相反，窨制花茶很可能是因此而发明的。明朱权《茶谱》提到有"天香茶"，是在花开之际，"日午取收"才有天然花香的。所谓窨制花茶，朱权则在《熏香茶法》专章论述的。另据当地黄芽制作传承人刘思强师傅介绍，要做带花香的黄芽，需天气配合芽茶生长，采摘时机也极讲究。制作的时候从火候到时间、闷黄用纸等都要一丝不苟的把握好，才能制得。据刘师傅反映，现在传统的闷黄用纸、因小作坊关闭已很难买到，直接影响了黄芽的品质。由此可见，传统的东西需按《考工记》所谓：天时、地利、材美、工巧的原则生产。现代机械化生产虽然省时省力，标准统一，但那神奇的花香味就黄鹤远去了。即使手工生产，时机把握不好，器用不到位，也生产不出来。

　　陆羽的春采芽茶是用来作饼茶的，蒙顶也有小茶饼，但真蒙顶黄芽因为稀少，大约都是散芽。茶民栽培的蒙顶从"遂斯安草市"看，也是散芽为主。五代毛文锡《茶谱》记载了一则雅安蒙顶的故事：

蜀之雅州有蒙山，山有五顶，顶有茶园，其中顶曰上清峰。昔有僧病冷且久。尝遇一老父，谓曰："蒙之中顶茶，尝以春分之先后，多构人力，俟雷之发声，并手采摘，三日而止。若获一两，以本处水煎服，即能祛宿疾；二两，当眼前无疾；三两，固以换骨；四两，即为地仙矣。"是僧因之中顶，筑室以候，及期，获一两余，服未竟而病瘥。时至城市，人见其容貌，常若年三十余，眉发绿色。其后入青城访道，不知所终。

虽然是传说故事，可以看出"少而精者"的蒙顶散芽得之不易。僧人在中顶上清峰仅获"一两余"，一两余的芽茶如何作饼呢？稀少金贵的茶芽也舍不得作饼。结果也是应验了老父："若获一两，以本处水煎服，即能祛宿疾"的推介。

虽是芽茶，蒙顶非常耐泡，20多泡以后仍有淡淡的栀子花香，且茶形不散。饮用后的茶叶，在紫砂壶中存放7天（冬天），冲泡出来依旧有甘甜之味。冲泡过的笋芽胀大了些，芽形依旧，笋头芽茶饱满得更像小笋了（如

20多泡以后的蒙顶黄芽

右图）。怪不得皎然《饮茶歌诮崔石使君》诗中有"一饮"、"再饮"、"三饮"的描述，笋芽耐泡，可能也耐煎煮。虽然不知道三饮的茶是一次性煎好的，还是煎了三次（陆羽说茶要"乘热连饮"），对于好的笋芽来说都不是问题。故散芽既能保持原味，又耐煎，得到了名僧大德的青睐。

宋代延续了陆羽的采茶时间表，但更精确的以节气来掌控采摘的时间。《宋史·食货志》"建宁腊茶，北苑为第一，其最佳者曰社前，次曰火前，又曰雨前，所以供玉食，备赐予。"社前，就是社日之前。社日是立春后第五个戊日，此日祭祀土神。所谓"社前"的具体日子在立春后 41 至 50 天之间，节气来说约在春分前后，也就是陆羽所说的"二月"。此时，浙南、福建和蜀地已经有茶之笋芽了。火前即寒食节前，寒食节禁烟火，吃冷食，故名。寒食节又在清明前一二日，所谓"火前"就是"明前"，陆羽所谓的"三月"。此时江南已普遍有茶了，就是现代人熟知的"明前茶"。雨前就是谷雨之前，虽然尚未到"四月"，也已是暮春时节，春茶嫩芽向北推进到淮河流域。三个节气前采造的茶，大多是进贡给官府的，最好的供皇上饮食和赐予。

《食货志》的采茶时节其实对全国产茶区均适用，而最嫩的建茶采摘则要提前到惊蛰前后。宋《北苑别录》说："惊蛰节万物始萌，每岁常以前三日开焙，遇闰则反之。以其气候少迟故也。"惊蛰一般在农历一月下旬为多，也有二月初的。陆羽在浙北写的《茶经》，其茶生长晚于建茶。

唐代常贡顾渚紫笋，宋代则常贡苏轼所说的北苑茶。福建的气候较江浙暖和，惊蛰时节茶芽已出，然天气还微有寒意，芽茶长势缓慢，茶民可以从容不迫地采摘和焙制贡茶，使质量得以充分保证。诚如宋徽宗《大观茶论》所说的"茶工作于惊蛰，尤以得天时为急。轻寒，英华渐长；条达而不迫，茶工从容致力，故其色味两全"。建茶以其独特的自然条件被宫廷选中为常贡茶。所以，宋代宫廷要比唐朝更早一点尝到新茶。

宋代春采茶在时令、时辰、天气等方面与唐代近似，但讲究采摘时用指、还是用甲的，这也是现代采茶常会论及的问题。赵汝砺《北苑别录》云："（采茶）盖以指而不以甲，则多温而易损；以甲而不以指，则速断而不柔。从旧说也 故采夫欲其习熟政为是耳。"文中指出了甲、指的利害，并没有说一定要以甲或以指采摘，主要看采茶人的习惯和熟练程度。原注"从旧说也"，说明他也是听来的，并非出自实践。宋子安的《东溪试茶录》则明确地说："凡断芽，必以甲不以指。"徽宗也说："用爪断芽，不以指揉，虑气汗熏渍，茶不鲜洁"如果是笋状芽，以指采，必伤茶，因指头的面积大，徽宗还顾虑"气汗熏渍"，故以甲速断为要。现在茶农、茶人都说采茶要用指，用甲会使茎端发黑，似如古籍所说的"乌蒂"，看来与古人的认识是有差异的。

关于乌蒂，徽宗皇帝说："茶之始芽萌，则有白合，既撷，则有乌蒂。白合不去，害茶味；乌蒂不去，害茶色。"南宋文人姚宽则说："（水芽）先蒸后拣，每一芽先去外两小叶，谓之乌蒂；又次两嫩叶，谓之白合，留小心芽置于水中，呼为水芽。"稍后的赵汝砺说："乌蒂，茶之蒂头是也。"乌蒂来自"既撷"，"害茶色"可理解为采摘下来的茶芽的观感；更可能是指茶面的色泽，因为"点茶之色，以纯白为上真"。问题是乌蒂怎么去掉？茶器中没听说过有去乌蒂的工具，也没听说过这道工序。姚宽的说法是去掉"外两小叶"，自然去掉了乌蒂。当然，这是对贡茶而言的。无论是用指、用甲，还是乌蒂、白合，都是为了茶味和茶色，为了饮到一盏好茶。

对于芽茶的称呼，唐人陆羽称"笋"和"芽"，宋人有着自己独特的用词，不称"笋"而称作"枪"，所谓的"枪旗"应该是陆羽的"芽"。熊蕃《宣和北苑贡茶录》云："茶芽未展为枪，已展为旗。"所谓"枪"即像冷兵器的枪头，确实也很形象，叫法应出于北方宫廷文人之口，称笋称枪是南北文人见识不一之故。如果芽长大一些，最外面的叶子就会舒展开来，像展开的旗子一般，这样的芽叶被称作"一枪一旗"。为此，《宣和北苑贡茶录》将细茶分为三等："凡茶芽数品，最上白小芽，如雀舌、鹰爪，以其劲直纤锐，故号芽茶；次曰中茶，乃一芽带一叶者，号一枪一旗；次曰紫芽，其一芽带两叶者，号一枪两旗。"可见唐宋对"芽"的理解不同，宋人的"芽"相当于唐人的"笋";其三等"紫芽"易与唐代上等"紫笋"搞混的。宋代茶书多,不同的书上的名称也不一样,似有错乱之感,唯枪、旗的叫法是一致的。三个等级的早春芽茶均是指建安北苑贡茶,受地域限制,产量极少,却是历代文人说得最多的茶。

对于芽茶的枪旗,《大观茶论》说:"茶枪,乃条之始萌者。木性酸,枪过长,则初甘重,而终微涩;茶旗,乃叶之方敷者,叶味苦,旗过老,则初虽留舌,而饮彻反甘矣。"此段文字对于旗枪的功过分析得非常透彻。枪并非都是好口感,如果长得过长(大概是芽头长到最大的时候),入口甘甜,最终留在口舌上的是轻微的涩味,故最好是初萌之芽。茶旗过老,茶味苦,饮完了以后则口舌有甘甜感,大概就是今人所说的"回甘"吧。若以枪旗之芽作茶,应该可以中和茶味的。再一个是徽宗这样说,可能与宋代点茶连茶末一起吃的缘故。若是清饮,芽茶点、煮都是甘香的。

为了克服徽宗所说的芽茶枪旗的缺点,宋人在制茶工艺上加以改进来克服之。另外,还创造了极致的奢侈茶品——水芽。

宋代是个风雅有余的社会,任何"雅事"都会被做到极端,雀舌、鹰爪一样的芽茶还嫌不够精细,又创造了空前绝后的"水芽"。《宣和北苑贡茶录》云:"至于水芽,则旷古未之闻也。宣和庚子岁,漕臣郑公可简 按简字别本作郑可闻 始创为绿线水芽。盖将已拣熟芽再剔去,祇取其心一缕,用珍器贮清泉渍之,

蒙顶黄芽冲泡后稍晾剔出芯芽

光明莹洁若银线。然其制方寸新銙，有小龙蜿蜒其上，号龙园胜雪。"芽茶是自然生长最细的茶了，人工则可以更细。文献明确记载宣和二年郑可简始创水芽，其制作是将蒸熟的芽茶泡在清泉中软化，然后除去乌蒂、白合等外叶，只留里面的芯芽，"用珍器贮清泉渍之"，最后制成小龙团茶饼。笔者无缘得见建茶细芽，以冲泡过的蒙顶黄芽为实验，挑拣笋、芽各一，分别在第六层和第七层剔出了芯芽（如图）。

一般常识总以为芯芽更娇嫩，而事实出乎人们的意料之外，以手指捏捻，叶烂而芯芽依旧。至此，方明白陆羽《茶经》所说"若茶之至嫩者，蒸罢热捣，叶烂而芽笋存焉"的意思。龙园胜雪，有些古籍记作"龙团胜雪"，胜于上述三种芽茶，"其味腴而美"，熊蕃认为"盖茶之妙，至胜雪极矣"。真的，极矣！

就茶的稀少程度和点茶的效果来说，最上乘的是白茶，熊蕃说水芽为首冠，"然犹在白茶之次者"。宋徽宗《大观茶论》说："白茶自为一种，与常茶不同。其条敷阐，其叶莹薄。崖林之间，偶然生出，虽非人力所可致。正焙之有者不过四五家，生者不过一、二株，所造止于二、三銙而已。"
徽宗所说白茶满打满算才十株茶，而且是"偶然生出"，人
工种植还种不出来，那就保证了独特性和珍稀性，是茶中的
"孤家寡人"。白茶的特点是"其叶莹薄"，叶薄则油膏少，
容易制成好茶。《北苑别录》云："江茶畏流其膏，建茶唯恐
其膏之不尽。膏不尽则色味重浊矣。"茶色贵鲜白，色味重
浊参与入贡前斗茶是包输的。故黄儒《品茶要录》说："茶
之精绝者曰斗"。徽宗在说"白茶"时只说"其叶莹薄"，似
乎并不在意采摘嫩芽的色泽是否白净，由此可见所谓白茶，疑
是指该品种的茶芽能保证点茶时茶色鲜白，故名之的，与现代
所谓白茶异趣。

物极必反，随着风雅宋朝的南渡，极致奢侈品水芽也不再
生产，但早春采摘上品芽茶习俗则流传至今，不但是文人口中
的茶，也是今日茶饮时尚。

明代很少饮用末茶了，但朱权的《茶谱》还是记载了采茶
时令和要求，他说："于谷雨前，采一枪一旗者制之为末，无
得膏为饼。"雨前是采芽茶的最后时节了，故其只要求一枪一
旗的芽茶，也就是宋代的中茶。这里从"采"到"末"，没有
其他制茶过程，疑为生茶直接制为末茶的。

由于春采芽茶，三春之际成为茶事最多的时节，然都不外
乎为了"试新"。唐代试新的主场是湖州顾渚，民间代表人物

是释皎然。释皎然（730–799 年），俗姓谢，字清昼，浙江吴兴人，是中国山水诗创始人谢灵运的十世孙，唐代著名诗人、茶僧，吴兴杼山妙喜寺主持，在文学、佛学、茶学等方面颇有造诣。皎然与陆羽交好，然其作茶与陆羽异趣。

顾渚行寄裴方舟

我有云泉邻渚山，山中茶事颇相关。

鹧鸪鸣时芳草死，山家渐欲收茶子。

伯劳飞日芳草滋，山僧又是采茶时。

由来惯采无近远，阴岭长兮阳崖浅。

大寒山下叶未生，小寒山中叶初卷。

吴婉携笼上翠微，蒙蒙香刺胃春衣。

迷山乍被落花乱，度水时惊啼鸟飞。

家园不远乘露摘，归时露彩犹滴沥。

初看怕出欺玉英，更取煎来胜金液。

昨夜西峰雨色过，朝寻新茗复如何。

女宫露涩青芽老，尧市人稀紫笋多。

紫笋青芽谁得识，日暮采之长太息。

清泠真人待子元，贮此芳香思何极。

皎然在"芳草滋"的时节采摘"叶初卷"的"紫笋青芽"，

然后直接"采得金芽爨金鼎"，惟其如此，才能"孰知茶道全尔真"（"采得""熟知"两句均出《饮茶歌诮崔石使君》）。由此可见，释皎然是非常珍视早春的"紫笋青芽"的，并未制成茶饼，而是散芽试新。此茶道重时令，讲茶品，简便易行，与陆羽倡导的茶道异趣。

顾渚茶因其独特的"紫笋"在唐代蜚声朝野，唐代宗时设立贡茶院。（宋）钱易《南部新书·戊》记载："唐制，湖州造茶最多，谓之顾渚贡焙。岁造一万八千四百八斤，焙在长城县西北。大历五年（770年）以后，始有进奉。至建中二年（781年），袁高为郡，进三千六百串，并诗刻石在贡焙。"从"斤"与"串"的量词看，大历五年前是贡焙芽茶进奉，与民间高僧大德烹新芽一样作茶；之后是紫芽小饼，遵循《茶经》煎茶之道。

顾渚作贡茶极其隆重，因制茶需清泉水，每当制先春贡茶之时，太守必亲临现场祭拜，也是一年茶事的序曲。（宋）阮阅《诗话总龟（后集）·第三十卷·咏茶门》记载："顾渚涌金泉，每造茶时，太守先祭拜，然后水渐出；造贡茶毕，水稍减；至供堂茶毕，已减半；太守茶毕，遂涸。盖常时无水也。或闻今龙焙泉亦然。"古代逢事必祭，唐代买卖茶的拜茶神陆羽，制贡茶则太守亲自祭拜天地山神，不祭拜泉水不出，也就无法制茶了。宋人还说当时的龙焙泉也是如此的。由于制贡茶是地方长官的重要任务，故现在顾渚仍可见的有袁高、于頔、裴汶、张文规、杜牧等多任湖州刺史的题名石刻。

贡茶不仅需要地方长官祭拜、监督生产，更要首先试新以保证质量，便有了"贾常州崔湖州茶山境会"。（清）陆廷灿《续茶经·七之事》引《吴兴掌故录》云："长兴啄木岭，唐时吴兴毗陵二太守造茶、修贡会宴于此，上有境会亭。故白居易有《夜闻贾常州崔湖州茶山境会欢宴诗》。"文人官员因春采茶芽，于酒宴之外又多了一项因试新茶的会宴。此"会宴"究竟是怎么样的？是如唐代大多数宴会一样的先酒宴后试新，还是仅仅是试新、吟诗？诗歌出自白居易之手，从白居易好酒又好茶的生活轨迹看，前者的可能性比较大。

宋代上春贡茶主场是福建北苑凤凰山，此时芽茶制作的龙团凤銙为朝廷所垄断，民间罕有。试新的茶会在主会场进行，由福建路转运使监督"斗茶"，以鉴别新茶等级。斗茶也成为影响深远、茶人皆知的茶事。

由于贡茶，宋代宫廷也因此而有春季的娱乐项目"进茶"，也算是宫廷的茶事。《武林旧事·卷二》记载：

进茶：仲春上旬，福建漕司进第一纲茶，名北苑试新，皆方寸小銙，进御止百銙，护以黄罗软盝，借以青箬，裹以黄罗夹复，臣封朱印，外用朱漆小

匣镀金锁。又以细竹丝织笈贮之。凡数重，此乃雀
舌水芽所造，一瓠之直四十万，仅可供数瓯之啜耳。

斗茶斗出的第一纲雀舌、水芽细茶，极其珍稀，包装以
青箬黄罗，朱匣金锁，在仲春上旬入宫试新。唐代是假公务之
茶会，宋代是宫廷特设之节礼，为试新专门安排的与"挑菜"、
"赏花"一样的节日。

二、制茶

陆玑笔下的椒叶茶是不需要煮食前加工的，采摘鲜叶直接煮
食即可。当孙皓"茶荈以当酒"的时候，茶可能已进入了加工时
代，加工过的茶口味应该更好，还便于贮存、交易。孙楚的"姜
桂茶荈出巴蜀"说明作茶的荈已经作为土特产在交易了，交易的
茶为了储存、运输方便，自然需要加工过的。茶从新鲜的笋芽到
可以煎煮冲泡的成茶，大致有生晒、火作、蒸青等加工方法。

1. 生晒法

当荈草被发现可食以后，人们开始有意识地对其进行加
工，最初的加工一定是利用自然条件的，方法也是最简便的生
晒法，太阳晒干或在热空气下阴干应该是最初的加工法。

唐玄宗天宝年间，李白受赠的仙人掌茶是明确的日晒茶。
其《答族侄僧中孚赠玉泉仙人掌茶（并序）》曰："丛老卷绿叶，

枝枝相接连。曝成仙人掌，似拍洪崖肩。"而序文说"余游金陵，见宗僧中孚，示余茶数十片，拳然重叠，其状如手，号为'仙人掌茶'。盖新出乎玉泉之山，旷古未觌。"诗中的"曝成仙人掌"的"曝"，应是比较原始的日晒方法，"拳然重叠，其状如手"，也是因日晒而形成的，正因如此才名之为"仙人掌茶"。

陆羽著《茶经》以前，生晒法制茶可能还是比较流行的，因为作茶都是煎煮的，不存在饮生茶的情况。

明代谢肇淛《五杂俎》引元代马端临"《文献通考》：'茗有片有散，片者即龙团旧法，散者则不蒸而干之，如今时之茶也。'始知南渡之后，茶渐以不蒸为贵矣"。以此可知，南宋开始，茶又采用自然干燥法，即"不蒸而干之"，大概与李白诗文中的"曝"有些相似。太阳是有热量的，除了去掉水分，也有杀青作用。但马氏所言的"不蒸而干之"是纯日晒、还是日晒和阴干交替进行，抑或是纯阴干没有明确。《文献通考》成于元代，说的是南宋的事，至少说明从南宋到元代散茶制法大多采用自然的生晒法。

生晒制茶法也是明代的主要制茶法。明嘉靖甲寅年（1554年）杭州人田艺蘅著《煮泉小品》，谈到茶时说："芽茶以火作者为次，生晒者为上，亦更近自然，且断烟火气耳。"至明万历年间，同是杭州人的高濂也非常推崇日晒法，其《遵生八笺》说："茶以日晒者佳甚，青翠香洁，更胜火炒多矣。"两人都认为生晒没有烟火气，更接近自然，青翠香洁。明代开国皇帝是"布衣天子"，崇尚简节，其废除大小龙团的举措，也影响了整个茶界，返璞归真的生晒法成了制茶的主导方法。

福鼎白茶

生晒制茶的方法，包括自然萎凋，现在仍有沿袭保存下来的主要是福鼎白茶。其中一种据说是出口的福鼎白茶，就是纯自然晒干的（如图）。图中干叶的颜色有的是干涩的青绿色，有的已为赤色。茶中的茎枝不是采造不精，是故意留在那里的，说是可以增加茶汤的甘味。此茶生晒之法，是日晒和阴干交替进行，当地茶农告知，最后还是要借助火焙，在绝无烟气的炭坑上低温焙一下。这种茶是用来煮饮的，也是熟茶。随着蒸煮的蒸汽上扬，一股粽叶的香气弥漫整个房间，茶汤色泽赤红纯净，入口柔润，满口粽香。

宋人认为生晒法制茶适宜煎煮，如以汤点茶，反有损脾胃。（宋）林洪《山家清供·茶供》曰："茶即药也。煎服，则去滞而化食。以汤点之，则反滞膈而损脾胃。盖世之利者，多采叶杂以为末，既又怠于煎煮，宜有害也。"生晒以后茶叶依然是生的，如同草药一样，煎饮才能发挥药的作用，去滞化食。若是生叶直接点泡，如同生食一般，反而滞气膈食，损伤脾胃。世之利者将伪茶点注，更加有害身体。如此，无论真茶还是伪茶，煎煮为熟茶才是茶饮之道。

此福鼎白茶虽然是煎饮，但属茶树叶，不是文人所定义的茶树之茶，寒性较重，好喝也不可多饮。

2. 火作法

火作是第二种加工茶的方法，略晚于日晒加工法。火作法更利于茶叶的甘香内敛。南朝陶弘景注《桐君采药录》，首次揭示了巴东人加工真茶的方法是"火煏作卷结"。煏，方言"烘干"的意思。火煏就是用火烘干茶叶，茶叶脱水故作卷结状。火煏是完全人为的加工方法，靠火的热量脱水、杀青、化生为熟。火煏的技术含量要更高一些，对用什么火（柴或炭）、火的大小、时间长短等都有讲究。

火煏在两晋南朝是制茶过程中最主要的环节，对于现在制茶来说则是诸多环节之一。火煏最大的缺点就是明代人所说的有烟火气，现在烟火气对某些茶叶来说也许是优点，福建大红袍类的茶叶均有淡淡的炭火香，非常受人欢迎。

炒青，是火作法的另一种手段，这种将鲜叶直接变为成茶的方法疑是唐代就开始了。刘禹锡（772~842年），字梦得，陆羽卒时他已 32 岁，赶上了引领茶饮流行的时光。其《西山兰若试茶歌》前三句云：

> 山僧后檐茶数丛，春来映竹抽新茸。
>
> 宛然为客振衣起，自傍芳丛摘鹰觜。
>
> 斯须炒成满室香，便酌砌下金沙水。

　　诗意与陆羽《茶经·九之略》所描写的在野寺山园品早春新茶的情景比较相似，也与释皎然的茶道相符合。第一句的"抽新茸"和第二句的"摘鹰觜"告诉我们这是早春茶事，鹰嘴是宋代普遍使用的对早春嫩芽的称呼，其"版权"属于唐代诗人。由于在山野古寺，又急于品鲜，器具和加工越简单越好，故旋摘、旋炒、旋煎、旋饮。"斯须炒成满室香"是宋以前茶诗中少有的用"炒"字描述茶叶加工的，杀青去水一次完成。袁文的《甕牖闲评·卷六》在刘禹锡的诗后评说道："夫旋摘之茶必香，其香当倍于常茶，非龙麝之比也。"其评论是针对北宋末茶添加"龙麝"之香而说的，点出了新芽特别香醇。不过袁文据此诗认为"唐人未善啜茶也。使其见本朝蔡君谟、丁谓之制作之妙如此，则是诗当不作矣。"此话有点厚今薄古了。且不说蔡、丁二人的龙团凤饼制作时榨茶去膏，最损茶的原香原味。而刘禹锡的诗揭示了唐代为保留原香原味已开始炒茶了。刘禹锡若不作此诗，宋人和现今的人们怎么知道、也不可能知道还有如此快捷的制茶法，袁文更不可能知道现今绿茶仍在沿用炒青技术加工茶叶的。王羲之说："后之视今，亦犹今之视昔，悲夫！"

宋元时期，上好的建茶都做龙团凤铸类饼茶了，散芽追求"不蒸而干之"的自然法则，很少有炒青制茶了，零星见于文人的笔记小说中。直到朱元璋罢了大小龙团等奢侈茶品，炒青又回归了。明万历《遵生八笺·论茶品》在肯定日晒法以后，认为当时的茶"以天池、龙井为最"，而这两款茶据文中描述都是炒青茶。

> 天池茶，在谷雨前收细芽，炒得法者，青翠芳馨，嗅亦消渴。

> 如杭之龙泓（即龙井也）茶，真者，天池不能及也。山中仅有一二家，炒法甚精。近有山僧焙者亦妙，但出龙井者方妙。

天池茶出苏州，《茶经》说"苏州、长洲生洞庭山"，没有具体的名称，明代始有专名。高濂说其茶炒得法者，青翠的色泽和芳馨的茶香，闻闻也能解渴。现在品评绿茶也是先闻一闻有没有"芳馨"、"消渴"之味。龙井茶比天池更好，也是炒青制茶。但也可以用火焙之法，两者都是火作法，成茶快捷。

从文献记载看，明代生晒法和火作法主导了茶的制作，嘉靖以前生晒法多于炒青法，嘉靖以后炒青多于生晒。炒青也是现代绿茶普遍使用的制茶方法，特别是江浙一带的名茶，均以炒青法制作，盖因味真而全也。

3.蒸青法

蒸，是一项古老的加工食物方法，是中国人的伟大发明，一直用于加工食物、药材等与民生有关的东西，无论是酿造酒还是后来的烧酒，都有"蒸"的工艺。蒸自发明之日起，始终没有离开中国人的生活，以至于蒸菜为中国独有之菜系。英国人到十八世纪才发现蒸汽动能，并发明了蒸汽机，开启了工业革命，成了影响世界的工业文明。

中山国王墓出土的青铜甗

　　早期的陶器和青铜器都有蒸食物的炊具"甗（yǎn）"，由鬲（lì，相当于煮水的锅）和甑（zèng，相当于放食物的屉笼）两部分组成，蒸汽通过中间的箅孔将食物蒸熟（如图）。唐代，这种古老的蒸法被用于制作成茶，发明了蒸青工艺。蒸青是用蒸汽杀青，将生茶变成熟茶，并去除了青草味。蒸青工艺难度很高，体现了制茶工艺又进了一步。

　　《茶经·二之具》提到了蒸青用具是"甑"，用木和陶制成；下部分的鬲已用釜替代了。对于蒸青，陆羽只说了"既其熟也，出乎箅"，没有过高的要求。而宋代对于蒸青讲究就大了，稍微差一点都不行。《北苑别录》云："然蒸有过熟之患，有不熟之患。过熟，则色黄而味淡；不熟，则色青易沉而有草木之气。唯在得中之为当也。"显然宋人对蒸青的结果进行过对比观察，总结出了恰当的蒸茶时间。宋代蒸青工艺的进步，还得之于茶饮之风的大行，特别是点茶、斗茶及茶坊的开设等，都催促着茶人们提高制茶技艺。难度高，如果掌握得好，茶的色、香、味可得到最佳提升，在斗茶、买卖的竞争中获胜的概率就高。

　　蒸青之法在《茶经》之前并没人介绍过，也不见零星记载，但此后却是大多数饼茶不可或缺的一道工序。唯有蒸，才能既杀青，又保持茶叶湿润柔软，便于研捣，使填模制饼成为可能。《茶经》制作饼茶，要"蒸罢热捣"。即乘茶叶蒸后热软易于舂捣时，将嫩叶捣烂。《茶经》说舂捣到最后"叶烂而芽笋存焉"，这里的"芽笋"就是指芯芽，因柔韧又被层层叶片所包裹，故不易被捣烂，也是茶的精华。

唐代贡茶以长江流域的"江茶"为主，《茶经·二之具》说江茶蒸好要马上"散所蒸芽笋并叶，畏流其膏"。（宋）赵汝砺也说"江茶畏流其膏"。所谓的"膏"应该就是芽茶中的植物蛋白。宋代贡茶以建茶为主，建茶"唯恐其膏之不尽"，因为"膏不尽则色味重浊矣"，即膏脂影响茶面之色。而斗茶内容之一就是斗色，色味重浊就无法斗茶了。解决之道就是蒸青后增加了"榨茶"工艺。榨茶是宋代独有的工艺，《北苑别录》说：

> 茶既熟，谓茶黄，须淋洗数过 欲其冷也 方入小榨以去其水；又入大榨出其膏。水芽则以马榨压之，以其芽嫩故也。先是包以布帛，束以竹皮，然后入大榨压之。至中夜取出揉匀，复如前入榨，谓之翻榨。彻晓奋击，必至于干净而后已。

这种榨法，近似于榨油。无非是榨油就是要榨取流出来的油脂，榨茶则要去掉汁水、油膏。因有布帛、竹皮包裹，除水和膏压榨出去了，芽叶并没有受损，叶形完整，茶色青黄依旧。然而无膏无水，要成团成銙是不可能了，必须再增加一道工序——研茶。

研茶，作用相当于《茶经·三之造》中的"捣之"，目的一样，都是为了将茶捣研得柔软如泥，便于压模成饼，但过程完全不同。唐代是乘热捣之，宋代是冷捣，将蒸好的茶"淋洗数过"，并三榨过后再捣研。唐代捣茶用"杵臼"，不讲究材质，"惟恒用者为佳"，就是经常用于捣茶的杵臼，没有杂味；宋代研茶，"研茶之具以柯为杵，以瓦为盆"。研茶用暗劲，可用瓦盆。如果是捣，一下瓦盆就碎了。杵和盆应该也是"恒用者为佳"的。研茶与捣茶最大的区别是加水，宋代所研之茶已榨除了水、膏，几近脱水，研时需量茶多少和茶的品级，加入适量的清泉水，研入茶中的清泉水洁净无比，点试时茶就比较清爽。研茶一直要研到"水干茶熟而后已"。最后，都是将研捣好的茶入模、入圈，为饼为銙。无论是唐茶还是宋茶，研捣到什么程度才可以入模成饼，由于没有实物参考，依然是个谜，需要实践来解决。

龙团凤銙都是贡茶。《宣和北苑别录》云："太平兴国初，特置龙凤模，遣使即北苑造团茶，以别庶饮。"目的很明确，龙凤模就是为了"以别庶饮"的，故与之相关的工艺如榨茶、研茶恐与大多数平民百姓无关，这种暴殄天物的奢侈品只属于"风雅有余"的北宋宫廷。

就结果看，蒸青工艺主要用于制作饼茶的前期杀青蒸软，便于后期捣研进模。在高档茶以散茶为主的现代社会，蒸青工艺使用比较少。《茶之路》说，云南景谷还有蒸青工艺，当地的大白茶同时用炒、蒸、晒三种方法杀青，其中的"云针"毛茶，还保留着蒸青工艺，蒸后自然晾干，即为成品。这种制法的成茶，主要是为了卖到广西去做窨制茉莉花茶的坯茶的。

三、成茶

茶的成品在《茶经》中有"粗茶、散茶、末茶、饼茶"四种；至宋代，《食货志》只记载"曰片茶，曰散茶"两类；元代王桢《农书》却说："茶之用有三，曰茗茶、曰末茶、曰蜡茶。"三个时代的不同的分法，其实大同小异，都可归纳为宋代的两类分法。

三本书只有《茶经》分类有粗茶，然而《一之源》说笋芽才是茶，那粗茶是什么？只能理解为指老百姓食用的嫩茶叶。粗茶量很大，不入文人的法眼，故文人们很少提及。宋代茶书中有"粗色"（即粗级）茶，是贡茶中的分类，入贡的"粗色"茶是相对于"细色"小芽、水芽说的，比之《茶经》的"粗茶"都属细茶。宋代市场上买卖的大部分片茶若以文人眼光标准来评判，均属粗茶。

末茶是再加工的茶，宋代的片茶包含了末茶，甚至散茶也可能做成末的。运输过程中都是片茶或散茶，在茶坊出售的都是末茶。民间的末茶相对于宫廷龙团凤铸磨出来的末茶都属粗茶。偶尔也会有宫廷称为"粗色"的细茶在民间高档茶坊出售。《农书》专列的"蜡茶"一类,其实就是片茶类,属于片茶中比较精贵者,多为贡品,或买卖中的上品。

元代的茗茶就是散芽,属于散茶之类。从《农书》称其为"茗茶"看,可能至少从元代开始,茗成了散芽的专用名词,与郭璞"晚取者为茗"意思相悖,可能文人们还是觉得"茗"应该是"萌"的声训字。所以,成茶的品类其实只有散茶和片茶两大类。

1. 散茶

散茶是最早的成品茶,孙楚《歌》中的"茶荈"就是散茶;山谦之《吴兴记》中的"御荈"毫无疑问也是散芽;当酒和作茗汁的也应该是散芽。这些早期散茶之所以没有被认识,是因为文化昌盛的宋代众多茶书都在说蜡茶,最经典的两部茶书《大观茶论》和《茶录》更是详细讲解如何点茶,形成了满满的宋代都是末茶点茶的认识;以宋代末茶上推唐代末茶,也会以为陆羽的煎茶"类似于一种可怕的'胡辣汤'"的认知;再上推《茶经》误记《广雅》已记载三国时茶"饼成以米膏出之",便形成了早期的成茶都是饼茶的观念。这样,便将散茶的出现误解为朱元璋废除龙团凤铐以后的事。这误会长期左右着人们对茶文化的认知,以为今天普及最广的散茶泡茶一定是古代最晚发生的事。

分类是从茶饮成为风俗、茶品又多的唐代开始的，陆羽《茶经》将茶分为四类，散茶名列其中。可能散茶作茶技术含量低，《茶经》对此着墨很少。《茶经·六之饮》提到"痷茶"，可能用的是散茶。痷字出现得较晚，《晋书》才有此字，与"婪"构成词组"痷婪"，是"浮泛"之意，这是现代《辞源》对"痷"字的唯一解释，与茶关系不大，故"痷"应该是其他文字的假借字，最有可能的是"奄"字。《说文》释奄为"覆也，大有余也"。《茶经》说："以汤沃焉，谓之痷茶。"沃有"浇灌"的意思，用热汤冲泡（浇灌）茶，叫作"痷茶"。那么，痷茶是热汤覆盖、淹没茶，水大大多于茶，茶是浸泡在汤中的。由于饼茶、末茶是陆羽在《茶经》中着力讲述的，痷茶着墨很少，应该用的是散茶。因为《茶经》中有"粗茶"的概念，也可理解为"茶叶"的概念，那么此散茶属细茶、还是粗茶，则不得而知了，反正高僧大德都是"采得金芽爨金鼎"的。

唐张又新《煎茶水记》提到："至严子濑，溪色至清，水味甚冷。家人辈用陈黑坏茶，泼之，皆至芳香。又以煎佳茶，不可名其鲜馥也，又愈于扬子南零殊远"。文中的"陈黑坏茶"到"泼之"是没有动作的，又与"煎佳茶"是相对而言的，故"陈黑坏茶"一定是放久而茶色发暗的散茶。泼，应该与"沃"是一样的，冲泡茶的早期用字。

散茶中最好的是散芽，刘禹锡的"鹰嘴"是散芽。刘禹锡的诗文接下去就是"斯须炒成满室香"了，没有蒸之、捣之的过程，不可能是饼茶的。

蜀茶在晚唐已名满天下了，毛文锡《茶谱》记载蜀州采雀舌、鸟觜、麦颗（或作颖）等嫩芽，即是早春芽茶，并评其曰："皆散茶之最上也"。《唐国史补》也记载："剑南有蒙顶石花，或小方，或散牙，号为第一"。被誉为大唐"第一"的蒙顶茶，其石花品种有小饼茶的，也有散芽的，可能散芽居多。

晚唐康骈《剧谈录·卷下》记载《慈恩寺牡丹》故事，讲述的是会昌中慈恩寺院主老僧在寺院中藏有牡丹稀世珍品，后不慎被权要子弟看到，将老僧骗至江边草地上喝茶，乘机恃强挖走了牡丹珍品，留下"金三十两、蜀茶二斤，以为酬赠。"权要之家要恃强盗花，那一定是价值不菲的珍品。而酬赠是黄金和蜀茶，表明蜀茶二斤与三十两黄金是旗鼓相当的贵重。这里蜀茶以斤论，不以饼、銙论，应该是散芽。

宋初《清异录·茗荈》的"圣杨花"和"吉祥蕊"，从文意推测也是高档散芽。文曰："吴僧梵川誓愿燃顶供养双林傅大士，自往蒙顶结庵种茶，凡三年，味方全美，得绝佳者圣杨花、吉祥蕊共不逾五斤，持归贡献。"茶如果从下种开始，需要培养三年时间，才可以采摘。陆羽说："（茶）三岁可采"；元代王祯《农书》也说："（茶）种之三年，即收其利。此种艺之法。"梵川知道蒙顶茶好，故去那里"结庵种茶"。推测选了优良的茶种，种植三年，总共摘得两个品种五斤绝佳者，带回去作寺庙贡献。此条文献印证了《膳夫经手录》所谓："今真蒙顶有鹰嘴、牙白茶，供堂亦未尝得其上者"之语不虚。如此精贵难得的好茶，民间是不可能制成饼茶上供的吧，散芽的可能性大。上述表明，好茶以斤、两论，多为散芽。与宋代《南部新书》说唐代贡茶先论斤、后论串是一致的。

《宋史·食货志》曰："散茶出淮南、归州、江南、荆湖，有龙溪、雨前、雨后之类十一等，江、浙又有以上、中、下或第一至第五为号者。"这里点明了散茶盛产地是江浙，并始终分上中下三等或五等。五代北宋散茶很少充岁贡，交易为多。南宋虽好散芽，主要由榷场、漕司专营。

散茶没有成团成饼，如同干草，故在北宋又叫草茶，欧阳修《归田录》云："腊茶出于剑、建，草茶盛于两浙。两浙之品，日注为第一。自景祐（1034-1038年）以后，洪州双井白芽渐盛，近岁制作尤精，囊以红纱，不过一二两，以常茶十数斤养之，用避暑湿之气。其品远出日注上，遂为草茶第一。"景祐是北宋仁宗的年号，此时产茶已分剑建和两浙了，两浙主要是散茶，与《食货志》一致。洪州双井白芽与日注作比较，自然也属散茶。类似的对比在苏轼的诗中也有表现，他的《游诸佛舍一日饮酽茶七盏戏书勤师壁》诗曰："秕糠团凤友小龙，奴隶日注臣双井。"将蜡茶龙凤小团与散茶日注双井作诗词对仗。

欧苏同为北宋的文人官员，他俩的诗文体现了片茶中的蜡茶与散茶中的散芽有朝野之别。欧阳修的以常茶十数斤养一二两芽茶，其珍视程度并不亚于白茶水芽。

宋室南渡之前，京师是北方的汴梁，是末茶的天下，朝野均好之。南渡之后，京师临时安在了南方两浙之地的杭州，杭州遂改称临安，朝野的口味也都入乡随俗而好散芽了。随俗还有不得已的原因——政局混乱，费时费工的龙团凤銙因"建炎以来，叶浓、杨勍等相因为乱，园丁亡散，遂罢之"了。皇室一时无蜡茶入贡，也只能接受两浙特色——散芽，散茶又逐渐成了整个社会的茶饮主流。

习俗也是散芽流行的主要原因，王桢《农书》在说末茶时评论道"南方虽产茶，而识此法（末子茶）者甚少"。从两晋的"茗汁"到元代的《农书》，南方一直好以散芽作茶饮的。《农书》中末茶与蜡茶是作为两类分开说的，蜡茶是贡茶，所以王桢说的主要是指社会流行的末茶。《甕牖闲评》介绍南宋时北人用散芽作晶茶（也属末子茶），文中明确地说"北人"、"以茶芽盏许"，或许是南宋片茶少了，即使晶茶也用散芽了，但煮之前还是要将茶芽捣烂，找回北宋民间末茶的口感。

散茶在元代两位文人的书里加工方法完全不同，马端临（1254–1323年）的《文献通考》曰："（南宋）散者则不蒸而干之，如今之茶也。"说元代散茶与南宋一样，都是用生晒法制茶的；王桢（1271–1368 年）是与元朝同生死的人，其《农书》则说："（新芽）采讫，以甑微蒸，生熟得所，生则味硬，熟则味减。蒸已，用筐箔薄摊，乘湿略揉之，入焙，匀布火，烘令干，勿使焦。"马端临是通过文献来考释的，自然不如王桢《农书》来得翔实，似为得之于实地考察。但也可能两种加工方法同时存在于不同地区，见识不一而已。

明嘉靖田艺蘅《煮泉小品》批评片茶说："茶之团者片者，皆出于碾硙之末，既损真味，复加油垢，即非佳品，总不若今之芽茶也。"散茶既不失真味，又无油垢之虞，其中的散芽主导了南宋至明代的上层社会的茶饮。

散茶是茶饮文化的起点，因其简单；散茶又走得更远，因其味纯，南宋开始连姜盐都不用。散茶一直存在，唐、宋、元的茶书分类都有它。唐宋散茶的生命力在宫廷以外，入贡的芽茶多成团成锭，不入贡的芽茶多为散芽，可以各随心意地制作茶饮，如小膳茶、晶茶等。散芽虽然文献里会被讲究华贵的、文人雅好的末茶所遮蔽而不彰显，但因"布衣天子"的圣旨而重新主导茶的江湖。复归的散茶，趋于清爽淡雅，内敛含香，更有韵味。

2. 片茶

片茶，《茶经》作"饼茶"，不知起于何时？陆羽误说三国时"荆巴间采叶作饼"，无论是不是三国，可以肯定"饼成以米膏出之"的饼茶晚于散茶。

陆羽《茶经》所说的片茶，已不是普通百姓的消费品了，因为制为茶饼的茶都是最嫩的笋与芽，量极少，仅能满足部分文人士大夫和喜好茶饮的官僚贵族。由于唐代饼茶不同于宋代蜡茶小饼，且不易保存，没有传世文物，只能纸上谈兵，从文献所述进行考察。《茶经·三之造》说，当时饼茶以表面"皱黄坳垤"者为上，"光黑平正"者为次。因为含膏者茶面皱，含膏可以有较好的、益人的沫饽。当天制成的饼茶新鲜，表面色黄，反之则光黑。

片茶最终是要碾为末茶才能作饮的，陆羽的末茶究竟是啥样的？其实一直都模糊不清的。陆羽说汤面有沫饽，都以为与宋代末茶是差不多的，但从《茶经》的描述看，唐代末茶与宋代末茶截然不同。《茶经》中饼茶需用碾子在碾槽中碾为末茶，并过罗筛一下。筛网是纱绢做的，非常细，那过筛以后，留在罗内的是细颗粒，筛下来的是细末。陆羽说："末之上者，其屑如细米；末之下者，其屑如菱角"。细米、菱角状的细颗粒末茶，即屑，才是陆羽所要的末茶，也就是碾过以后的笋芽之芯。在《六之饮》陆羽又强调说："碧粉缥尘非末也"。细末并不是陆羽所说的末茶。《茶经》说制茶"蒸罢热捣，叶烂而芽笋存焉"，叶烂成团，碾茶时会被碾成"碧粉缥尘"。综合陆羽的经文：留在罗内的细颗粒状的末茶，无论是如细米的上末，还是如菱角的下末，才是用来煎茶的末茶。在煎茶过程中，因没有"碧粉缥尘"的细末，茶汤不会浑浊，所以陆羽才能观察汤色为"红白之色"，并说出越窑青瓷盏最宜茶。小颗粒末茶是含膏的，在煎茶时受二沸热汤激发，释放茶膏形成沫饽。所以，陆羽的末茶并非是细末，而是细颗粒，自然含膏，无须调膏也能形成沫饽。

　　既然那些筛下来的"碧粉缥尘"不是陆羽所要的末茶，那问题来了，这些细末没用了吗？难道扔掉了？没扔掉又去哪里了？好歹也是芽叶末。陆羽没说，也成了一直困扰人们的问题。在读宋初的《清异录》时，其中"漏影春"条给人以启发，碧粉缥尘是不是宫廷和大户人家自己作"漏影春"类的茶了，或卖给民间的茶坊使用了。唐代的茶买卖是收税的，民间好茶交易是存在的。毛文锡《茶谱》说陆龟蒙"置小园于顾渚山下，岁人（或入）茶租，薄为瓯镣之费"。所以"碧粉缥尘"的末茶一定是用作它茶了。陶榖"漏影春"的制法是"糁茶而去纸"，糁茶应该是细茶粉，否则既难糁、也不好看。最后"沸汤点搅"，细颗粒煎饮是没问题的，点搅怕是不易化开，也不会出沫饽。但如果用"碧粉缥尘"的细末，那与荔肉、松实、鸭脚马上搅和在一起了。《清异录》成书于宋初，记录的是晚唐五代之事，漏影春类的茶疑是细末茶粉的去处。

　　宋代片茶的制法与唐代不同，要榨茶出膏，至少贡茶必须

杭州私人收藏的宋代铜质碾槽

如此制作。虽然茶清爽了，但不适合煎煮，单纯的末茶也不可直接点注，需要调膏，才能茶水交融，形成厚厚的浮沫。对于调膏，陆羽的细颗粒末茶显然是不行的，需要更细的末茶，故碾茶的器具改进势在必行。从南宋咸淳五年（1269年）审安老人的"茶具十二图赞"了解到，当时碾茶器具有"金法曹"和"石转运"，即碾槽碾子和石磨。碾槽碾子也是唐代碾茶的工具，但宋代工艺改进为"槽欲深而峻，轮欲锐而薄"（《大观茶论》），这样的槽和轮（如图）就可能将茶碾得非常细。最后罗茶，宋代是取用筛下来的细末的，与唐代正好相反。筛下来的细末如达不到要求，还要"惟再罗"，那真的是"碧粉缥尘"了。这样的末茶不适合煎茶，但极利于调膏点茶，符合宋人对点注后"粥面光凝，尽茶之色"的审美要求。调膏后的一盏茶，茶与水充分交融，口感甘腴滑爽，是真正的"吃茶"。所以，唐宋人对末茶的认识不同，在制茶成饼时的工艺就不同；对茶汤茶面的要求不同，对末茶的取舍也是有别的。

　　若要末茶更细，石磨显然更好，比之碾槽碾子更要"多快好省"，能适应宋代繁荣的市场需求。黄山谷有《茶磨铭》诗赞茶磨，曰："楚云散尽，燕山飞雪。江湖归梦，从此祛机。"由于对"飞雪"般末茶的追求，茶磨已成为宋代末茶的主要器具。宋代国土面积远不如唐代，茶饮普及、市场消费则远过于唐代。在文人的倡导下，商人的沟通下，举国之宫观寺庙、茶肆酒楼、街坊巷陌、城市乡野都以吃茶为赏心乐事。如此大的消费规模，无论是碾槽碾子还是小型石磨都不能满足社会需求了。于是，宋神宗元丰年间，官家在汴河堤岸创制大型水磨，加大产能产量来满足都市民众的生活需求。另一个情况是日益膨胀的城市消费，导致了"茶铺入米豆杂物糅和"的掺假行为层出不穷，为此，官家直接禁掉了私自磨茶。"凡在京茶户擅磨末茶者有禁，并许赴官请买。"（《宋史·食货志·茶下》）为了保护消费者权益，与酒一样，官家垄断了京师的末茶加工和买卖。《宋史·食货志》记载，至宋哲宗绍圣年间，大型水磨从京畿之地向外路发展"于京西郑、滑、颍昌府，河北澶州皆行之，又将即济州山口营置"；至宋徽宗崇宁四年"于长葛等处京、索、溵水河增修磨二百六十余所"。从大型水磨的数量可以想见北宋晚期末茶加工规模之大，市场占有率之高，民众消费之盛。末茶是北宋、特别是晚期京畿之地茶饮的主角。

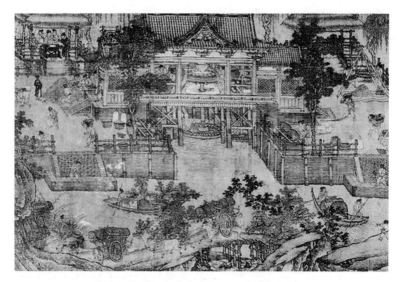

署名卫贤《闸口盘车图》，上海博物馆藏品

在一些传世绘画中，常有大型水磨坊出现（如图），一般被认为是磨粮食的。常言道：民以食为天。磨粮食一直是生民的生活常态，不会突然出现如此多的水磨坊作品的。即使官方开设大型水力磨坊，也一定会考虑经济因素，须知宋代是最会计算经营的朝代，只有磨制经济价值比较高的、官家专营的末茶，才会产生比较好的效益。大型水磨坊创始于宋神宗元丰年间，《宋史》中用了"创奏修置"语，故类似宋画创作年代都不会超过北宋元丰（1078–1085 年）。虽然上图有五代宋初画家"卫贤恭绘"的落款，但内容决定了此款恐有伪托之嫌。茶怕潮，易窜味，明代田艺蘅还批评说加工器具使茶"复加油垢"

味。大型水磨动力机械与工作面分离，能很好地保护末茶的洁净和品味而无"油垢"味，在保障供给的同时保证了末茶的质量，国家专营也杜绝掺和米豆杂卉粉的行为。

元祐初，由于官营水磨对下游农田灌溉造成了损害，苏辙等官员上书"乞废罢官磨"，遂罢。绍圣初，因经济原因又重开，至崇宁、大观年间达到高峰。由于官营水磨都在河南、河北之地，宋室南渡以后成了金朝的财产。金国统辖的地区基本不产茶，应是部分改作他用了，或许拿来磨面等粮食作物了。

有些茶书或文章将末茶写作从日文引进的"抹茶"，实是对字义的曲解。末茶的"末"是指碾茶成末，是形容词性的名词；汉字"抹"在日语里使用时，相当于中文的"磨"。日本茶祖荣西禅师的《吃茶养生记》原文："右五种（香料）各别抹，抹后调服。"明显的是与中文动词"磨"相对应，意为将五种香料分别磨成粉，磨好以后调服。由于"抹茶"是汉字，日文翻译过来时可以直接用，但不可以在中文书籍里替代"末茶"，甚至驳正"末茶"。况且唐代的末茶是细颗粒，与日本抹茶不是一回事。如果一定要将日文"抹茶"意译过来，写成"磨茶"更贴切。因为开始的末茶都是用碾子碾槽碾茶的，不适合用"抹"字。从文字可见日本引进的是用石磨磨出来的末茶，非常细，属"碧粉缥尘"样的末茶。

茶之为饼，实乃贮存之要。民间饼茶"以米膏出之"，与干粮无异。陆羽的茶饼经过"蒸之、捣之、焙之"之后，也是熟的且易于保存的干茶，干茶在作饮之前都要经过碾茶。由于唐宋的末茶取舍不同，不仅碾槽碾子要求不一，就连拂末也是不同的。陆羽《茶经·四之器》说："其拂末，以鸟羽制之。"鸟羽轻盈，可将颗粒状的茶末拂尽。宋代拂末之具没有记载，但有遗存实物。彩版二左上为杭州民间收藏的南宋绍兴五年茶刷子，漆木为柄，刷毛似为细棕丝。刷柄一面朱书铭文，中间顶头方框内书"茶刷子"，从右到左铭文为："绍兴五年临安检讨院左姚家巷/□□□八文童叟无欺/猫儿桥吴家铺子茶肆坊店卖"。猫儿桥在《咸淳临安志》的《京城图》中有标注，大约在今时杭州中河偏南的位置，是南宋坊肆聚集区。道不同器也相异，专用茶刷子实物，证明了宋代末茶与唐代末茶是不同的，细末需刷毛细密的刷子来将茶末拂尽。

蜡茶，是最精细的小饼茶，多作贡茶。现在一般写作蜡茶，文献上也有写作臘茶，或腊茶的，严格意义上后两者是不可以的。蜡、蠟、腊、臘在古代并不是繁体字与简化字的关系，《说文》中是四个意义不同的字，除蜡与臘在祭礼上有相通之处外，其他都是各言其事的。

《说文》释蜡曰："蝇胆也。周礼蜡氏掌除骴。从虫，昔声。"蜡氏在《周礼·秋官》中为"刑官"，除灭尸体、虫害都是蜡氏职责。骴（cī）是肉未烂尽的尸骨，蜡氏就是掌管掩埋无主的人、禽兽的腐尸枯骨的。因此，1915年编成的《辞源》蜡（音炸）字下是没有"蜡茶"条释文的。

蜡在古文中又同"禘"，年终祭名。《辞源》释曰"周曰蜡，秦曰臘。"《说文》释臘曰："冬至后三戌，臘祭百神。从肉，鼠声"。故十二月叫"臘月"。古文只有在祭祀上"臘"与"蜡"相通，一般写作"禘"。

腊（音同西，据《辞源》),《辞源》只有三个意思：干肉；干枯，晒干；极，很。没有"腊月"的意思。1980年再版的《辞源》才将"腊"作为"臘"的简体字，腊也就具有了"臘"的一切意思。

蠟字出现得较晚，后人往往将其作为"蜡"的古字，实际情况正好相反。蠟在古代使用时多指虫和植物分泌的汁液或凝结物，宋代以此保存小饼茶。

由于四个字在古文中的许多意思现在也没什么用，汉字简化时，蜡与蠟、腊与臘成了简体字与繁体字的关系，原字本义渐为人所淡忘。蠟与臘书写都比较繁复，在简化汉字的情势下，将古义已没有存在价值的"蜡"和"腊"作为蠟和臘的简体字也无不可，写作"蜡茶"不至于误解本义。古文古义的淡出，至于现代人写读不会受影响，但研究古代文化则会产生歧义，如写作"臘茶"或"腊茶"，会误以为腊月月尾之茶，相当于福建早春芽茶。

这种误会早在宋代已发生了，《辞源》引（宋）程大昌《演繁露》续集五"蠟茶"条说："建（州）茶名蠟茶，为其乳泛汤面，与镕蠟相似，故名蠟面茶也。杨文公《谈苑》曰'江左方有蠟面之号'是也。今人多书蠟为臘，云取先春为义，失其本矣。"文中对蠟茶的解释是"蠟面茶"的意思，是指点注成茶的茶面形式，程大昌认为茶面与镕蠟相似，故称蠟茶。今人（宋人）理解为早春茶，故写成"臘茶"。看看，文字用错了，宋人就开始犯错了，后人弄错也在所难免了。

蠟茶，《宣和北苑贡茶录》称贡茶有"臘面茶"，或简称"臘面"，虽然没有解释，但入贡的当然是成品小饼茶，非茶汤表面如镕蠟。蔡襄《茶录》"色"条下说："而饼茶多以珍膏油其面"，文中的"油"是动词，就是用珍膏油饰饼茶表面的意思。故后面"炙茶"条下说经年陈茶"以沸汤渍之，刮去膏油"的解释。蔡襄是福建路转运使，其职责之一就是负责建茶入贡的，故他的说法应该是正确的解释。程大昌虽然指出了别人的错误，但他自己对"蠟茶"的理解也是错的，并以错纠错。

对于蠟茶的制作，元王祯《农书》曰："臘茶最贵，而制作亦不凡。择上等嫩芽，细碾入罗，杂脑子诸香膏油，调齐如法，印作饼子，制样任巧。候干，仍以香膏油润饰之。其制有大小龙团，带銙之异。此品惟充贡献，民间罕见之。"王祯的说法与宋代茶书介绍的蠟茶制法有出入，然所说蠟茶"以香膏油润饰之"，与蔡襄的解释一样，是对"蠟面"的正确理解。

之所以对"蠟面"有两种解释，关键是对"茶"的理解，一释为茶汤的茶面；另一释为茶饼的茶面。貌似都各自成理，但以进贡实物论，当然释为成品蜡茶更有道理，也就是表面有珍膏或香膏油润饰的小饼茶。如果当初文人们没有误把茶茗当作一种植物，荈也没有被误解，茶归茶，荈归荈，蠟茶写作"蠟荈"，也就不会有这些误会了。

无论文字怎么变化，茶字怎么理解，对于茶文化中的蠟茶，还是书写为"蠟茶"比较准确。将"蜡"当作简化字，写成"蜡茶"应该是现代汉语的正确写法。

蜡茶及其精贵，多为贡茶，其始造年代在南唐。《宣和北苑贡茶录》记载："蠟面乃产于福，五代之季建属南唐南唐保大三年俘王延政而得其地，岁率诸县民采茶北苑，初造研膏，继造蠟面。"后面"的乳"下有注文："按马令《南唐书》嗣主李璟命建州茶制'的乳'茶，号曰京铤，蠟茶之贡自此始，罢贡阳羡茶。"《清异录》"玉茸金卤"条也记载："伪唐徐履掌建阳茶局……洁敞焙舍，命曰玉茸。"以上文献可见蜡茶始于五代之季的南唐，并有"建阳茶局"这样的机构管理，初名"的乳"，言其稚嫩，形如乳滴；又称"京铤"，因有宫廷茶模；后称为"蠟茶"，乃香膏油饰面之故。

蜡茶珍稀金贵，故常作为奖赏品赐予在朝官员。欧阳修《归田录》（成书于治平四年）记载："（小团）凡二十饼重一斤，其价值金二两。然金可有而茶不可得，每因南郊致斋，中书、枢密院各赐一饼，四人分之。"四位大官才分两饼，皇帝手头也不多，其珍稀而金贵由此可见一斑。蔡襄《茶录》作于治平元年（1064年），也就是四年后建安蜡茶仍是及金贵稀少的。

香膏油润饰茶面，最主要的功用恐怕是为了保鲜，是保存技术的进步。贡茶珍稀，往往珍藏，若不用香膏油密封，经年后茶饼便色败香陨，即使作茶也食之无味了。如果香膏油封存，可长年累月地存放。陈年蜡茶作茶，蔡襄《茶录》有记载："茶或经年，则香色味皆陈。于净器中以沸汤渍之，刮去膏油，一两重乃止，以钤箝之微火炙干，然后碎碾"。膏油经热水浸泡，软化易刮，解掉封闭物，微火炙干水分，茶饼色香依旧，便如新茶一般，仍能品尝到一盏好茶。饼茶上的油封保鲜工艺，现在还能在中药丸药保存上见到，蜡封的药丸经年不坏。

唐宋所谓的片茶，在元代已经式微了，但蒙元的文人御医们却做了另一种饼茶。元忽思慧的营养学专著《饮膳正要》有"香茶"条，其文曰："白茶（一袋）、龙脑成片者（三钱）、百药煎（半钱）、麝香（二钱），同研细，用香粳米熬成粥，和成剂，印作饼。"这茶饼加入了香粳米与陆羽说的荆巴人作的茶饼差不多，只是用料更高级。如除去百药煎和香粳米，则与小龙团相似。无论是煎饮还是点注，都是一碗营养不错的茗粥类茶。

　　由于片茶经过紧压，比散茶更易于保存。现在的普洱茶大多做成圆饼状或方砖状饼茶，只是饼比较大，大概仅是"茶叶"之故。

第二章　茶之饮

　　茶之为饮，初现于吴国宫廷的"茶荈以当酒"，以荈草煮成的茶饮替代酒饮，成了茶之为饮的第一桩茶事。将荈草作饮独立为文化之茶的是杜育的《荈赋》。《荈赋》通篇没有茶字，也没有茗字，而是当时流行的对自然植物的赞诵，赞美一种可作饮的、叫作"荈"的植物。荈饮既不"当酒"，也不佐餐，是益人的独立之饮，当时有些文人不知"荈"而称其为"真茶"。杜育是死于非命的，或许在他有生之年根本就没有听闻过民间的茶茗，但他见闻荈草煎煮出来的饮料，是前所未有的、可观可饮的益人饮料。

　　如果说陆玑告诉了我们什么是茶，杜育告诉了我们什么是荈饮，那么陆羽告诉我们的就是什么是茶树茶作饮；如果说杜育发现了生长环境、作饮用水、试饮之器，那么陆羽则揭示了一碗好茶的基本因素是笋芽，最好的时节是"上春"，作茶的水、火、具、器、煮、饮等都要宜茶，全面的茶饮讲究还当始自陆羽《茶经》。陆羽是"野人",其著作是面向"人间"的,具有普遍意义,推动了茶饮之道大行天下,并经历代发展演变,形成了现今我们能看到煎茶、点茶、瀹茶等多种茶饮之道。

一、煎茶

煎茶,陆羽自谓"煮茶",作《煮》一篇。煮是比较原始的加工食物的方法,《说文》已有其字,鬻字中的"米"换作"者",乃是煮字最初的写法,象谷物在鬲上烹煮,两边的"弓",篆文像热气上扬状。《说文》释煮曰:"烹也"。陆羽称其为"煮",与传统煮食植物为饮食的文化相一致,况且唐代尚有"用葱、姜、枣、橘皮、茱萸、薄荷之等"混合"煮之百沸"、味同"沟渠间弃水"的茶。至少到陆羽时代,这种加工方法仍称作"煮",乃是沿袭旧俗的称呼。

至晚唐,唐人的笔记小说都改称其为"煎茶"。最具代表性当属赵璘的《因话录》,其《卷三·商部下》曰:"(陆羽)性嗜茶,始创煎茶法,至今鬻茶之家,陶其为像,置于炀器之间,云宜茶足利。"

赵璘,唐文宗大和八年(834年)登进士第,德宗贞元时宰相赵宗儒的侄孙。所著《因话录》所记均为家族和亲故间的异闻轶事,以及他本人的亲历往事或见闻,本来就是唐人说唐，加之陆羽属于赵璘的"亲故"，所以，所记内容大多真实可信。诚如《四库全书总目》所谓，此书"实多可资考证者，在唐人说部之中尤为善本焉"。

煎，是一个很中国的加工食物的方法，中药汁都是煎出来的，许多高档流质补品也是煎出来的。《说文》释煎曰："熬也"。《说文注》曰"凡有汁而干谓之煎"。大约是让汤汁逐渐浓缩的意思。晚唐《独异志》记载："武宗朝，宰相李德裕奢侈极，每食一杯羹，费钱约三万，杂宝贝、珠玉、雄黄、朱砂煎汁为之。至三煎，即弃其滓于沟中。"李德裕三万钱一杯的营养品，是慢慢地煎熬成汁的，用煎是名副其实的。煎的目的主要是为了让所煎之物出质为汁，中药往往也是根据不同的药物来确定煎的时间的。李德裕的营养品难出汁，煎的时间就要长一些。文人士大夫名之曰"煎茶"，主要是指候汤，即从清泉水到"煎滚了茶"的时间比较长，到下茶入汤了，因茶是熟的，只能略微煎一下，其目的都是一样的，煎汁为饮。

煎茶，《因话录》记载的比陆羽简单扼要，其《卷二》曰："（李）约天性唯嗜茶，能自煎。谓人曰：'茶需缓火炙，活火煎。'活火谓炭火之焰者也。客至不限瓯数，竟日执持茶器不倦。"李约是兵部员外郎，从六品官员。其以茶待客比陆羽殷勤，没有只能喝几杯的限制；如果整天有客来访，他可以整天拿着茶器为客人煎茶。长期煎茶作饮，颇有心得，很概括地总结为

“缓火炙，活火煎”。

炙茶，是作茶的第一步，《茶经》之前没人说起过，可能之前没有纯茶饼，自陆羽开始有讲究了。《茶经》解释“炙茶”的过程甚为详尽，曰：“凡炙茶，慎勿于风烬间炙，熛焰如钻，使凉炎不均。持以逼火，屡其翻正，候炮出培塿，状虾蟆背，然后去火五寸。卷而舒，则本其始，又炙之。若火干者，以气熟止；日干者，以柔止。”茶饼因加工方法不同，贮存条件各异，所受潮湿之气不尽相同，都不利于碾茶，故要用火烤一下。熛焰，意为飞迸的火焰，与缓火相对。熛焰像锥钻一样，使得烤的一面过烫，整个茶饼冷热不均匀，故要在缓火上不停地翻动烤炙。炙茶先要“逼火”，就是距离火比较近，待烤炙茶面呈“培塿”、“虾蟆背”的样子，然后离火五寸远烤炙。茶是否烤炙完成，因其造茶成饼后是火煏法还是日晒法的不同而要求不一。结果要“则其节若倪倪如婴儿之臂耳。”即饼里的芯芽柔软得如婴儿的手臂一样，算炙茶完成。

活火，即炭火，好炭基本无烟，既不会熏扰煎茶人，更不会在煎茶过程中侵扰茶品。唐人对炭火是极讲究的，晚唐文人康骈《剧谈录·卷下》“洛中豪士”条说：“凡以炭炊馔，先烧令熟，谓之炼火，方可入爨，不然，犹有烟气。”当然，这是“洛中豪士”的讲究，即使用炭，也要先炼火去烟。陆羽要普及茶道，自要顾及钱少的文人，在把炭火放在首位的同时，又讲"次用劲薪。谓桑、槐、桐、枥之类"。劲薪就是火焰强劲的柴薪，火焰强了烟就少了。与之相反的膏木（柏、桂、桧等）因含油脂多，烟就大，不能用；废弃的腐朽木器也不能拿来当柴烧，有陈旧腐败气味，就是所谓"有劳薪之味"。李约是文人，更是有厚禄的官员，有本钱买好炭煎茶，即便要炼火，也犹有余裕的时间来讲究。李约直接说喝到一盏好茶之要点，陆羽则有求其次的方法，还有必须杜绝的行为。

水为饮的"五味之本"，自人类会酿酒就开始讲究了。作茶的讲究则始自西晋杜育，其《荈赋》曰："水则岷方之注，挹彼清流"。岷方之注就是山泉水，山泉"清"且"流"，即洁净之活水。陆羽将水区分为"山水上，江水中，井水下。"这不仅仅是要求水质"清流"，分上中下可能是对水味甘甜的分级。山泉之水为活水，又人迹罕至，不受人为污染，所含矿物质较多，自然洁净甘甜；江中水除偶有船行外也少人为污染，特别是江流中间之水。所谓"扬子江中水"是也。江中水的甘甜度可能略逊山泉水一筹；井水受周边环境影响，又天天被人使用，水质变坏的概率极高，故云。从此以后，每论茶，必说水，山泉水每每居为第一。因山泉水作茶为饮好喝，好茶用水宋代就开始进贡山泉水了。（宋）张邦基的《墨庄漫录》记载："无锡惠山泉水久留不败，政和甲午岁，赵霆始贡水于上方，月进百樽。"明确的记载"政和甲午（1114 年）""始贡"。贡水，皆为保证饮到一盏好茶之故。从《荈赋》到《茶经》《因话录》，文人们总结出要喝到一碗好茶的辅助要素是：活火煎活水。

从生水到熟水，下茶到茶成，其过程也颇有讲究。《茶经·五之煮》云："其沸，如鱼目，微有声，为一沸；缘边如涌泉连珠，为二沸；腾波鼓浪，为三沸；已上，水老，不可食也。"对于古人来说，老，即"生"走到了尽头，已死之水没有营养，五味不齐，故不能饮食。晚唐苏廙《仙芽传》进一步提出"汤者茶之司命"，一碗茶的好坏全在作汤。从作汤老嫩、注汤缓急、煮汤柴薪、盛汤器具四个方面将汤分为十六种，虽有言过其实之处，但对提升茶饮体验是极有裨益的。

陆羽的煎茶在第一沸时加盐，现代人殊为不解，但对于早期生民来说，茶汤不加盐也是难以接受的。盐为百味之首，初民在煮食食物时，首先认识的调味品就是盐，这似乎是哺乳动物的本能，食草动物会经常舔食泥石上的矿盐来补充身体所需盐分。早期菜羹一样的茶加盐也是必须的，对于中下档次的茶，盐还可以调和、改善口味。

鍑中水第二沸时下茶，此时是关键："第二沸，出水一瓢，以竹夹环激汤心，则量末当中心而下。有顷，势若奔涛溅沫，以所出水止之，而育其华也。"二沸时先取出一瓢汤备用。再以竹夹环激汤心，汤就会形成旋涡，以茶匙取适量的茶末放入茶釜，茶末就会随水聚中下沉，茶汤就会清爽一些。一会儿，汤再沸，汤面势如奔涛，泡沫飞溅。如果继续奔腾，那沫饽就没了，此时马上用备用的那瓢二沸汤遏制茶水奔腾，培育出好看的沫饽。如果是凉水，则前功尽弃。陆羽说："沫饽，汤之华也。华之薄者曰沫，厚者曰饽，轻细者曰花。"沫饽是茶的析出物，其实就是"畏流其膏"的膏，即芽茶中的蛋白质，经热汤的激发，形成大小不一、厚薄不均的沫饽。从杜育、陶弘景到陆羽，都认为这是茶的精华。所以"凡酌至诸碗，令沫饽均。"好东西要分享，要均匀酌之诸碗，茶客分享之。

二沸水是什么样的？陆羽说："缘边如涌泉连珠，为二沸"。此时的水温度很高，尚未"腾波鼓浪"而汽化，下茶最适宜，并要"出水一瓢"备以育华。此后，无论是点茶还是瀹茶，都以二沸水为标准，陆羽制定之圭臬也。

陆羽的茶色是指茶汤之色，非茶面之色。其茶汤是什么颜色？《茶经》说："茶作白红之色"。白红大约是淡红色，就如宋人说青白瓷，是白中带青色釉的瓷器。淡色的茶汤会受茶碗釉色的影响，所谓"茶色绿"、"茶色红"、"茶色紫"、"茶色黑"等都是釉色影响茶色的结果。现在用无色透明的玻璃杯盅，茶色基本是茶汤的本色。唐代琉璃盏有色且不完全透明，但也比瓷盏容易观察汤色，只有皇家才能拥有。

陆羽说茶的香味很美，味觉主要是甘苦二味。其对于茶味的解释有点令人费解，他说："其味甘，槚也；不甘而苦，荈也；啜苦咽甘，茶也。"《一之源》说檟、荈是茶的别名，这里似乎在说不同的茶，又像在说茶饮的不同阶段，抑或是在附会郭璞的解释。陆羽是读过《荈赋》的，这里说"荈"是"不甘而苦"，令人匪夷所思。

唐人是以鍑煎茶，用木勺分之诸碗。碗可能是那种玉璧底，或玉环底的斗笠式碗，所见的此类碗大小如一，有青瓷的，也有白瓷的，有些还配以瓷盏托，其容量也比较符合陆羽"受半升以下"和"凡煮水一升，酌分五碗"的要求。五碗是一鍑茶的极限，第四第五碗陆羽是不建议喝的，《茶经》说："诸第一与第二，第三碗次之，第四、第五碗外，非渴甚莫之饮。"因为一鍑茶"以重浊凝其下，精英浮其上"，精英就是沫饽类汤花，前三碗是"精英浮其上"的茶，第四第五碗已接近鍑底，分酌时不免有茶滓舀入碗内，是"重浊"之物，故"非渴甚莫之饮"。如此说来，唐代的一碗好茶，视觉上是：面上有白色沫饽的淡红色茶汤的茶，用"饮"很恰当。

六朝时期的茶茗，有热饮也有冷饮，得看具体是什么植物叶或饮用的场合而定。陆羽煎茶则需"乘热连饮之"。如果茶冷了，益人的沫饽就没了，喝了也白喝。《五之煮》说："如冷，则精英随气而竭，饮啜不消亦然矣"。如果客人多，喝的时间比较长，也要一边煎一边喝，乘热喝。如李约那样"竟日执持茶器不倦"。从此，喝热茶与饮温酒一样，成为人们普遍的认知。

陆羽《茶经》之所以在末茶上着墨较多，是因为末茶很复杂，也很讲究，知道的人并不是很多，故著书立说传诸他人。另一方面也反映了除末茶以外，还有其他茶饮方式存在，散芽煎饮应是其中之一。从释皎然和刘禹锡的诗文看，散芽煎饮是当时大部分山野中道释高士的茶饮之道。

释皎然安史之乱以后定居湖州，其《饮茶歌诮崔石使君》有"越人遗我剡溪茗，采得金牙爨金鼎"诗句，前句说越人馈赠剡溪"茗"，后句说"金牙"，分明就是散芽。爨（cuàn），本义是烧火做饭，这里当然是指烧火煎茶，烧的不一定是炭，劲薪的可能性大；煎的则是不同于陆羽末茶的散芽。皎然大陆羽 3 岁，早陆羽 5 年去世，与陆羽既是茶友，又同好佛道，于茶饮也一样颇有心得。从东晋贵族饮茗汁，到释皎然"采得金牙爨金鼎"，吴越之地很可能一直都是煎散芽为饮的。元代《农书》说"今南方多效此（散芽为饮）"，实则自古以来一直如此。

稍晚于陆羽的柳宗元有《巽上人以竹间自采茶见赠，酬之以诗》，也说："晨朝掇灵芽"，"呼儿爨金鼎"；长柳宗元一岁的刘禹锡有《西山兰若试茶歌》，也说了煎散芽，而非末茶。诗文从"摘鹰嘴"到"斯须炒"、"入鼎来"、"满碗花"，没有作饼、研磨的动作，与释皎然诗文的意境是一样的。山野之人，为了尝鲜，多不用复杂的饼茶，直接用散芽煎饮。

煎茶，可以是陆羽的煎末茶，也可以是释皎然的煎散芽，应是唐代以前作茶的主要方法。因煎末茶是新兴的作茶方法，且制作比较复杂，故陆羽叙述的较为详细，以至于人们读其书而忽视了另一种由来已久的作茶法——煎散芽。

二、沃茶、泼茶、瀹茶

沃茶、泼茶和瀹茶与煎茶就大异其趣了，一是直接煎煮；一是煎汤点注，因时代不同而用词不一。点注分末茶和散芽，这里说的点注对象是散茶，文人记述的当然都是散芽。点注散芽都是饮汁，并不是连叶吃下去的，故对原料的生熟不太讲究。茶饮用热汤点注，大约也始自《茶经》。

沃，浇灌也，是一个很唐代的字。（唐）无名氏《大唐传载》记载："陆鸿渐嗜茶，撰《茶经》三卷，行于代。常见鬻茶邸烧瓦瓷为其形貌，置于灶釜上左右为茶神，有交易则茶祭之，无则以釜汤沃之。"如果没生意，就用釜中热水浇陆羽瓷像。呵呵，做神也难哈！

《茶经·六之饮》曰："以汤沃焉，谓之痷茶。"即以热汤冲泡（浇）散茶，当时将这种形式的茶饮，称之为"痷（淹）茶"。唐代的冲泡茶，不可能用饼茶的，饼茶无法"沃"。

宋初《清异录》记载唐苏廙《十六汤》，其中"第十二法律汤"曰："凡木可以煮汤，不独炭也。惟沃茶之汤，非炭不可。"这里很明确地说"沃茶之汤",就是泡茶的热水,候汤需用茶瓶,若以木煮,则火太大,不好把控熟度。另外,用炭煮,无烟熏气扰汤。

五代毛文锡《茶谱》记载了当时有许多上好的散芽,这些散芽既可以如释皎然那样煎饮,应该也可以沃茶。古籍介绍的蒙顶黄芽,并没有说作饮以后的茶味。对于茶味,只有《膳夫经手录》说:"惟蜀茶南走百越,北临五湖,皆自固其芳香,滋味不变,由此尤可重之。"蜀茶易地而滋味不变是其他茶所不具备的优点。既然说到沃茶,有必要介绍一下蒙顶黄芽易地后沃茶的滋味。笔者以本地瓶装矿泉水煮至二沸,待水静止,冲泡蒙顶黄芽,如是轻轻地点注,只能见橙黄的茶汤;若以长水冲泡,茶面可见一层细白的沫饽(见彩版二右上)。沸水冲泡后可见,虽是四年陈芽,依旧焕然出嫩黄之色,与乳沫之白相映彰。此时,方能理解杜育《荈赋》的"沫沉华浮,焕如积雪"的赞誉。因为不是煎煮,没有"沫沉",嫩嫩的黄芽与雪白的华浮交相辉映,则是更好看了。茶汤入口,干芽内敛的栀子花香变得浓郁起来,并布满口鼻。品其味便知绝对不是窨制的花香,而是茶树周围野生的花香被高山云雾融入茶芽中的,其过程是长年累月的,并不是培植三年的园茶能蕴含的。故冲泡后香味清雅、持久。此类自带天然花香的茶,可能就是朱权所说的"天香茶"。花香的尾端是茶香,无须回味,入口即滋味甘醇。滑入腹中，顿觉神清气爽，真是"上品之上"的好茶，大有"天下无茶"之叹！

以上仅仅是个人感受，不具有普遍意义。恰逢春节，亲朋好友聚会较多，无论是喝过我国各地好茶的高手，还是茶饮素人，在笔者没有介绍的情况下，无不惊叹于蒙顶黄芽清爽的栀子花香和入口即来甘甜。特别是酒后饮用，去腻解酲，令人神朗气清。看来真正的好茶是不需要过多的解释的，只要"吃茶去"就可以知道了。

北宋对于冲泡茶改称"泼茶"了，但以"泼"称冲泡散茶仍起于晚唐。张又新《煎茶水记》有"用陈黑坏茶泼之"之语，与后文"又以煎佳茶，不可名其鲜馥也"相对应，应该就是泡茶。《南部新书》记载杜悰平生不称意三件事，其三就是乘船为"骇浪所惊，左右呼唤不至，渴甚，自泼汤茶吃也。"这里的"泼汤茶"似有二种意思：一是以热汤泡茶至此已温凉了，拿来就吃了；另一是指熟水，即凉白开。因为杜悰已经"渴甚"了，热茶、热水都是无法入口的，只能用泼茶用的、已经不烫的熟水解渴。

苏轼的《东坡志林》则明白无误地说"泼茶"了。其中《论雨井水》曰："时雨降，多置器广庭中，所得甘滑不可名，以泼茶煮药，皆美而有益，正尔食之不辍，可以长生。"雨水是天水，无人为的泥土秽物污染，取其洁净也，且雨水有说不出的"甘滑",自然可以增加茶汤的甘滑之味。集雨水泼茶是苏轼独具的视角,之前尚无人提及雨水。苏轼不是不懂煎茶的,所云"泼茶"当指"泡茶"。泼茶与煮药相提并论,用一种水,做两样事,达同一目的——养生。

泡茶至南宋始称"瀹茗",或"瀹茶"。瀹茗一词,亦唐代已有之,段成式的《酉阳杂俎·前集卷七》有"可以瀹茗"之语。南宋绍兴年间王明清的《投辖录》中《贾生》篇记载寺庙纳凉时"瀹茗剖瓜"。夏天在宽广的寺庙一边纳凉一边泡芽茶吃西瓜,也是人间燕闲雅事了。瀹,《说文》释曰"渍也"。渍释为"沤也",浸泡的意思。瀹茗就是冲泡芽茶的意思。

南宋罗大经《鹤林玉露》对"瀹茶"论述得最为详尽,与同年好友李南金以酬唱的形式记载瀹茶之法:

> 余同年李南金云:"茶经以鱼目涌泉连珠为煮水之节。然近世瀹茶,鲜以鼎镬,用瓶煮水,难以候视,则当以声辨一沸二沸三沸之节。又陆氏之法,以末就茶镬,故以第二沸为合量而下,未若以今汤就茶瓯瀹之,则当用背二涉三之际为合量。乃为声辨之诗云:'砌虫唧唧万蝉催,忽有千车捆载来。听得松风并涧水,急呼缥色绿瓷杯。'"其论固已精矣。然瀹茶之法,汤欲嫩而不欲老,盖汤嫩则茶味甘,老

则过苦矣。若声如松风涧水而遽瀹之，岂不过于老
而苦哉！惟移瓶去火，少待其沸止而瀹之，然后汤
适中而茶味甘。此南金之所未讲者也。因补以一诗云：
"松风桧雨到来初，急引铜瓶离竹炉。待得声闻俱寂
后，一瓯春雪胜醍醐"。

李南金将瀹茶与陆羽的煎茶作比，陆氏是看釜中水二沸下
末茶煎煮，李氏认为不如南宋用瓷瓶候汤，在瓷碗中泡茶。因
用瓶煮水候汤难，故作"声辨之诗"。而罗大经则认为"背二
涉三之际"已过老，瀹茶汤要嫩，与李氏"急呼缥色绿瓷杯"
不同的是罗氏要"少待其沸止而瀹之"，也就是他补诗所说的
"待得声闻俱寂后"，就是水静下来，才拿来泡茶。这样就"汤
适中而茶味甘"，最后泡出"一瓯春雪"。其"一瓯春雪"的结
果可能令人怀疑是不是末茶。为了验证瀹茶后的"一瓯春雪"，
笔者以浙江桐庐所产"雪水云绿"当年新芽冲泡实验。桐庐茶
在《茶经》中已有记载："睦州生桐庐县山谷"，浙西睦州茶产
自桐庐。这新茶以二沸静水冲泡，虽不如"一瓯春雪"丰满，
也有厚薄疏密的沫饽与嫩绿的芽茶相映成趣（见彩版二右下），
罗大经所言不虚。

瀹茶在宋代民间已俗称"泡茶"。宋元小说《快嘴李翠莲记》
有"泡了一盘茶，托至堂前"的情景，说明"泡茶"一词在宋

元民间已很流行。古代文人们说话作文讲究言辞雅正，文绉绉地称"瀹茶"；民间则以通俗易说为要，称"泡茶"。

由于明代开国皇帝朱元璋废止了蜡茶，瀹茶、即泡茶这种茶饮方式遂大行天下，茶饮方式朝野相似。明嘉靖田艺蘅《煮泉小品》曰："生晒茶，瀹之瓯中，则旗枪舒畅，清翠鲜明，尤为可爱。"文中描写情状与现在泡一杯龙井茶、碧螺春几无区别。瀹茶，从南宋到现代，虽然因茶叶级品不同，点注之法略有小异，一直是茶饮最主要的作茶之法。

瀹茶，早在荣西禅师时就传入日本，大概受苏辙的"相传煎茶只煎水，茶性仍存偏有味"的影响，被称作"煎茶道"。与中国一样，由于政府支持千利休以末茶创立的茶道，煎茶道并不彰显，只在民间流传。江户时期，日本黄檗宗万福寺禅师月海，又号高游外，俗名柴山元昭（1675–1763年），在将近耳顺之年，辞别"寺院"，挑担卖茶去了，被民间戏称为"卖茶翁"。卖茶翁貌似卖茶，实则在推广煎茶道，被日本人奉为"煎茶道"的祖师爷，煎茶道由此中兴起来。后来，木村孔阳根据卖茶翁使用的器具，绘制了《卖茶翁茶器图》，共绘制茶器三十三件，成为煎茶道茶器规制。据施袁喜译注的《吃茶记》注文说，煎茶道在日本又被称为"文人茶"，大概是受中国"文人画"称呼的影响而名之的吧。与笔者所要论述的"文人茶"有天壤之别。

2021年10月，在上海虹桥古玩城偶遇从小生长在日本的台湾小妹桑妮，她在那里经营日本茶器，摆放在外的和收拾在柜内的竟然全是日本煎茶道之茶器，器物形制多来自《卖茶翁茶器图》，与本地人经营的店铺迥然不同，招待我们的自然也是煎茶道。当下，大家都在津津乐道日本抹茶时，竟然还有人在传承、坚守着纯正的煎茶道，也是"天之未丧斯文也"！

需要注意的是：此"煎茶"非陆羽之"煎茶"，与瀹茶也有时空的差异，应该传承的是中国晚明开始流行的茶壶泡茶，饮则用茶盅。

沃茶、泼茶和瀹茶虽然说的都是现今所说的泡茶，但称名具有时代标识，大约晚唐五代称沃茶，北宋多称泼茶，南宋则称瀹茶。宋代民间呼之曰泡茶，一直至今。

三、点茶与斗茶

点茶与斗茶，都是末茶作饮，但指称的意义略有区别。宋末茶非唐末茶，是以极细的茶末用热汤点注而成的，是宋代最火的茶饮方式，在蔡襄的《茶录》里又叫烹点、试茶、烹试等；《大观茶论》一言以蔽之，称"点"。宋代称点茶，主要是为了区别于以往的"煮"或"煎"茶的。

点茶风行北宋，起始应在晚唐。张又新的《煎茶水记》、苏廙的《十六汤》都是讲如何煎一壶好茶汤的。晚唐长沙窑文物"镇国茶瓶"也是煎茶汤用的。煎汤的目的无非是为了点茶或沃茶，《十六汤》开篇曰："若名茶而滥汤，则与凡末同调矣。"这里的"末"是筛罗上面的还是下面的呢？其"第五断脉汤"说："茶已就膏，宜以造化成其形"。"就膏"即是调膏已就，点汤"以造化其形"，那就是宋代流行的末茶。因此，《十六汤》是讲候汤的，汤既可以沃茶，也可以点茶。因为是点注末茶，所以苏廙说"手颤臂亸（duo）"就"汤不顺通"，形成"茶不匀粹"，"犹人之百脉气血断续"。接下去就有点夸张了，说饮了这样的茶会"欲寿奚苟，恶毙宜逃。"呵呵，煎水竟然跟寿命和生死扯上关系了！于此可见，"就膏点茶"晚唐已经出现了。点，具有革命性意义，作茶和煎汤分开进行，茶与汤在盏内融合，一饮而尽，无所浪费。点茶的末茶制作比较麻烦，但一般的末茶制作的麻烦都由专人代劳了（官家水磨坊），故点茶方便易行，更宜于茶饮的普及和生活化。《梦粱录》记载宋代民间谚语："烧香点茶，挂画插花，四般闲事，不宜累家。"只有煎水点茶的方便，无须他人帮忙，也没有许多烦琐的讲究，更不需要"竟日持茶器不倦"。本来就是自得其乐的闲适之事，怎能"累家"呢？

宋代点茶，叙之详尽莫过蔡襄《茶录》和宋徽宗《大观茶论》，诚如蔡襄在序言中所说的："昔陆羽茶经不第建安之品，丁谓茶图独论采造之本，至于烹试，曾未有闻。"也就是说《茶录》之前，宋式末茶烹试之道从来没有人说起过，也许是蔡襄著《茶录》之前尚未读到过苏廙的《仙芽传》；另一个是民间点茶哪有宫廷的讲究，"曾未有闻"也是不虚的。以"茶经"的叙事方式，全方位地论述点茶的烹试之道，的确始于蔡襄《茶录》，并将点茶、用茶诸方面的要求和细节，以"建安开试"的斗茶形式呈现了出来。

两书对于"茶之司命"的水着墨较少，徽宗只说水要"清轻甘洁"，山泉为上，不排斥井水，反倒鄙弃江河之水。这种与唐代和明、清在水认识上的差异，缘于宫廷的井水比较甘洁之故，而《清明上河图》中繁忙的船运使得周边的江河之水洁净不起来。另外，汴京四周并无山泉之水，认识不到山泉之好。候汤难是两人的共识，徽宗认为："汤以鱼目、蟹眼连绎迸跃为度"，差不多就是陆羽说的二沸。由于是茶瓶候汤，这种认识要由视觉转换为听觉，唐人刘禹锡以"骤雨松声"来形容；宋人苏轼用"松风忽作泻时雨"、罗大经以"松风桧雨"来表述，都是以天籁之声来闻声辨汤的。二沸水由于水面没有奔腾，热量饱含在水中，即使茶瓶离开炭火一会儿让水静下来（此时可以调膏），也不会影响水温。

笔者儿提时代多以铝壶烧水，大人忙的时候常令小孩："听牢，水响了叫一声（大人来冲水）。"所以，听声辨水沸一直传承至二十世纪，直到烧水的自鸣壶和自动断电水壶问世。但自动壶煮水，要三沸以上才会自动停止，故要泡一流的茶还是差了一点。玻璃壶加电炉煎水，或可克服这方面的缺点。

蔡襄《茶录》作于治平元年（1065 年），42 年以后才是大观元年，在此期间，点茶用具最大的变化是击拂的工具，由茶匙变成茶筅。无论是苏廙的《十六汤》，还是陶穀《清异录》的"茶戏"，直到《茶录》，点茶都是"运匕"调膏击拂的。蔡襄说茶匙（即匕）宫廷以金为之，民间以银、铁为之，因为金属匕比较重，有利于击拂，即"茶匙要重，击拂有力"。茶筅恰恰相反，以竹为之的器具很轻，却很称手。由于筅的击拂面广，以手的暗劲击拂，更利于击拂调膏。所谓"击拂虽过而浮沫不生"。徽宗点茶不是一次完成的，是边点注边击拂，共七次 / 组，每一次的击拂和点注方式都不一样，最后盏内茶面"稀稠得中"、"乳雾汹涌"。可谓致也！极也！这文人班头、艺术天子，四般闲事的一盏茶竟做得如此尽善尽美，哪还有时间和心思治国理政？不丢个半壁江山也是没天理了！

茶色，宋式末茶不同于唐代末茶，陆羽主要是说茶汤之色，宋徽宗和蔡襄专章说"色"，主要是指茶面之色。宋式末茶的茶是压榨去膏的，又注汤调膏，茶交融于汤，乳雾汹涌，呈失透状，想说汤色也无法观察，所说的"色"自然指茶面之色，故蔡襄说"茶色贵白"，徽宗也说"以纯白为上真"。由此可知，宋代"上真"好茶，茶面既不是"鹅儿黄"，也非"自宜带绿"，而是"鲜白"色。《大观茶论》论"色"分为四级："点茶之色，以纯白为上真，青白为次，灰白次之，黄白又次之。"
宋代点茶"贵白"说得明明白白，却引发许多误解，同朝代的
程大昌误以为茶面如镕蜡是指蜡茶；后时代的明人谢肇淛不明
就里地批评说茶色"岂有纯白者"；现代末茶制作不讲究粗细，
也无榨茶去膏，点出的茶面或青白之色，或为最次等的黄白
色，然而有表演者自诩为"鹅儿黄"，则令人哂笑。

斗茶，顾名思义是比试茶的好坏，在宋代具有特殊的意
义，也是一个极易被泛化的茶事。首先宫廷的贡茶都是斗茶分
出纲色的，无需再斗茶。徽宗好茶，点茶著书也未言斗试，皇
帝的茶还需要斗试吗？谁又敢与皇帝斗茶？北宋之前也有"斗
茶"之说，但目的主要是比试茶汤口味的好坏，《清异录》"汤
社"条记载；"和凝在朝率同列递日以茶相饮，味劣者有罚，
号为汤社。"汤社类似于品茶沙龙，以茶汤入口"味"的好坏
来评判茶，不涉及茶面优劣的比斗，且是文人间的雅事，只有
罚没有奖，大概奖罚都是吟诗一首吧。（宋）唐庚曾作《斗茶
记》一文，记述了他在政和二年，与二三君子相"斗茶于寄傲
斋"，文中涉及的斗茶内容仅"汲泉"数十步远之活水，所煮
之茗是"不数日可至"的建安新茗，即汲活水煮新茗。虽然文
名"斗茶"，既不点茶，也不验水痕，"汤社"尚有"味劣者有
罚"，唐庚及诸君不言奖罚，而是将其"汲泉煮茗取一时之适"
的言行，与前辈文人"烹数千里之泉、浇七年之赐茗"作茶之

法进行比斗，有点关公战秦琼的味道。其目的是以品新茗之举，行茶饮批评之实，揭示了什么是一盏文人眼中的好茶。《斗茶记》所记的实非宋代茶书和今人印象中的斗茶，乃是宋代朝野均好之的"试新"。

官方的斗茶见之于蔡襄的《茶录》和范仲淹的《和章岷从事斗茶歌》(简称《斗茶歌》)。《茶录》称斗茶为"开试"、"斗试"。《说文》释试曰："用也"。《广雅》释试曰："尝也"。开试，即开始尝新之意。斗试，就是新茶甫成、比斗尝新之意。《武林旧事》记载南宋皇室春天尝新的节目之一有"进茶"，其中"北苑试新"就是品尝贡茶院斗试出来的头纲新茶。

从《斗茶歌》和《茶录》看，斗茶不是发生在文人间的雅事，也不是提瓶卖茶的市井俗事，而是建安"斗试家（茶民）"为了贡茶分级，茶民之间互相比斗的茶事。比斗的目的是测试哪家的新茶最好，发生地也局限在贡茶产地建安，范仲淹所谓"北苑将期献天子，林下雄豪先斗美"。"先斗美"排出细色头纲和纲数，以及"输同降将无穷耻"的粗色茶，然后造单进贡朝廷"献天子"。贡茶是龙团凤铸，作茶方式当然是点茶。蔡襄在《点茶》一节说"建安开试以水痕先者为负"中的"开试"，就是以点茶的形式进行斗试新茶。大约茶色"鲜白"是入围条件，水痕耐久不出为胜，以水痕"相去一水两水"来排名次。精绝的茶，黄儒的《品茶要录》称为斗品，其次称亚斗，再次称拣芽。宋人黄儒对贡茶的分级定名，也可以看出斗茶的意义。

建安斗茶是在官方的监督下、茶民之间发生的茶事，宋代茶书大书特书的建安蜡茶，其消费群体是最小的，主要是皇亲国戚，还有些高官文人，故其茶事也最不为外人所知。蔡襄在《茶录》中说："论茶虽禁中语"，"禁中语"是宫闱秘事，只有亲历的高官文人才知晓，也只有修文偃武的宋代，才可能有如此众多的文人、如此详细地论说贡茶秘事，保留了中国制茶、

饮茶史上的最复杂、最隐秘的茶事。

传世的宋画中也有市井乡野的"斗茶"情景，就其画作名称看，颇为混乱。当然，这里有题名是不是宋人原题的问题。即便是原题，画面情景也有颇多商榷之处。如传为刘松年的《斗茶图》，画面四个人物有三个已茶杯在手，并没有比斗茶色，验水

（传）刘松年《斗茶图》

痕的动作，好似都在品尝左边茶担提供的茶，那就不是比斗了，看着像同道中人相互请茶的感觉，如同《清异录》中的"汤社"。左边那人手指茶盏，好像在说：这是刚买的茶，有某某特点，你们尝尝。他们都是做小买卖的（身后都有茶担），有什么好比斗的，斗赢了又怎么样呢？交流一下"茶道"倒是可能的。在赵孟頫临摹的《斗茶图》中，画面中有许多保暖的大执壶，想必都是《梦粱录》中的"提瓶卖茶"者，这些人"冬间（三更后），担架子卖茶，馓子慈茶始过。盖都人公私营干，深夜方归故也。"这些深夜走街串巷的小买卖人，茶也极普通，斗哪门子茶啊？

南宋佚名的《斗浆图》，名称就告诉人们不是斗茶，不知为什么老是出现在讲述茶文化的作品中？浆，是一种非常古老的饮料，据徐正英等注《周礼》释浆曰："用酒糟酿造的略酸的饮品"。浆的原始材料是谷物，由"酒正"在作浆时辨其味道厚薄，并检验其是否达到规定的要求。"浆人"管理浆的供给。北魏《洛阳伽蓝记》记载北方贵族进餐时普遍饮用"酪浆"（原料不同）；宋代《武林旧事》记载有暑天饮料"蔗浆"。浆是除酒饮以外、古代最普遍的饮品，现在作为饮品的"浆"，恐怕只有豆浆了。浆与茶都属饮文化，大约宋代茶饮内容丰富起来了，替代了浆的地位。特别是北方，元代以后不闻酪浆，但见酥油奶茶。浆与茶作为饮品，有各自的发展道路，不能混为一谈。

另一幅《茗园赌市图》虽然发生地是"茗园"，与茶有关，但更重要的意义是反映宋代一种特别的商业模式——关扑，与斗茶没什么关系，与茶有关系的话，就是有可能赌茶了。赌，复言之即赌博。博，由古代有输赢的博戏而来，博与扑相通；市，即买卖。赌市，就是以赌博的方式做买卖。比如：地上摆放着价值都在五文钱以上的货物、玩好若干，化五文钱买五个圈，套着哪个货物，哪个货物就归买圈者。现代人很熟悉吧！再如，一件价值五文钱的商品在卖，买卖双方约定扔骰子关扑，买者赢，直接拿走商品；卖者赢，买者白给卖者五文钱，或按约定的钱数给付。宋代非常流行关扑买卖，节日尤甚。但在茗园如何关扑，大约是赌茶或茶饮的买卖吧。

斗茶，在宋代有朝野之分，官方主要在贡茶的建安北苑。民间虽曰"斗茶"，意义不尽相同，没有现代人想象的那样，广泛到整个社会玩斗茶游戏。宋代"社会"文化很发达，一般社集之地往往"仕宦者为之"，比较高档。于茶而言，最多尝新吟诗。虽然描写斗茶的都是文人，但均不屑于躬身亲为的。会，则比较大众化，三教九流均可设会。如普度会、涅槃会、大斋会，"城东城北善友道者，建茶汤会"（《梦粱录》），斗宝会、穷富赌钱社等。集会一般需要娱乐性较强的活动，便于招呼大众参与，如关扑、茶百戏表演等来吸引大众。所以，宋代平民地位之高，世俗文化之繁荣，在古代是空前绝后的。《武林旧事》记载宋高宗常命内官去街坊买饮食给他吃，民间的百戏伎艺也常被召入宫内表演。如此的宋代，其绘画场景不可以隋唐或元明清的社会状况来推测和释读。

其实末茶点茶主要流行在北方。元代王桢《农书》说："南方虽产茶，而识此法（点茶）者甚少"。的确如此，北方比较喜好口感丰富的末茶，后来元代的蒙元贵族也青睐末茶，并与酥油结了缘，形成了独特的蒙式点茶。如"酥签"茶制法："金字末茶两匙头，入酥油同搅，沸汤点服。"金字茶是"系江南湖州造进末茶。"江南的末茶被改造成了蒙式酥签点茶，"点服"此茶大约是用来养生的。

点茶，明代能继余续的要数宁王朱权了。朱元璋废掉了龙团凤铸的蜡茶，没想到他儿子为了韬光养晦，却重新玩了一把点茶。朱权在《茶谱》中说，他的茶是"崇新改易，自成一家"的。朱权点茶新在哪里、易在何处呢？首先，朱权要求"于谷雨前，采一枪一旗者制之为末"的，只求在最晚的时节前采摘，且是中等的一枪一旗茶，要求不高；其次，强调"无得膏为饼"，那与唐宋末茶均不相同，制茶也无需榨茶和研茶了，不会因暴殄天物而违背（朱元璋的）"祖训"了。再者，因为制作末茶前不是饼茶，那磨茶之前的散茶是"自成"哪样的？按元代王桢《农书》所说是蒸为熟茶的；按明代中期田艺蘅《煮泉小品》说芽茶生晒比较好。不知道朱权选择了传承元代，还是选择生晒茶作末茶？若是后者，那是又一项崇新改易。由此可见，朱权"崇新改易"的末茶不是饼茶，故作茶时无需炙茶，所用末茶既不同于唐代细屑，也不同于宋代榨茶去膏的末茶，那结果肯定是不一样的，尽管点茶的步骤非常相似。

朱权《茶谱》有专门一章讲"点茶"的，文曰：

> 凡欲点茶，先须熁盏。盏冷则茶沉，茶少则云脚散，汤多则粥面聚。以一匕投盏内，先注汤少许调匀，旋添入，环回击拂，汤上盏可七分则止，着盏无水痕为妙。

朱权"点茶"条内容与蔡襄《茶录》"熁盏"和"点茶"两条内容合在一起的叙事语言非常相似，好似在《茶录》的基础上"崇新改易"的。为方便对比叙述，将《茶录》原文辑录如下：

> 熁盏：凡欲黚茶，先须熁盏令热，冷则茶不浮。
>
> 黚茶：茶少汤多则云脚散，汤少茶多则粥面聚。建人谓之云脚粥面 钞茶一钱匕，先注汤调令极匀，又添注入，环回击拂，汤上盏可四分则止，眂其面色鲜白，着盏无水痕为绝佳。建安开试以水痕先者为负，耐久者为胜，故较胜负之说。

两者的步骤大致相同，先"熁盏"，后注汤少许"调匀"，再添注，"环回击拂"。点注而成的茶，有两点不同：一、朱权是上盏"七分"，蔡襄是"四分"。可能蔡襄的茶榨茶去膏，口感清爽，上盏仅四分才能保证茶味甘腴浓厚；朱权的茶只要一枪一旗即可满足做末茶的要求，既无捣茶和榨茶去膏，也无炙茶的讲究，那么茶的口味就会微有苦涩，上盏七分可进一步淡化。另一个可能是宋式末茶乳沫多，上盏四分就有七分的效果，四分应是指"汤"的量。二、由于末茶加工不同，朱权似乎不在意乳沫，也没有茶面茶色的描述。如要描述，可能是淡绿色的，也就是《大观茶论》二等的青白之色；而蔡襄的茶面则讲究"色鲜白"，鲜白的茶面在贡茶之前就已经斗试完成了，宫里的茶肯定是"色鲜白"为主的。如果细茶点试以后茶色不鲜白，那就可能有掺假行为，属欺君之罪。就茶面之色而论，宋明上品点茶之别一目了然。

另外，由于采造的不同，宋式末茶与明代末茶在口味上的差别一定是很大的。《大观茶论》与《茶录》都有茶"味"一节，前者说："夫茶以味为上，香、甘、重、滑，为味之全，惟北苑壑源之品兼之。"后者论味以"甘滑"为重。徽宗的要求涵盖了蔡襄的评价，当然能保证四种全味的只有壑源之品。宋代有榨茶出膏，口味可能比较重滑甘腴一些。朱权《茶谱·品茶》说："大抵味清甘而香，久而回味，能爽神者为上。"甘香是宋式末茶与明代末茶的共同特点，重滑甘腴则是宋式末茶的特有口感。朱权的末茶没有榨茶去膏，自然比宋茶"爽神"。

无论有没有客人，宋代点茶大多是一人点一盏的，特别是宫廷和文人士大夫。明代王爷朱权点茶，有宾客来时，则"量客众寡"，"投数匕于巨瓯"点茶，然后由茶童"分之啜瓯"奉献于宾客面前。也就以特别大的茶瓯将末茶点好，用适合一人饮用的小瓯啜茶，点茶和饮茶的器具是分开的，与陆羽的饮茶之礼相似。朱权点茶不讲究汤色，也不讲究茶面之色，一人完成所有宾客的茶饮，省却了许多烦劳，也是其"崇新改易，自成一家"的茶道内容之一吧。

由于宋代的末茶完全融入汤中，故唐代的"茶之饮"变成了啜茶，偶尔也说"吃"茶。啜，《说文》释曰："尝也。"古代一般浓稠的饮食用"啜"，如啜羹、啜菽饮水等。吃，本与饮食无关，《说文》释曰："言謇难也，从口气声（篆文右边是一个气字）。"主要是形容"口吃"的。吃东西往往名词作动词用，如《晏子春秋》说晏子"食脱粟之食"，故用"吃"来说茶饮的极少。由于宋代平民地位的上升，民间口语也进入了朝堂，因之而引出了宋代朝堂一则谐谑故事，吃与啜同框出现在宋代文献中。（宋）王得臣《麈史·卷下》"谐谑"条记载：

　　百官赴政事堂议事，谓之"巡白"。侍从即堂吏至客次请某官，既相见，赞曰："聚厅请不拜就座。"

则揖座，又揖免笏，茶汤乃退。余官则堂上引声曰"屈"，一啜汤耳。若同从官则侍汤。京官自下声喏而升，立白事迄退，或有久次无差遣者，闻堂吏声"屈"，乃曰："不于此叫屈，更俟何所邪？"

吃，吴语读若"屈"，入声。宋代南方文人士大夫在朝为官剧增，以至于吴语的"屈"也在朝堂出现了。可能堂吏是吴地人，到让百官可以吃茶啜汤了，发号施令时口出吴语"屈"。吴语"吃"的发音与"委屈"的"屈"同音，故引得无差遣的人（估计应是北人）谐谑地说："不于此叫屈，更俟何时邪？"

由于明初废除了大小龙团，朱权以芽茶直接碾成末，虽未明言茶色，当是青白色的末茶，其点茶的汤面颜色，可以想见也是青白色的。现代点茶表演，无论有没有冠以"宋式"或日本"茶道"，都与朱权"崇新改易"后的点茶相似，可能末茶的品级还没有朱权的好，自然茶色偏青偏黄一些，味道也略逊一筹。日本茶道之茶，与宋代点茶的差异较多，与朱权点茶的相似度高一些。

四、茶饮之分茶

这里所说的"分茶"，才是茶饮的分茶。以文献论，应该是南宋早期文人对点注芽茶作茶的纯茶饮的特别称呼。分茶，

"分"是关键字，殷商甲骨文已有"分"字，《说文》释分曰："别也。从八刀，刀以分别物也。"把物分别开来称作"分"。

《辞源》"分"字下释"分茶"曰："宋人沿用唐人旧习，煎茶用姜盐，分茶则不用姜盐。"分茶是为了区分以往加姜盐的茶的。难怪苏轼的茶诗中还常有姜盐出现，如"老妻稚子不知爱，一半已入姜盐煎"；"姜盐拌白土，稍稍从吾蜀"等，而"分茶"却不见于苏轼的茶诗中。从前句看，茶中不加姜盐已很普遍，估计主要是芽茶。结合后句的意思，"吾蜀"民间还是多加姜盐的。另外，苏轼前一句诗暗示北宋已经有不加姜盐的作茶之法了，只是文人们尚未将这种茶饮总结为"分茶"一词。

最初的茶就是一碗菜汤，本来就是要加盐的，况且不一定是茶叶，木叶煮食都谓之"茶"，就无所谓"分"茶了。当陆羽将茶的形式与内容统一以后，于茶而言，姜盐等添加物不是茶的本分，故也不是分茶。陆羽分别了姜，仍有盐。宋蔡襄《茶录》中已不提姜盐了，但可能有诸香，况且民间茶饮尚有加姜盐的情况存在。成书于徽宗宣和五年阮阅的《诗话总龟·第十八卷·纪实中》记载了关于宋人对唐人煎茶用姜盐的看法：

　　唐人煎茶用姜，故薛能诗云："盐损添常戒，姜宜

着更夸。"据此，则又有用盐者矣。近世有用此二物者
辄大笑之。然茶之中等者，用姜煎信佳，盐则不可。

宣和五年距宋室南渡还剩四年，虽然已开始嘲笑茶中用
姜盐，但还是说中等茶用姜煎比较好，那也不是分茶了。从
此揭文献和苏轼的诗文看，茶中不用姜盐在北宋文人士大夫
和平民百姓中都已被普遍认识，但尚未命名。南宋偏安江南，
受江浙煎、瀹散芽作茶影响，认为盐姜于茶都损汤味，要品
茶之真味，需将茶以外的它物分别出去，这种与以往不同的
茶饮理念，亟待新的名词来命名，"分茶"一词才会应时而
生。从文献出现"分茶"一词看，《辞源》的"宋人"当指
南宋人。

南宋文人在诗文中说到茶饮分茶的大约有曾几（1085-1166
年）、李清照（1084-1155 年）、陆游（1125-1210 年）、杨万里
（1127-1206 年）等。四人均生于北宋，李清照和曾几生卒年接
近，差不多懂事以后一半时间生活在北宋，另一半时间在南宋
度过。陆游和杨万里仅仅是在北宋出生，儿时起就基本生活在
南宋了。故李、曾的诗词反映了名称初来的情况，而陆、杨的
诗词则将分茶进一步阐释，特别是杨万里的《澹庵坐上观显上
人分茶》诗，题目就有"分茶"一词，显然，分茶的答案在南
宋人的诗文里。

1. 曾几、李清照诗文中的分茶

曾几诗中只有"分"字，没有完整的"分茶"一词，有着事情发展的早期特征，故先读一下曾几的茶诗，有助于对后面几首有"分茶"诗词的理解。

迪侄屡饷新茶二首·之一

敕厨羞煮饼，扫地供炉芬。

汤鼎聊从事，茶瓯遂策勋。

兴来吾不浅，送似汝良勤。

欲作柯山点，当令阿造分。

李相公饷建溪新茗奉寄

一书说尽故人情，闽岭春风入户庭。

碾处曾看眉上白，分时为见眼中青。

饭羹正昼成空洞，枕簟通宵失杳冥。

无奈笔端尘俗在，更呼活火发铜瓶。

曾几两首诗写的是亲朋好友送给他的"新茶"、"新茗"，并非是团、锊、饼，"新茶"尚有饼茶的可能，"新茗"从元《农书》分类有"茗茶"看，散芽的可能大。然而，既要可"点"，又要可"分"，"新茶"也是指散芽的可能性比较大。芽茶碾碎了可惜，本想作点茶，想想看还是"当令阿造分"了。"柯山点"与"阿造分"对仗，"点"应指点茶，那"分"就是分茶。点和分动词性明显，应指两种茶事活动。

后一首的"分"是与"碾"相对应的，也都是动词。"碾处曾看眉上白"句中的"碾处"当指碾茶成末，唯有末茶才需要碾磨的。"曾看"并不是指"当下"，而是指"以往"，以往都是末茶点茶的。点茶以鲜白为上，"眉上白"当指看见了茶面鲜白的一盏茶，又与后句"眼中青"对仗；"分时为见眼中青"比上句意思明显一点，分茶是为了看见青清的茶汤。"分时"对"碾处"，"曾看"对"为见"，"为见"即是当下呈现。两首茶诗反映了曾几在点茶和"分"茶的对比中，因受江南士夫点注芽茶的影响，还是偏爱"分"茶的心理历程，也是北宋茶饮到南宋茶饮的发展历程。

李清照的词中，"分茶"是完整表达的，由于是诗词，意义自然不是很明朗的，需以宋代茶事的发展来释读文意：

转调满庭芳·下阕

当年曾胜赏，生香熏袖，活火分茶。极目犹龙骄马，流水轻车。不怕风狂雨骤，恰才称，煮酒笺花。如今也，不成怀抱，得似旧时那？

摊破浣溪沙

病起萧萧两鬓华。卧看残月上窗纱。

豆蔻连梢煎熟水，莫分茶。

枕上诗书闲处好，门前风景雨来佳。

终日向人多酝藉，木犀花。

　　两首词从意境看都是南宋时写的，特别是前一首"当年曾胜赏"句，明显是回忆当年的好时光。两阕词都是完整的称"分茶"，意思没有解释。"活火分茶"句型语意好似"活火煎茶"，可理解为分茶不同于煎茶，也不是点茶。"活火分茶"似有候汤分茶的意思，候汤才需活火。苏廙《十六汤》之"第十二法律汤"说"惟沃茶之汤，非炭不可。"并以之为煮汤的"法律"，"犯律逾法，汤乖则茶殆矣。"所以"活火"是候汤的铁律。既然是本分的茶，那"分茶"必须活火。若以"当年"的时间论，分茶样式北宋晚已出现，但"分茶"一词有没有开始出现就很难说了。北宋官宦人家不点茶，却分茶，那茶一定是与众不同的散芽。

　　后一阕的"分茶"前有"豆蔻连梢煎熟水"句，说的是连梢的豆蔻准备好了，只等水煎熟了。也有学者认为此熟水是宋代的一种饮品形式，即豆蔻熟水。无论哪种解释，都是对分茶的排斥：一为表明"煎熟水"不是用来"分茶"的，是为"豆蔻连梢"准备的；二是表明不要再做分茶了，"病起萧萧两鬓华"的身体已不堪茶饮了，只能饮熟水了。那"分茶"就是当时有钱的文人士大夫之间流行的一种茶饮形式，否则不可能以此来对仗。

综合四首诗词的意思，分茶用料是新茶新茗的散芽，水是活火煎成的，茶与水的交融不是"柯山点"，而是"阿造分"的。没有十分明确的是"活火分茶"是不是指煎汤点泡芽茶。

2. 分茶之雅俗

陆游的《临安春雨初霁》也有说分茶，因诗中有"戏"字，常被误读为陆在做分茶游戏，这实在是太不了解中国古代的文人了。对于茶戏之类的小把戏，文人们只会欣赏，会写诗文赞美，但不屑于耗费时间地亲力亲为的。在古代文人眼里，这些都是"雕虫小技，丈夫不为也！"更何况要在高雅的诗文里披露自己玩汤戏，那不是作践自己吗？先看一下陆游怎么说：

临安春雨初霁

世味年来薄似纱，谁令骑马客京华？

小楼一夜听春雨，深巷明朝卖杏花。

矮纸斜行闲作草，晴窗细乳戏（或试）分茶。

素衣莫起风尘叹，犹及清明可到家。

　　陆游自从参加礼部考试开始就一直仕途不畅，故开篇第一句"世味年来薄似纱"就已经定下了基本调子，然后是怪自己"骑马客京华"。接下来的情景描写，都是为了烘托陆游独善其身的心境的。为大家关注的"矮纸斜行闲作草，晴窗细乳戏分茶"，并不是暗示"闲作草"是"戏分茶"的"作草"，整句诗是一种安闲心境的写照。戏，有的本子写作"试"，试即用，是茶饮的常用语，陆游原文疑是"试"字，而不是会误导读者的"戏"。从前文"小楼一夜听春雨"可知作分茶的一定是新茗，那就是朝野均好之的"试新"了。将诗句意境按电影蒙太奇剪辑，那就是：太阳从窗户照射进来（一个晴好天气）；一杯满是乳沫的新芽冲泡茶（南宋文人的标配饮料）；闲来无事的陆游偶有所感；拿出一张不大的便笺；以行书快速写下粗浅的心得。中国文人向来有"达则兼济天下，穷则独善其身"的情怀，既然是"善其身"，自然要"雅"，景要雅，文更要雅。读懂文人的心，才能读懂他们的诗。

　　杨万里直接将"分茶"放在标题里了，由标题可以想见，这首诗一定是描写分茶的。

澹庵坐上观显上人分茶

分茶何似煎茶好，煎茶不似分茶巧。

蒸水老禅弄泉手，隆兴元春新玉爪。

二者相遭兔瓯面，怪怪奇奇真善幻。

纷如擘絮行太空，影落寒江能万变。

银瓶首下仍尻高，注汤作字势嫖姚。

不须更师屋漏法，只问此瓶当响答。

紫微仙人乌角巾，唤我起看清风生。

京尘满袖思一洗，病眼生花得再明。

叹鼎难调要公理，策动茗碗非公事。

不如回施与寒儒，归续茶经傅衲子。

　　题目中的"观"告诉我们，杨万里不是自己在分茶，而是在"观"分茶，也就是看分茶表演，与曾几、李清照和陆游的独自分茶异趣。杨万里开篇第一句就将分茶与煎茶相区别，煎茶的特点是"好"，与阮阅《诗话总龟》"姜煎信佳"意思一样，是对煎茶的赞誉。所谓"好"、"佳"就是"茶之中等"者性寒凉，姜性温热，按中医养生道理，可以扶正茶性，不至于对身体造成伤害。另外，茶芽如果是生晒成茶，那就是生茶，按《山家清供》的说法："以汤点之，则反滞膈而损脾胃。"所以，于身体而言，煎茶好处多多。分茶不仅是分别姜盐的纯茶饮，分茶还讲究"巧"，即指技巧性强，需训练有素的专业茶人来表演，故杨万里也只有"观"的分，与陶穀观茶戏一样。

　　接下来第二句才是关键所在，分茶是用"元春新玉爪"的，就是早春新芽茶。这里不是暗示了，是明示，也证明前文推测曾几的"新茶"、"新茗"就是新春芽茶并无不妥。可见，宋室南渡之初，龙团凤銙入贡难以为继，散芽成为文人茶饮的主要对象，曾、李、陆、杨均以亲身经历用诗文表达了出来。

杨万里对于候汤用"蒸"来表述，是为了与"分"押韵。"弄泉手"表明是上好的山泉水作汤。汤与新玉爪在"兔瓯"中遭遇了，形成了"纷如擘絮行太空"的乳沫，因为乳沫，仍用建安兔瓯。至此，分茶已作完，内容亦说清楚了，煎汤冲泡芽茶、并不加姜盐的茶叫"分茶"。

诗文上部分完成了"分茶"的解释，接下来是用分茶进行技巧性的表演。从上文蒙顶黄芽和雪水云绿芽茶冲泡的结果可以看出芽茶冲泡形成"一瓯春雪"的沫饽是可能的，唯有厚薄相宜的沫饽，才有可能"注汤作字势嫖姚"，以汤瓶点注作字。汤瓶里是热汤，瓯里是纷如擘絮的茶汤，也就是热汤点注有沫饽的汤面形成文字。"注汤作字"与陶穀"生成盏"中"注汤幻茶成一句诗"的行为是一样的，但所用的茶相异。可能字还写得有"屋漏法"的韵味，故作者夸张地说"不须更师"了。

以"作茶"而论，分茶主要是指前一阶段，后一阶段是以分茶为媒介作字。如果将之当作一个完整的分茶过程，何必要在诗文开始区别"分茶"与"煎茶"呢？陶穀的"生成盏"也是说的文字在盏内的茶汤上生成，如果是一个完整的过程，沿用旧名即可，又何必要以"分茶"为题呢？关键在前面的茶汤。

《武林旧事·卷三》记载高宗大寿，与民同乐。是日，"游观买卖，皆无所禁"。其中表演百戏伎艺的诸多"赶趁人"中有"分茶"伎艺人。杨万里茶诗标题的"显上人"可能不同于一般的赶趁人，也是分茶表演者。由南宋文人的诗文可见，分茶在南宋当有雅俗之分，曾、李、陆的"分茶"是文人的"小清新"；杨万里笔下的"分茶"是娱众的，分茶只是表演的道具而已。杨万里也是看热闹的观众之一，但这种奇异的伎艺撩拨了文人的好奇之心，便将其以诗文的形式记载了下来。如陶毂记录茶百戏和生成盏一样。

综合言之，北宋京城在北方，茶饮以各式末茶为主，南方流行的散芽泡茶并不彰显，虽然有苏轼《次韵曹辅寄壑源试焙新芽》那样标题就告诉人们是"试"新芽，诗中也说明"要知玉雪心肠好，不是膏油首面新"的散芽，但就是没有正式的、广为人知的"分茶"名称。李清照的诗也告诉我们北宋晚期文人的茶饮中就已经有分茶了。宋室南渡，受江南文人普遍点泡清茶的影响，诗文中开始用"分"来称呼这种恰如其分的纯茶饮了。分茶一词主要流行于南宋前半期，南宋后半期诗文中很少称"分茶"了，也许是茶饮分茶放之民间与餐饮文化中的"分茶"撞名了，故用另一个新的名词——瀹茶替换了分茶之名，且比"分茶"一词更文雅明了。

3. 生成盏和茶百戏

因为杨万里的"分茶"有"注汤作字势嫖姚"，后来多认为宋初陶穀的《清异录》的"生成盏"就是分茶，与之相似的"茶百戏"也是分茶。如果仔细读一下原文，陶穀说当时人称生成盏为"汤戏"；而"茶百戏"本来就是当时人的叫法。戏是什么？是经过长期排练的一种表演，由专门的"伎"表演以娱众的。而汤戏特殊一点，由"通神之艺"的茶匠表演。陶穀在描述汤戏时用了"幻"字，说明表演有一定的难度；在速度上，陶穀说"唾手办耳"，其手法之迅捷类似于现今的魔术表演。

联系苏廙《十六汤》中的"第五断脉汤"，有"若手颤臂䌷……故茶不匀粹"之语，手不稳会使茶面不匀粹。如果"手颤臂䌷"依心思走，故意使茶面按心意不匀粹，就会表现出心里所想的"文"来。当然，这种注汤成字的技术很难，有窍门，只能专人表演。如同魔术也是由专门的魔术演员表演的，医生的医术再高，也不可能像魔术师那样须臾之间把活人切成几段，再毫发无损地还原的。

如果说生成盏的关键是点注，那茶百戏的关键是茶匕。匕是在下汤之后运用，还要"别施妙诀"才能"使汤纹水脉成物象"。但这种物象"须臾即就散灭"，这么短的时间就散灭，说明乳沫不够凝厚，如果是宋式末茶，凝聚时间会很长，原料恐怕与宋式末茶不是一回事。

2021 年仲春时节，在杭州孔庙文化节上见茶百戏表演（彩版三上），茶桌上立着"非物质文化遗产茶百戏传承人"的牌子，表演者先点出两碗不同颜色乳沫凝厚的茶，一为咖啡色，作底色；一为乳白色，作画色。以餐刀状竹匕沾白色乳沫在咖啡色茶沫上一笔一笔地摹描荷花，两种颜色各异的乳沫互为映衬而成画。以笔者愚见，用两种茶色不同的末茶表演茶百戏，应该不是传承中国古代"非物质文化遗产"，而是受外来饮文化（咖啡用牛奶点注成纹）的影响、洋为中用的创新茶戏，中国的茶面是没有咖啡色的。另外，茶百戏是有"妙诀"的，且须臾就幻灭了，哪容你一笔一画地勾画。再说，当时的"匕"是金属的，主要是为了击拂有力。当然，如此简单的茶百戏是很容易快速普及的，因为易学。古代茶戏真的如此简单，那些有专业伎艺的"分茶"人还怎么赚钱？茶戏还有娱众的效应吗？怕是民众也不会趋之如鹜的赶去看如此乏味的茶戏表演了。

关于茶戏原料的问题，陶穀在两则文献中丝毫没有谈到，但事关生成盏和茶百戏是不是分茶的问题，故有必要探讨一下。陶穀是五代宋初的官员，他所说的茶事应属晚唐五代，其辑录的苏廙《十六汤》也是晚唐，此时已有调膏的末茶了。故茶戏之茶有陆羽煎茶、刘禹锡煎茶、沃茶、碧粉缥尘类末茶点茶等多种可能。

当然，这里有一个大家都会问的问题，煮茶的清汤茶会产生乳沫吗？经过实践，答案是肯定的。笔者请茶人阿甘用老白茶茶汤做击拂实验。彩版三左下是一碗现在老白茶茶汤，用半爿竹筅击拂（工具可能与茶百戏不同，更易出沫），形成了厚厚的乳沫。黑白相映，颇具美感。

煮茶不必是笋枪芽头，精贵的笋枪怎么舍得作茶戏呢？一枪两旗的茶已足够好了，最好冷水时就把茶放入壶中与水一起煮沸，这样，茶中植物蛋白等析出物在水中缓慢释放，完全融入茶汤中，故能击拂出厚厚的沫饽。因为古代多为今时的绿茶，故笔者用余姚瀑布仙茗芽茶（一枪二旗），以冷水开煮。煮沸后的茶汤经击拂后形成浓厚的沫饽，并以热汤点注"之"字（彩版三右下）。当然，这实验无法跟福全、显上人的专业水平相比拟，无非是证明了猜想的可行性。否则，笔者也可以改行做"赶趁人"了哈。所以，即便是煮茶也能击拂出乳沫来表演注汤作字。上述的几种茶都有可能用来表演茶戏，以煎煮的茶汤击拂作字的可能性最大，也比较符合作茶的时代性。

魔术是不外传的，这是行业的生存之道。同样，茶戏也是不足与外人道的，这是茶匠和分茶人赖以生存之艺，不能将其与文人的雅饮混为一谈，更不要妄想文人也会去玩这种游戏。

既然这些茶都有注汤作字的可能，那能不能算分茶呢？首先杨万里的分茶应该没有姜盐的，生成盏和茶百戏则不能排除有盐的可能。按宋人说法，肯定有盐或者姜，抑或两者都有；其次，杨万里分茶用的是芽茶，两个茶戏不能排除用中下草茶的可能。故杨万里的分茶与陶毂的茶戏虽都是以茶表演，却有本质的不同。陶毂笔下的两茶戏以茶汤击拂表演的可能性大，杨万里笔下的分茶是不加姜盐的芽茶作汤表演的。生成盏、茶百戏和分茶表演是茶文化中的奇葩，但不是茶饮文化中的茶事。

分茶一词源于宋朝的餐饮文化，出现在南宋文人的茶诗茶词上时，语言形式的相同导致意思具有模糊性，按现代说法就是"撞名"了。无论分茶是一种怎样的茶，怎样归类，茶饮的"分茶"一词在茶史上只属于南宋，主要表现为南宋前半期文人们对一种无姜盐的冲泡芽茶的称呼，且与表演之分茶有雅俗之别。

唐代的茶饮因时间距今久远，又是风俗贵茶之始，语境与现在差异较大，不易理解；宋代的茶饮因经济繁荣，文化昌盛，饮食文化发达，以至于令人眼花缭乱，不易辨识。唯有从文化、风俗等方面综合考量，才能读懂每个名词所蕴含的茶文化内容。

第三章　茶的社会化

最初发现树的芽叶可以食用的并不是茶树芽，而是其他木本嫩叶；从食用嫩叶发展到茶树之芽，然后发现众多树芽均可为食。从被发现到被食用，开始是一个人（无名英雄），相传给几个人，然后是一个群体，一个地区，最后是整个国家，社会化成风俗，成时代印记，成时尚，成文化。茶从偶尔采食，到成为饮食风俗，以及形成独立的产业，需要社会各个层面的人分工合作，从而影响着人们的生产生活，乃至经济、政治等社会形态，形成了独特的社会文化。

一、风俗贵茶与通货之茶

唐朝近三百年，如果按每百年算，可分上中下三期，李肇《国史补》提出"风俗贵茶"已是唐代下期（824 年成书）。自三国"蜀人作茶，吴人作茗"以来，文献中的茶一直是小众饮食，直到唐下期，史书、笔记小说才纷呈出"风俗贵茶"的社会景象。马克思说："只有社会的行动才能使一个特定的商品成为一般等价物。"(《资本论·第二章·交换过程》)既然社会行动"贵茶"，就具有独特的经济价值，当这种价值被普遍接受时，便有了一般等价物、即通货的意义，表现为无论官方还是民间，茶都当作一种重要社会财富来存贮、馈赠，宴饮服务人员的劳务费也以"茶钱"代称等，在整个社会形成独特的文化现象。

《因话录·卷五》记载御史台三院（台院、殿院、察院）中的察院南院的储茶故事，"会昌初……兵察常主院中茶，茶必市蜀之佳者，贮于陶器，以防暑湿。御史躬亲缄启，故谓之'茶瓶厅'。"对于"蜀之佳者"的茶，一是名贵，最贵的束帛不能市一斤；二是不易买到，运输也不易，但察院"必市"蜀中好茶；三是时令的缘故，一年之中只有早春时节才能采造好茶。所以，御史亲自封藏，亲自启封，的确是重视，也是够隆重。察院专设"茶瓶厅"储备好茶，不仅仅是名贵，可能暗含了通货的意义，财政拮据的时候，可以交换其他财货，也可以当俸禄发放，或奖赏。

如果《因话录》的通货意义并不怎么明显，那么五代杜光庭《录异记》记载一则晚唐民间故事则是明示了茶的通货意义：

> 吉州东山有观焉，隔赣江去州六十里。咸通中，
> 有杨尊师居焉。师有道术，能飞符救人。观侧有三井，

一井出盐，一井出茶，一井出豉。每有所阙，师令取之，皆得食之，能疗众疾。师得道之后，取之，无复得焉。

故事发生时间很明确在晚唐咸通年间，虽然是一个神异故事，却反映出了当时人们对茶作为战略储备物资的认可。三口井就是三个生活保障的储备仓库，杨尊师及众弟子即使不事稼穑耕织，整天为得道而修身打坐，也不会有生活之忧。每当生活中缺米缺柴缺衣等，杨尊师就令人从井中取盐、茶，或豉，作为通货来换取其他物资。三种紧要物资都具有通货的意义，盐和豉至少在汉代开始就具有通货的意义；在风俗贵茶的年代，茶也上升为一般等价物。茶与盐豉一样，可以换取其他生活所需的物资，当然，也可以换成钱币，用来购买所需之物。

唐代有与汉"五铢"比肩的"开元通宝"铜钱，但铜钱比较沉重，携带不便，故轻便名贵的丝帛常常替代钱币作通货使用，如古籍中的"束帛不能易一斤先春蒙顶"。同样，轻便名贵的茶也可以作为特定商品存贮，既可自用，又可通货。需要说明的是，具有通货意义茶不是现代所说的粗细不分的茶叶，而是陆羽说的笋芽茶，或"蜀之佳者"类的茶。无论是野者和园者，在一颗茶树上的占比很小，因其金贵且能再生，才能成为特殊商品，具有一般等价物的意义。

当茶成为一般等价物时，其社会地位便上升到贵重礼品的高级层次。文献记载，唐下期开始，茶已然成为社交中的贵重礼物，常与金银并论，并攀龙附凤，封侯称伯。上文提到《慈恩寺牡丹》故事，蜀茶二斤与金三十两作为稀世珍品牡丹的酬赠，既金又贵。《清异录》则记载了另一个发生在晚唐的馈赠十五饼珍品茶故事：

晚甘侯

孙樵《送茶与焦刑部书》云："晚甘侯十五人，遣侍斋阁。此徒皆请雷而摘，拜水而和，盖建阳丹山碧水之乡，月涧云龛之品，慎勿贱用之。"

这是拟人化手法写的书信，称茶为"晚甘侯"，侯与喉谐音，侯爵仅次于公爵，也是诸侯的代名词。"晚甘侯十五人"就是甘甜润喉的、诸侯王品级的好茶十五饼；"请雷而摘"就是惊蛰采摘的早春笋芽；"丹山碧水"不仅指生长环境，也是最好的水、造最好的茶的体现；"月涧云龛之品"指珍稀的高山野茶；"慎勿贱用之"的告诫，体现了此茶极少，宋人所谓"金可有而茶不可得"，自然是非常珍贵的茶礼。

关于好茶的具体价值，欧阳修《归田录·卷二》有具体的记载可作参考，"茶之品，莫贵于龙凤，谓之团茶，凡八饼重一斤。庆历中蔡君谟为福建路转运使，始造小片龙茶以进，其品精绝，谓之小团。凡二十饼重一斤，其价值金二两。然金可有而茶不可得，每因南郊致斋，中书、枢密院各赐一饼，四人分之。"若按现在人民币 500 元 / 克计算，差不多五万元一斤。卖五万元一斤的好茶，即便是现在在每个产茶区都是少之又少的，当然是有钱不一定能买得到，自然比送金银稀罕多了。

南宋临安嫁娶之礼，必有茶饼。"（女家）若丰富之家，以珠翠、首饰、金器、销金裙褶及缎匹茶饼，加以双羊牵送……"北宋欧阳修四人才得二饼小龙团，至南宋，"丰富之家"的嫁妆也有茶饼了，不知道与欧阳修的茶差别有多大，但与金银珠翠、绫罗绸缎并列的嫁娶之礼，亦非等闲之茶。

既然是风俗贵茶，社交场合一定少不了茶，甚至侵入宫廷。唐下期，无论是民间俗世还是上流社交，茶饮正在被越来越多的群体所接受。

从唐代文献看，唐下期宫廷社交时的茶虽不是主流，确实已逐渐成为必备的饮品，还往往因人而异，文人、高僧大德进入宫廷，讨论文学、哲学类话题时，皇帝会准备茶汤；而武将应召、宴乐场合等基本不会配备茶汤。成书于僖宗乾符三年（876 年）的《杜阳杂编》记载了三个宫廷用茶的史实，可以大致看出茶在宫廷交际中的地位。

《杜阳杂编·卷中》记载文宗皇帝尚贤乐善，论政事之暇，未尝不话才术文学之士，故"常延学士于内庭，讨论经义，较量文章，令宫女已下侍茶汤饮馔"。文宗皇帝本身比较儒雅，好文学，与学士交流自然是备茶汤的。按照《茶经》所说的茶要趁热饮，因此要安排宫女在边上侍候。如果是文人高士私下雅聚，则可能只有茶童烹茶侍候了。

《杜阳杂编·卷下》记载唐宣宗大中年间道人罗浮先生轩辕集入宫，展现他高深莫测的道术。他能饮酒，宫宴中百斗不醉；然而皇帝私下召见时，则以茶汤待之。"（轩辕集）坐于御榻前，上令宫人侍茶汤"。显现出酒饮与茶饮适用于不同场合，应景备饮的。

《卷下》还记载唐懿宗咸通年间赐同昌公主御馔汤物之事："上每赐御馔汤物，而道路之使相属。其馔有灵消炙、红虬脯，其酒有凝露浆、桂花醑，其茶则绿华紫英之号。"唐懿宗非常宠爱同昌公主，她出生时，唐懿宗"仍罄内库宝货以实其宅"，赐御馔肯定非等闲之品。所谓"绿华紫英之号"，可能指唐代昌明绿和紫笋茶。白乐天茶诗云"渴尝一盏绿昌明"即是；顾渚紫笋则是唐代贡茶。另一个可能是泛指极品好茶，《茶经》形容好的茶汤样式曰："其沫者，若绿钱浮于水湄；又如菊英堕于樽俎之中"。无论是好茶，还是美酒佳肴，一起御赐给同昌公主，既是饮食，又是价值不菲的财富。

唐末五代王定保的《唐摭言》主要记载唐代科举制度及与

此相关的遗闻琐事、文士风习的，其中《轻佻》记载晚唐郑光业在科举考试策试夜，有同人入其试铺煎茶的故事。那天晚上，有一同人突入郑光业试铺，用吴语恳请郑让出半铺给他煎茶用。郑很有雅量，不仅同意了，还给那人一点小帮忙。结果郑光业考中了，那举止轻佻的同人落第了，是否为煎茶所误哈。连策试时都不忘煎茶享用，可见饮茶对社会、特别是吴蜀之地的影响之深，恐怕还是吴蜀文人的时尚。煎茶的是吴人，而郑光业疑是北人，并不好饮茶，似乎对茶也没什么兴趣。

茶饮不仅发生在科举考试之时，还发生在考试之后。《唐摭言·散序》篇说晚唐咸通以来盛行"进士宴"。"其日，状元与同年相见后，便请一人为录事。其余主宴、主酒、主乐、探花、主茶之类，咸以其日辟之。"茶与酒一样有专人管理，叫"主茶"。这里的"茶"可能包含菜肴，主茶负责宴会的菜肴配备；"纵无宴席，科头亦逐日请给茶钱。"负责常宴的小科头和大宴的大科头的劳务费也称为"茶钱"，以"茶钱"指称劳务费，说明茶已具有一般等价物的意义。

唐代有"进士宴"，宋代有"鹿鸣宴"，更有官府春宴、乡会宴、同年宴、圣节满散祝寿公筵等。由于宴会众多，管理宴会的行业应运而生，而且是官办的。《梦粱录·卷十九》记载："官府各将人吏、差拨四司六局人员督责，各有所掌，无致苟简。"四司六局是官府组织的，四司指帐设司、茶酒司（官府自用称宾客司）、厨司、台盘司；六局指果子局、蜜煎局、菜蔬局、油烛局、香药局、排办局。之所以这样安排专业人员管理，是因为官方管理人员懂宴饮之礼，这种礼来自宫廷，是官家的宴饮之礼在人民生活水平提高以后向民间的延伸。此前，民间宴饮常因不懂规矩而简慢了客人，或主办者不周到而失了礼节。有了官府"四司六局"的指导，就不至于因"苟简"而失礼了，也起到了培养民间宴饮之礼的风尚。由此可见，宋代茶饮之礼，已然成为宴饮礼节的重要组成部分了。

茶酒相比，酒礼历史悠久，不易失礼；茶的历史相对较短，容易疏忽失礼。《甕牖闲评》记载："古人客来点茶，茶罢点汤，此常礼也。近世则不然，客至点茶与汤，客主皆虚盏，已极好笑。而公厅之上，主人则有少汤，客边尽是虚盏，本欲行礼而反失礼，此尤可笑者也。"估计现场没有茶酒司，无人打理上茶点汤之事，故而失礼，让人哂笑。

四司中茶酒司尤为重要，官府宴会只管理茶汤、斟酒、上食、喝揖而已。平民家宴请的话茶酒司事情就多了，"掌管筵席，合用金银器具及暖荡，请坐、咨席、开话、斟酒、上食、喝揖、喝坐席，迎送亲姻，吉筵庆寿，邀宾筵会，丧葬斋筵，修设僧道斋供，传语取复，上书请客，送聘礼合，成姻礼仪，先次迎请等事。"这么多事，没有专门的司局管理，是会因疏忽而失礼的。专司管理，更重要的是还省却了主办者的烦劳，所谓"不宜累家"。

南宋时北方是金人统治，其茶俗亦如南宋。洪皓的《松漠纪闻》记录了其留金期间所见，其中有"金国旧俗……酒三行，进大软脂、小软脂。蜜糕，人一盘，曰茶食。宴罢，富者瀹建茗，留上客数人啜之，或以粗者煎乳酪。"酒过三巡以后上茶食，富有的人家"瀹建茗"，是待"上客"的，一般的则以普通奶茶礼待。

对比唐宋，作为饮食文化的"饮"，唐代主角仍是酒饮，宋代的茶饮才能与酒饮相提并论。上述众多的宴会上，茶已经与酒同等重要，在宴会上不可或缺。但不能忘了自古以来的"无酒不成宴"，而茶是不能独立成宴的，况且，宴会中主茶或茶酒的主要职责是管理菜肴配备，茶是菜肴的意思多一点，不宜拔高茶饮的社会影响，过度解读古代的茶饮文化。

二、交易与贡赋

当孙楚吟诵"姜桂茶荈出巴蜀"时，茶的零星买卖可能已经发生了。但真正的、上规模的茶贸易要到唐代中期偏晚才发生，因为建中三年官家才开始收税，说明有了一定规模的交易量，税收的钱多到可以用来补贴庞大国家运转费用了。

1. 交易

唐代中晚期，茶树之茶同米盐一样成为人们生活的必需品，"茗饮，人之所资。"（《新唐书·食货志》）于是，茶成为茶民种植、商人贩卖求利的重要经济作物，不但有城市的"鬻茶邸"和"茶肆"、"茶坊"零售买卖，批量贸易也遍及大江南北，并波及塞外以肉为主食的民族。

《封氏闻见录》说唐代社会："城市多开店铺，煎茶卖之，不问道俗，投钱取饮"。就像现在卖大碗茶似的，说明茶饮一成风俗马上就有相应的店铺卖茶。这里用"不问道俗"语，说明茶俗正由道释常饮向民间流行，风俗贵茶初期的写照。《封氏闻见录》也成书于唐中下期之交时，所反映的多为中唐之事，故茶饮渐为风俗始于唐中期。

《因话录》说的"鬻茶之家"和《大唐传载》中的"鬻茶邸"可能也是类似《封氏闻见录》的店铺。从家邸类店铺置陆羽像，没生意要用热汤浇像看，"邸"像是卖成品茶的；但店里有"炀器"和"灶釜"，又像是"煎茶卖之"的。

"漏影春"也是群众喜闻乐见的茶饮，此漏影春色并不是如茶百戏那样的汤面纹饰，而是招徕顾客的摆盘，有人要才"沸汤点搅"。售卖的场所应该是比"鬻茶邸"品种更多的店铺，五代时期很可能是酒肆。

宋代的城市文化极其发达，有专门经营茶饮的店铺，称

"茶坊"。《东京梦华录卷第二》"潘楼东街巷"条曰："又东十字大街，曰从行里角茶坊，每五更点灯博易，买卖衣物、图画、花环、领抹之类，至晓即散，谓之鬼市子……又投东则旧曹门街，北山子茶坊，内有仙洞、仙桥，仕女往往夜游，吃茶于彼。"汴京的茶坊经营时间似乎主要在一早一晚，清晨的营生类似于现在的"早茶"，主要为"鬼市子"买卖人服务的，反映了茶店经营从宋代起就与古旧珍物买卖有关。20世纪八九十年代，杭州信义坊茶店既有大茶炉售卖开水，又经营茶饮。早市的客人一边喝茶，一边私下交易古董。杭州拱墅公安分局曾在此破获一起重大倒卖珍贵出土文物案，获得了国家文物局的嘉奖。北山子茶坊似乎档次比较高一点，有仙桥仙洞，服务对象也非普通女子，主要是夜游的仕女和官宦贵族家的女子。

　　在《梦粱录》中，临安城经营茶饮的场所专列一节"茶肆"进行叙述的，有趣的是其开头是从与汴京熟食点相类比进行叙述的，可能茶坊是新生事物，汴京的茶坊在装修上不如熟食店有文化气息。

　　　　汴京熟食店，张挂名画，所以勾引观者，留连食客。今杭城茶肆亦如之，插四时花，挂名人画，装点店面。四时卖奇茶异汤，冬月添卖七宝擂茶、馓子、葱茶，或卖盐豉汤。暑天添卖雪泡梅花酒，或缩脾饮暑药之属。向绍兴年间，卖梅花酒之肆，以鼓乐吹《梅花引》曲破卖之，用银盂杓盏子，亦如酒肆论一角二角。今之茶肆，列花架，安顿奇松异桧等物于其上，装饰店面，敲打响盏歌卖，止用瓷盏漆托供卖，则无银盂物也。

点茶、焚香、插花、挂画，乃宋代社会四般闲事，临安茶肆不以汴京茶坊作参照，而学熟食店张挂名画勾引食客，可见文化对茶饮发展的助推作用。从这茶坊装潢的变化，可以看出南宋的茶文化又进了一步，从山野、宫廷，向民间雅室发展。对茶饮环境的追求，流风所及以后历代中国的茶室文化。且波及东瀛，后来的日本茶道，将茶室的插花、挂画当作必不可少的布置。

南宋的茶肆，其"茶"字应该是指茶饮形式，故云卖各种"奇茶"。奇茶包括了冬月卖的七宝擂茶、葱茶等；此外，还卖异汤，更有酒、药饮、点心等，暑天则清热除烦的缩脾饮和解暑的药茶（疑是今时凉茶）。所谓酒也是解渴祛暑的雪泡梅花酒。宋人向来"客至则设茶，欲去则设汤"；或"客来点茶，茶罢点汤"，故茶肆经营茶与汤是很难分开的，况且许多汤本来就是从茶饮中分离出来的，各种汤品当然是茶肆的常卖之物。

点茶是闲事，在器具上不如"分茶酒店"，南宋分茶酒店叫外卖还给满桌银餐具，茶坊只有瓷盏漆托了。"止用瓷盏漆托"大概不是经济原因，可能有二种促使原因：一是"末俗尚靡，不贵金玉而贵铜磁。"(《南村辍耕录》)宋代瓷业发达，宫廷都用建盏，民间当然也风从用瓷盏；二是瓷盏可以"敲打响盏歌卖"。击瓯为乐，唐代已有之。(唐)段安节《乐府杂录》记载："方响：(郭道源)亦善击瓯，率以邢瓯、越瓯共十二只，旋加减水于其中，以箸击之。其音妙于方响也……击瓯盖出于击缶。"击瓯源于击缶，类似方响，加减(茶)水可以形成音律，茶肆以击瓯为乐来吆喝买卖，极其应景，宋韵也！

《武林旧事》记载的茶坊类似于现今的娱乐场所，其《卷五》"歌馆"条下有"茶坊"介绍，诸茶坊是"群花所聚之地"，妓女们"莫不靓妆迎门，争妍卖笑，朝歌暮弦，摇荡心目。"这些茶坊"凡初登门，则有提瓶献茗者，虽杯茶亦犒数千，谓之点花茶；登楼甫饮一杯，则先与数贯，谓之支酒。"好似今日酒吧或KTV，并没有今人想象的那么高雅。《梦粱录》与《武林旧事》说茶坊的文字远少于酒肆，虽然喝花酒与喝花茶有些相似，但酒店的档次和店铺的数量远在茶坊之上。茶饮的高档似乎主要体现在文人士大夫的雅集中。

从文献记载看，蜀茶和江淮地区的茶是市场主要供应方，似乎蜀茶更受时人青睐，因为它易地而滋味不变。《膳夫经手录》记载：

> 春时，（其他茶）所在吃之皆好。及将至他处，水土不同，或滋味殊于出处。惟蜀茶南走百越，北临五湖，皆自固其芳香，滋味不变，由此尤可重之。自谷雨以后，岁取数百万斤，散落东下，其为功德也如此。

稳定的品质，使得蜀茶销售之地极广，南边卖到百越居住的广大地区；北边卖到各大湖泊水泽周边广阔区域；东边卖到东吴古越之地，差不多覆盖了大唐的整个东和南部。仅从吴越之地万斤多的销售量看，其产量也是极大的，虽然吴越之地也产茶。

《膳夫经手录》在说蒙顶茶时提到"遂斯安草市"，所谓"草市"大概是古文献记载的最早茶叶市场了。草市除了茶以外，推测还买卖"别茶"，甚至作汤饮的花花草草。

由于陆羽为代表的文人们的推广，唐代晚期茶饮文化传播之边塞，茶马互市由此拉开帷幕。《封氏闻见录·卷三》记载："古人亦饮茶耳，但不如今人溺之甚，穷日尽夜，殆成风俗。始自中地，流于塞外。往年回鹘入朝，大驱名马，市茶而归，亦足怪焉"。在"今人溺之甚"的影响下，塞外少数民族也喜爱上了茶饮，茶的贸易也随之波及塞外，交易的样式比较原始，乃是以货易货的交易形式，以茶换取回鹘族的马匹，也显示了茶的通货意义。

不仅是回鹘地区，山高路远的吐蕃地区也在唐代中晚期盛行饮茶，有诸多地区的名茶被贩运至此地。《唐国史补》记载常鲁公出使西蕃，烹茶帐中，赞普问："此为何物？"鲁公故作高深地说："涤烦疗渴，所谓茶也。"哪知赞普立马应对道："我此亦有。"并拿出了一大堆茶，一一指认道："此寿州者，此舒州者，此顾渚者，此蕲门者，此昌明者，此涫湖者。"赞普是吐蕃的君长，与内地一样，食用的是当时极名贵的顾渚、昌明茶，说明贸易中粗细、贵贱之茶均有，贸易之广由此可见一斑。

《国史补·卷下》记载官方驿站储物仓库有专门的储茶库，疑是长途贩运的中转仓库：

江南有驿吏，以干事自任。典郡者初至，吏白曰："驿中已理，请一阅之。"刺史乃往，初见一室，署云"酒库"，诸酝毕熟，其外画一神。刺史问："何也？"答曰："杜康。"刺史曰："公有余也。"又一室，署云"茶库"，诸茗毕贮，复有一神。问曰："何?"
曰："陆鸿渐也。"刺史益善之。又一室，署云"俎库"。
诸俎毕备，亦有一神。问曰："何?"吏曰："蔡伯喈。"
刺史大笑曰："不必置此。"

这里只记载了驿站三个仓库，可能是运输量最多、最大的三项，其中一个是茶库，并以陆羽为神，置像其中以为标识。这与晚唐做茶饮生意的商人也常置像店铺中一样。《国史补·卷中》记载这种神像是陶瓷作坊卖茶器时送的，"巩县陶者多为瓷偶人，号陆鸿渐，买数十茶器得一鸿渐，市人沽茗不利，辄灌注之。"当然，驿站的茶库也不能免俗，以神像标识茶库，只是不"灌注"而已。

由于茶叶贸易利益巨大，官家觊觎在所难免，唐文宗大和九年曾一度被官家控制专营，即榷茶。但这种招致民怨的政策所施行的时间很短。《新唐书·食货四》记载："王涯判二使，置榷茶使，徙民茶树于官场，焚其旧积者，天下大怨。令狐楚代为盐铁使兼榷茶使，复令纳榷，加价而已。李石为相，以茶税皆归盐铁，复贞元之制。"王涯置榷茶使才两个月，就因为"甘露之变"，其人被腰斩。继任者令狐楚并没有如文中所说的"复令纳榷"，《新唐书·列传》中记载是他奏请皇帝废止了榷茶。《新唐书·列传九十一·贾杜令狐》曰："始，帝许相楚，乃不果，更用李石，而以楚为盐铁转运使。先是，郑注奏建榷茶使，王涯又议官自治园植茶，人不便，楚请废使，如旧法，从之。"唐文宗本来想任用令狐楚为宰相的，因大臣仇士良阻挠而更用李石为相，任命令狐楚为盐铁转运使。令狐楚上任后就奏请文宗皇帝废除榷茶使，仍旧用以前的征税之法，皇帝同意了。榷茶在唐朝如同昙花一般，一现而已。

　　与唐朝相反，宋朝的贸易是以官方榷茶的形式出现的。宋朝是募兵制，需要大量的军费来养活军队，每一次大战又需要筹措更多的费用，所以逼迫官府去找钱，也使宋朝成为商品经济最发达的朝代，也是最会经营计算的朝代。榷茶就是国家统购统销茶叶，我国计划经济时代大部分农产品都是统购统销的。宋朝的榷茶是国家先付钱的，《宋史》说："谓之本钱"。国家先付本钱大概是最早的"资本"形式吧，无非是这个资本来自国家，国家资本主义的萌芽。既然榷茶，就要立法保护，《宋史·食货志》记载："匿不送官及私贩鬻者没入之，计其直论罪。园户辄毁败茶树者，计所出茶论如法…主吏私以官茶贸易，及一贯五百者死……主吏盗官茶贩鬻钱三贯以上，黥面送阙下……巡防卒私贩茶，依本条加一等论。凡结徒持杖贩易私茶、遇官司擒捕抵拒者，皆死。太平兴国四年，诏鬻伪茶一斤杖一百，二十斤以上弃市。"统购以后园户自己毁败茶树也要论罪，官吏私贩也一样有罪。唐代有"别茶"而不见"伪茶"一说，宋代商品经济发达，出现"伪茶"一说也是情理之中。但治罪轻重不一，太平兴国四年二十斤以上弃市，六年以后的雍熙二年只按"比犯真茶计直十分论二分之罪"。

榷茶施行以来，常有"虚估之弊"，此时往往改收税钱。收税钱后，又"权听通商，自此茶户售客人茶甚良，官中所得惟常茶，税钱极微。"从中可见，国有政策，商有对策，榷茶有"虚估之弊"，收税后官方得不到好茶，特别是没有贡茶任务地区的好茶基本用于交易了。因对官方损害更大，只能"仍旧行榷法"。结果是整个朝代常在榷法和税法之间变更。真宗天禧二年左谏议大夫孙奭所言极是："茶法屡改，商人不便，非示信之道，望重定经久之制。"但"经久之制"终宋一朝都没有出现过。每一次新法出来都认为是可以"经久"的，往往是上有政策下有对策，又在变法的路上了。而每一次变茶法，受损的始终是园户，以至民间俗语："地非生茶也，实生祸也"。

宋代榷茶与税茶的反复，其实是两种商品经济形态的博弈，即计划经济与市场经济的博弈。这样的博弈初现于西汉的"盐铁大会"，当茶成为一般等价物以后，也成为了博弈的对象。这是大统一王朝必然会出现经济现象，除非如明早期那样抑制商贸。

由于榷茶，两宋之交时出现了一个特有的官职——提举茶盐。北宋蔡襄只是"福建路转运使"，而到了南宋早期曾几，则有"提举淮东茶盐"、"提举湖北茶盐"之职。官家榷商向来是盐铁，而宋代茶盐并论，茶在贸易中的重要性由此可见。

"提举"一职元代仍在沿用，设置"都提举司"管理榷茶和贡茶。《元史·志第三十七·百官三》记载："常、湖等处茶园都提举司，秩正四品。掌常、湖二路茶园户二万三千有奇，采摘茶芽，以供内府。至元十三年置司……十六年，升都提举司。又别置平江等处榷茶提举司，掌岁贡御茶。二十四年，罢平江提举司，并掌其职。定置达鲁花赤一员……提领所七处……具受宣徽院剳付，掌九品印。乌程、武康德清、长兴、安吉、归安、湖汶、宜兴。"由《元史》可见元代早期也是施行榷茶的，官营二万三千多户茶园户的茶芽买卖，并保证内府贡茶。

边塞贸易量最大的可能要数茶马互市了，唐代与回鹘互市，宋代扩大到与诸蕃易马。《宋史·食货志》："宋初，经理蜀茶，置互市于原、渭、德顺三郡，以市蕃夷之马；熙宁间，又置场于熙河。南渡以来，文、黎、珍、叙、南平、长宁、阶、和凡八场，其间卢甘蕃马岁一至焉，洮州蕃马或一月或两月一至焉，叠州蕃马或半年或三月一至焉，皆良马也。其他诸蕃马多弩，大率皆以互市为利，宋朝曲示怀远之恩，亦以是羁縻之。绍兴二十四年，复黎州及雅州碉门灵犀砦易马场。乾道初，川、秦八场马额九千余匹，淳熙以来，为额万二千九百九十四匹，自后所市未尝及焉。"由于特殊商品的茶成了一般等价物，便保持了贸易中的优势地位，茶马互市在宋朝不仅仅是为了获得马匹，更是一种"怀远"的战略决策，以经济的好处羁縻、感化蕃夷的野蛮行为。以经济的方式去文化野蛮，达到和平相处，是政治的善治之道，古今皆然。

宋代榷茶，故很难形成唐代那样的草市，而有管理机构"都茶场"（《东京梦华录》"外诸司"条）。《梦粱录》在"物产"条记载南宋杭州产宝云茶、香林茶、白云茶、径山茶等，然而在"团行"、"铺席"中却没有茶行、茶铺、茶市的记载。也许是宋代既榷茶，加工末茶也被官家垄断之故。

2. 贡茶与茶税

当孙皓"茶荈以当酒"，贡茶可能已经开始。东晋贵族都在吃粽子、饮茗汁，说明此时贡茶的数量还不小。这些大都没被记载下来，唯有经常被人引用的山谦之的《吴兴记》记载有："乌程县西二十里有温山，出御荈"。记载少恰恰说明宫廷的需求量并没有达到常贡的程度，茶尚未社会化，史官也觉得不足以书记，故六朝正史中尚未见明确的贡茶记载。

唐代贡茶起始时间主要根据北宋赵明诚辑录的唐碑《唐义兴县新修茶舍记》来推断。碑文说：

> 云义兴贡茶非旧也，前此，故御史大夫李栖筠
> 实典是邦，山僧有献佳茗者，客尝之。野人陆羽以

为芬香甘辣冠于他境，可荐于上，栖筠从之，始进
万两，此其滥觞也。厥后因之，征献寖广，遂为任
土之贡，与常赋之邦侔矣。

碑文中两位重要人物是陆羽和李栖筠，陆羽已不用介绍，
了解李栖筠官场升迁情况就可以明确茶的贡赋时间。李栖筠
（719–776 年），唐天宝七年进士及第。唐代宗即位，得罪宰相
元载，迁常州刺史，册封赞皇县开国子。大历三年（768 年）
迁苏州刺史。大历七年入为西台御史大夫。义兴（今宜兴）属
常州管辖，李栖筠"实典是邦"即任常州刺史是在唐代宗即
位的宝应元年（762 年），至大历三年离任，升迁为苏州刺史。
期间，陆羽亦完成说茶论道的开山之作《茶经》，很内行地品
评义兴茶"芬香甘辣冠于他境"，用"辣"来形容茶味极少，
大概是"浓厚"的意思。看来义兴贡茶以口味丰厚而得陆羽推
荐。碑文中的人物、时间、事件等都相互契合，证明茶叶为贡
赋滥觞于唐代宗时期，且在大历三年之前完成初次土贡。这与
北宋钱易《南部新书》记载"大历五年以后，始有进奉"相差
无几。至晚唐，义兴贡茶已是家喻户晓，诗人卢仝的名句："天
子须尝阳羡茶，百草不敢先开花。"至今尤为人所乐道。

《茶经》将产茶地区分为八大块，但并不是每个区块的茶
都达到土贡标准，岭南道七十三州无一入选贡茶。据《新唐书》

记载，唐代土贡茶的地区只有十五个之多。

从南唐保大三年（946年）王延政始贡建茶以来，两宋贡茶一直由建宁北苑供应，历史是比较清楚的。元代则是将常湖和建宁均作为贡茶供应地。《元史·志三十七》记载了常湖七处贡茶芽，还记载："建宁北苑武夷茶场提领所，提领一员，受宣徽院劄。掌岁贡茶芽。直隶宣徽。"元代贡茶包括常湖和建宁，数量是比较大的，并直言"岁贡茶芽"。《饮膳正要》所记载的细茶也多产自上述产茶地。

税是茶成为社会经济生活中重要物资的标志，盛唐之前看不到茶税，说明茶还是小宗经济作物，或区域性饮食，对社会并不产生举足轻重的影响，只有量大到足以影响国家经济时才会征税。晚唐的《膳夫经手录》说："茗丝盐铁，管榷存焉。"同样是晚唐的《因话录·卷五》说："后稷播百谷，安知后世有榷酤闭籴茶盐求利之苦？"都表明中晚唐的茶与铁、丝帛、食盐等重要物产一样，是民间最重要的求利商品之一，巨大的销售量致使茶叶课税也是必然的。唐代何时开征茶税，说法不一，应以正史记载为准。据《新唐书·食货四》记载，唐代茶叶贸易的税收始于唐德宗建中三年："初（即建中三年，782年），德宗纳户部侍郎赵赞议，税天下茶、漆、竹、木，十取一，以为常平本钱。"此史料记载在建中三年大事中，用了"初"字，说明是征税之始。

建中三年属唐代中期偏晚，距《茶经》成书18年，茶饮已渐为风俗，贸易量也初具规模，征税应该是适逢其时。初税是"十取一"，比较合理，当年收税40万钱。封建社会有征税就有横征暴敛，唐穆宗时为了打仗和造楼加征税"百钱增五十"，也就是从原来的每年四十万缗增加到六十万缗。更有在水陆交通要道置邸收税，叫"搨地钱"。有乱征税就有反征税的斗争，为了少缴税，茶人和商人将每斤茶增至二十两，到大中年间更是增至五十两。当然很快就被官家发现，诸道盐铁使于惊每斤加征5%茶税，叫"剩茶钱"。茶税真正稳定下来是在唐宣宗大中六年（852年），此时裴休任盐铁转运使，立《茶法十二条》禁止官吏任意盘剥伤害茶农、茶商。这样，一直到唐朝灭国，茶税稳定且日益增长。

宋代茶法有时榷茶，有时课税，然均以总收入多少计算，并不知道税率是多少。《食货志》说景祐元年天下在册户籍10,296,565户，人口26,205,441丁，"三分其一为产茶州军"。主要是因为产茶地都在南方，宋朝北方土地并没有全部统一，故三分之一州军产茶，利益比较大。榷茶的话，"榷茶之利，凡止九十余万缗"；如"通商收税，且以三倍旧税为率，可得一百七十余万缗"，将近多一倍的收入。"一百七十余万缗"是"三倍旧税"，"旧税"之"旧"是指什么时候？"三倍"是指总税额还是税率？均不得而知。反正宋朝的茶税远超唐朝增税后的六十万缗。

元代，开始是承宋朝榷茶的，《元史》记载天历二年（1329年）"始罢榷司而归诸州县"。元代创新了一种零售税"茶由"，"以给卖零茶者"，税率"初，每由茶九斤，收钞一两，至是自三斤至三十斤分为十等，随处批引局同，每引收钞一钱。"说明元代茶叶天历二年以后不但不榷茶，而且茶叶零售非常繁荣。

三、水厄

水厄本指溺死之灾，南方渐行茶饮之两晋南北朝时，北人鄙视茶饮，视茶饮如水厄之灾。《太平御览》引刘义庆《世说新语》："晋司徒长史王濛好饮茶。人至，辄命饮之。士大夫皆患之，每欲往侯，必云'今日有水厄'"。时至晚唐，"风俗贵茶"之时，由于茶饮不当患病相当普遍，形成水厄般的社会性茶灾。

自从张华说"饮真茶令人不眠"后，文人们总结出"荡昏寐"、"治头痛"、"祛宿疾"、"涤烦疗渴"等饮茶的各种好处。茶初传日本也是作为对身体有益的良药传入的。而多饮茶会对身体造成潜移默化地伤害则少有人提及。可能的原因是文人们饮用的都是笋芽茶，寒性较小，基本无害。这造成多数文人不知道百姓饮用的中下茶寒性大，日积月累地多饮之后，招致病患。茶饮的社会化，茶病也随之社会化。

唐玄宗时右补阙毋煚"性不饮茶"，制《代茶余序》，指出长期饮茶会遗患身体："释滞销壅，一日之利暂佳；瘠气侵精，终身之累斯大。获益则归功茶力，遗患则不为茶灾。岂非福近易知，祸远难见。"毋煛认为饮茶对当天释滞销壅是好的，长期饮用则会瘠气侵精。辩证地认为"福近易知，祸远难见。"在茶饮渐为风俗之时，无疑具有警示意义。

《唐国史补》记载饮茶致腰脚病的故事："故老言：五十年前，多患热黄，坊曲必有大署其门，以烙黄为业者。灞浐水中，常有昼至暮去者，谓之'浸黄'。近代悉无，而患腰脚者众耳，疑其茶为之也。"热黄病用"浸黄"治好了，可能还有茶的功劳。另一种腰脚痛病却忽然越来越多了，怀疑是饮茶惹的祸。同样的观点出现在王敷的《茶酒论》中："茶吃只是腰疼，多吃令人患肚。一日打却十杯，肠胀又同衙鼓。若也服之三年，养虾蟆得水病报。"腰痛病大概与毋煛的"瘠气侵精"有点相似；水病与脚患可能是一样的病。

对于多饮致病，文人自己也尝到了苦头，从此也规劝他人不要多饮。《封氏闻见录》记载"伯熊饮茶过度，遂患风气，晚节亦不劝人多饮也。"伯熊就是为御史大夫李季卿表演茶道，并推荐陆羽再为李季卿表演茶道的那位先生，因好茶而饮茶过度，终于患上了"风气"病，大概也是类似于腰脚痛之类的病患，从此也不再表演和推广茶道了，而是劝人少饮茶了。

陆羽在《茶经》中指出了三种不当的茶饮：一是"（茶）

阴山坡谷者，不堪采掇，性凝滞，结瘕疾"；二是"采不时，造不精，杂以卉莽，饮之成疾"；三是"其瀑涌湍漱，勿食之。久食，令人有颈疾"。陆羽的茶是"南方之嘉木"上的笋芽，哪里知道老百姓的茶其实大多是茶树叶，他所说的情况对于老百姓来说是常态，故而加了葱、姜、枣、橘皮、茱萸、薄荷来中和茶叶的寒凉之性，然而被陆羽斥之为"沟渠间弃水"，实在是遗憾！

中国古代文人的终极目标是"至善"，中下茶的寒凉之性被了解以后，本着"亲民"之道，文人们将总结经验公之于世，指导人们如何以茶为饮食。毛文锡《茶谱》在说泸州獠人吃芽茶以后，又说："又有粗者，其味辛而性熟。彼人云：饮之疗风。通呼为泸茶。"獠人是泸州的土族，他们专门等茶树长出新芽时采食。新芽采食完以后必定还会长粗茶，粗茶"性熟"以后"味辛"，性熟应该就是树芽长成大叶以后形成了寒凉的本性，具有味辛类本草一样的药用价值了，故可以用来治疗风感类的疾病。两者"彼人（应指当地人）"皆称呼为"泸茶"。产茶地即使不懂茶道的百姓，也是非常清楚泸茶嫩芽与粗叶的功用的，嫩芽獠人是当副食吃的，粗叶是作为药用的，当身体不适的时候，煮饮治病。这种对本草的理解一直存在于产茶地区的民间，据抟庐郑耀告知，十五六年前在武夷山区无意中发现农民自己存放的老白茶散叶，他们不是当茶喝的，而是像泸州人那样当药备在那里的，遇到大人小孩偶有风感疾病时煮为汤药治病的。因为好喝，郑耀买作茶饮，反而喝出病来了。所以是药三分毒，药长期吃，当然是伤害身体的。

如何饮茶？苏轼有比较辩证的认识，其《仇池笔记·论茶》说："除烦去腻，不可缺茶，然暗中损人不少。吾有一法，每食已，以浓茶漱口，烦腻既出，而脾胃不知。肉在齿间，消缩脱去，不烦挑刺，而齿性便若缘此坚密。率皆用中下茶，其上者亦不常有，数日一啜不为害也。此大有理"。苏轼认为"除烦去腻"不可缺茶，长期饮用则潜移默化地损害人的身体。苏轼也曾有一日饮七碗的豪饮（《游诸佛舍一日饮酽茶七盏戏书勤师壁》），但要"数日一啜"，才能无碍于身体。数日一啜的是上茶，也就是笋芽茶。中下粗茶由于药性强，拿来漱口能"消缩脱去"齿间肉食，从而达到固齿益牙的作用，饮用则会伤及脾胃。

茶能消酒食毒在晚唐无名氏的《玉泉子》中也有记载：

昔有人授舒州牧，李德裕谓之曰："到彼郡日，天柱峰茶可惠三角。"其人献之数十斤，李不受退还。明年罢郡，用意精求，获数角投之。德裕阅而受。曰："此茶可以消酒食毒。"乃命烹一瓯沃于肉食内，以银合闭之。诘旦，因视其肉，已化为水。众服其广识。

舒州天柱茶，《膳夫经手录》有明确记载："舒州天柱茶，虽不峻拔遒劲，亦甚甘香芳美，可重也。"数十斤的天柱茶李德裕不要，"用意精求"的"数角"茶才收受了。李德裕以此精求的天柱茶烹一瓯，沃之于肉，一夜之间肉化为水。此消酒食毒的故事有点夸张，但既然能消酒食毒，那对于平时食酒肉很少的百姓的脾胃就会有很大的伤害作用。苏轼反用此理，以茶漱口，转害为利。

（宋）林洪《山家清供》从饮食文化的角度指出了茶饮的利害关系。其《茶供》篇说"茶即药也"，"煎服，则去滞而化食"。也就是熟茶有利于身体。如果"以汤点之"，反而"滞膈"，且伤脾胃。"之"是指生茶，南宋时应该说的是生晒茶；加上"多采叶杂以为末"，两者都"怠于煎煮"的话，则于身体有害。熟食，自燧人氏发明火就是中国饮食文化之根本，林洪虽身居山野，仍坚守着传统饮食文化之道。

中国文人看问题总是一分为二的，臞仙朱权好茶，也说不宜多饮。他在《品茶》之余说："虽世固不可无茶，然茶性凉，有疾者不宜多饮。"朱权以本草文化的角度，指出了茶性凉，有病的人不能多饮。此乃物与人和谐相处的人文思想体现。

物皆有性，随性用之，适可而止，百利而无一害。逆物性而用，用而过之，则百害而无一利。

四、茶对农耕社会的影响

唐代晚期，茶饮已成风俗，商贸异常活跃，加之《茶经》规定在宫室内饮茶二十四器缺一不可，于是农耕社会的各行各业都被茶事所影响。首当其冲是种植业和制茶业，其劳动力茶民是从农耕人群中分离出来的，他们基本依赖茶的种植和采造生活。

其次是运输业和仓储业，运输有脚夫、马帮、车载、船运。脚夫多为短途挑运，《录异记》等古籍常有步健押运茶担的记载。马帮多走高山大谷，舟车无法行动之地，西番赞普贮藏的多种茶叶应该就是靠马帮贩运所获的。马帮走过的路线，形成了影响深远的"茶马古道"。

对于盛产茶叶的长江流域来说，车载并不重要，船运才是快捷而厚利的。《唐国史补·卷下》记载："凡东南郡邑无不通水，故天下货利，舟楫居多。"船不仅载货量大，且快捷省力，安全性也相对高一点，想要获得高额的商贸回报，船运是不二选择。人工运河就是为船运而开挖的。北宋汴京虽是四战之地，但由于河流众多，形成了既是政治中心，又是商业中心。南宋临安更有江河湖海通达四方，既可护卫京城，又可货通四海，成为商业、制造业的中心。

手工业涉及的行业更广，法门寺地宫出土的金花银质茶器和琉璃连托茶盏是比较名贵的器皿，应是官家作坊的金银作和琉璃作的工匠生产的高档茶器。民间要到宋代才有"银盂杓盏子"在茶肆中使用，偶尔也有小金汤瓶。

手工业产品影响最大的当属瓷器。瓷器是中国人的伟大发明，早期青瓷以生产陪葬明器为主。从唐代开始，受茶饮等生活用器影响，青瓷生产转向壶、碗等生活器皿，以至于陆羽品茶时竟列出了越州、鼎州、婺州、岳州、寿州、洪州等六个青瓷窑口和一个白瓷窑口——邢州窑，并从宜茶的角度对这些瓷碗加以品评。《茶经》不是陶瓷专著，却《四之器·碗》成了中国历史上第一次提出诸多窑口、并加以评论的陶瓷专文，其评判青瓷优劣的标准是宜茶，却又是那么恰如其分。可以说是一盏茶带动了整个瓷器生产的转向。宋代用瓷盏更多，汝窑、耀州窑、龙泉窑、建窑等都生产茶盏，以至于南宋茶肆"止用瓷盏漆托供卖"。

风炉、炭挝、火筴、鍑、则、漉水囊等均与铜铁行业有关，特别是"漉水囊"强调必须用生铜制造，要求高于其他器皿，不用生铜，茶汤会沾染铜铁的腥味。

竹木业更是二十四器中占比最高的行业，因怕影响茶汤的口味，大多数的东西都以竹木为之，尤以竹编类器具使用最频繁。另外，还有漆业、烧炭业、石匠等都因茶饮需要而得到扩大和发展。

第四章　说茶事论茶道

　　道，在中国是一个很神圣的哲学名称，中国人是不轻言"道"的，《老子》说："有物混成，先天地生……吾不知其名，强字之曰'道'"。道是形而上者，且不可名状，故难言。然而大道又散见于各种具体的事物中，比如养生之道，首先是饮食之道，吃好喝好才能颐养有生之体。可吃之植物既可作食，又可作饮，饮又分浆饮、酒饮、羹饮、茶饮等，茶饮又有茶荈与别茶，各种茶饮之事汇合在一起，总结出如何喝到一盏好茶，那就是饮食大道中的小道——茶道。现在每每说到茶道，人们总是犹豫不决，怕被人误会是从日本舶来的，殊不知唐代人明明白白地告诉你大唐有释皎然的茶道和陆羽的茶道，日本"茶道"才是从唐代文献中舶来的。茶道仅仅反映的是饮食文化中的茶饮，且主要是茶饮中的荈草作饮，其他的茶茗饮食文化之道因"茶道大行"之后而遮蔽了。

　　这里所说的茶饮之道、即茶道，已蜕却了饮食文化中的食文化，故本篇专门讨论的茶文化是比较彰显的茶饮之事。茶之为饮的发乎时间向来语焉不详，人们之所以说不清，是因为古文献中的第一桩茶事是依附于酒饮悄悄地出现的，而且原料的主角是后来被当作茶的别名的"荈"，还扑朔迷离地与茶字并列在一起称"茶荈"，是吴王孙皓宴饮作弊用来"当酒"的。所以，这第一桩茶事它既不能让人知道，也不敢有独立的器皿，独立的礼仪，一切都以酒礼、酒器替代，唯有秘书郎陈寿知道并记载了下来。所幸的是那时的一个装酒的青瓷罍上留下了文字证据"茶"，佐证了历史上第一桩茶事存在的可能。可见，茶饮一开始就与酒饮关系密切，以至于晚唐社会有王敷的《茶酒论》。

独立茶饮初现饮文化江湖时，是满满的诗情画意：夕阳卷阿、荈草山泉、陶简之器、公刘之匏、沫成华浮，完全纯自然的山水草木，既不依附于酒饮，也无宫阙楼台的奢华。遗憾的是记述它的文人杜育只知道是荈草作的益人之饮，而不知道这种饮料样式的名字就叫茶，茶荈又失去了一次正名的机会。杜育虽是北方人，但曾拜汝南太守，汝南紧邻产茶的信阳市（即《茶经》所载"义阳郡"），故见识过、品尝过荈草作的饮料，以"赋"的形式概述了西晋百姓在初秋农闲时的茶事。《荈赋》记载的独立茶饮首秀是秋天的茶事，不同于人们熟知的"民间相事学春茶"的茶事。独立的茶饮之所以首秀于"月惟初秋"，是因为茶树是少有的在秋天仍然长笋芽的植物，这种特别的笋芽后来被陆羽名之曰"茶"。

晋室南渡至吴地，此地的"茗汁"为更多的文人所熟知，茗汁当然是荈芽作的，故后来将"茗"理解为一种植物芽的专称，茶芽作茶也被称作"清茗"。从类书《艺文类聚》和《太平御览》都没有"茶"和"荈"类，却有"茗"类，可见茗是茶芽的代称反而被更多的古代文人所接受。虽然民间茶义是多重性的，但基本不会影响文人的理解，因为大多数文人士大夫、特别是有话语权的是接触不到民间那些茶事的，对茶的理解也多如盲人摸象一般，只认摸到的那部分。

东晋南朝的茶饮之道初现文野之别，文献中常见豪门贵族饮茗汁，茗汁与当酒极其相似，是佐餐的，仍有依附酒饮之嫌，既无独立的器皿，也没有形式美的讲究，从饮文化方面说逊色于《荈赋》之饮。民间作茶作茗的食材比较杂，有天门冬苗、菝葜、檀叶、大皂李叶、瓜芦木叶等，如果对茶饮的认识囿于茶叶茶，就会忽视民间这些别茶为饮的正宗茶饮文化。

虽然茶文化出现于三国时期，但"风俗贵茶"则起于唐中期的寺院，这与唐上期武则天崇佛有关，影响所及盛唐时期禅教大行其道。《封氏闻见录》云："开元中，太山灵岩寺有降魔师大兴禅教，学禅务于不寐，又不夕食，皆恃其饮茶。人自怀挟，到处煮饮。从此转相仿效，逐成风俗。"佛教自东汉传入中国，一直是某些时期、局部地区的兴盛，至武则天自称弥勒下凡为帝，才形成全国性的迷信佛教。禅宗是中国化的佛教，讲究"悟"，坐禅就成为佛徒的日常功课。念经坐禅极易瞌睡，"令人不眠"的茶饮正好发挥了它的作用。僧众的行为影响了众多的善男信女，又流风所及整个社会，形成了"风俗贵茶"。

唐代宗永泰元年陆羽《茶经》问世，对于茶饮来说具有里程碑意义。陆羽对"人自怀挟，到处煮饮"的乱象，本着文化茶饮的理想，著《茶经》教人们以茶饮之道。按照《封氏闻见录》的说法，《茶经》以后"茶道大行"。从《茶经·七之事》内容看，陆羽并没有读过陆玑《毛诗疏》，不知道茶具有食文化的意义，所以他的开场白是首先误正"南方之嘉木"为茶，定义"茶"是指茶树之笋芽，而非茶叶。茶之所以金贵，皆因采食的笋芽在茶树上的占比很小。即便是宋代的一枪二旗，在整棵茶树中也没有多少。如果说木本果树是采食果实的，那么木本茶树主要是采食笋芽的。《茶经》以后，说茶论道的茶书，始终遵循着笋芽作茶之道，这是陆羽茶道第一要紧处。

我们在读宋代茶书时，能明白无误地感受到贡茶为了追求极致而剔出水芽制龙团胜雪，殊不知陆羽用来煎茶的其实也是与水芽相差无几的芽芯，只不过说得比较隐晦而已。陆羽的茶在捣茶后，包裹的嫩芽叶已被捣成细末，碾出来如细米、如菱角的末茶基本上是捣不烂的芽芯，与水芽无二。因此，唐宋茶道的极致茶品都是茶的芯芽。不过一个是细屑，一个是细末。

风俗贵茶以后，笋芽茶已经远远不能满足整个社会人们的生活需求，大量的中下茶、即茶叶也自然而然地被广为采食。唐代《茶酒论》记载民间"三文五碗"的茶绝不会是笋芽作茶的，"茶叶"的概念便逐渐形成了。其实产茶区老百姓也是懂茶与茶叶的区别的，泸州人将饮食的芽茶和治病的粗茶都呼为"泸茶"就是明证。但民间极少有茶，多为茶叶，为了扶正茶叶的寒凉，常常加入姜盐米橘等共煮为茶。然而此类茶被陆羽斥之为"沟渠间弃水"而批判，不知道这算不算《茶经》所带来的消极意义？古籍记载的饮茶致病都是单一的茶叶茶，被陆羽鄙视为"弃水"的茶倒是不会致病的。现代茶饮配以点心，不失为一个明智的选择。

陆羽茶道第二要紧便是水。对水质的要求，杜育《荈赋》已提出"水则岷方之注"。其中的"岷"，有些本子作"岷"，似为特指岷江、岷山地方了，不契合作者所想表达的整体文意。那"岷方"是指什么呢？《说文》只有"氐"，释曰："至也。本也。地也。"加"山"字旁意为"山之本"、"山之地"。岷方就是山的低平处，山泉水在此汇聚，供人们饮用。即是陆羽说的"山水上"，及后来所说的"活水"。

活水需用活火煎，这在杜育《荈赋》中是没有的，却是陆羽和唐代其他茶道高人乃至宋代以后文人都认可的煎水之道。活火容易理解，煎水老嫩的程度却因时代不同而认识略有差异，但至少唐宋人都认可陆羽的"二沸水"作茶，无非是宋代人以听水声来辨别水之二沸，并用来点茶、瀹茶。茶道中的水，既有水质的讲究，又有煎水的要诀。

茶道第三要紧处便是作饮之道。散见于古籍中的作饮之道很多，归纳起来其实只有二个：煎煮与点注。其发展过程就是先煎煮，后点注。煮煎源自炮生为熟的饮食文化，无论是陆玑的鲜叶，陶弘景的"火煏"，释皎然的"金牙"，抑或广南人的"作屑"，以及陆羽的末茶，都是煮或煎的。煎煮后即使生晒茶也成了熟茶，且有甘香滑泽的茶汤，更有益人的沫饽，是古人眼中的一盏好茶。

如果唐代以前是煎煮的时代，那么五代两宋以后则是点注的时代。由于茶本身具有的食文化意义，早期饼茶加工都是向着熟茶发展的，当发现再煎煮反而有损茶味时，作茶的方法逐渐变为热汤点注，由此引发各类炒制芽茶也都用点注之法作茶。点注是作茶方式的革命，也是茶饮文化的革命，由于其相对方便快捷，且不失真味，还"不宜累家"，便一直流传至今。然而一味地点注，不关乎生熟，则有害生之虞。林洪认为生茶损伤脾胃，主要是针对生晒茶点泡的。

由于语境的不同，今人很难读明白最初"当酒"的茶事，对从煎煮到点注的茶饮发展之路也理解不透，故对古代茶事的误解颇多。首先误解唐代茶饮只有陆羽的末茶煎饮，而不知道释皎然的"摘得金芽爨金鼎"更为普遍；即便是陆羽的煎茶，也误以为是一锅"煮成糊状"的茶，实是被宋人的末茶点茶所误导的认知。每每说到陆羽和唐代文人的煎茶，文笔和镜头都不敢直视茶鍑和茶碗中的茶汤。其实陆羽端在手里的那一碗茶与释皎然端在手里的那一碗茶是一样的，都是汤作红白之色、茶面有沫饽的清汤型茶，与吴地"茗汁"如出一辙。如果一定要与现在作比的话，陆羽的一盏茶类似于现在的淡爽型啤酒。

苏廙的十六汤是讲煎汤的，煎汤干吗？点注作茶呗。文人笔下的"煎汤"就是老百姓的"煎茶"，晚唐长沙窑"镇国茶瓶"铭执壶即是明证。可见，唐代不仅是茶饮煎煮的时代，还是点注开启的时代。点注在人们的印象中是点注调膏后的末茶的，殊不知散芽也随着作茶方式转型而变成点注了，这在北宋时期不怎么彰显，宋室南迁以后才发现散芽点注在江浙非常普遍地存在。其实无论是早期的煮饮茗汁，还是释皎然的唐茶、宋代的瀹茶，南方文人士大夫一直好清汤型茶饮。元人王桢的《农书》也是这么认为的。

陆羽在《茶经·一之源》说："为饮最宜精行俭德之人"，指出了茶饮要适可而止，不可贪饮。精、俭虽然是对人的德行说的，又何尝不是对茶和茶饮说的。茶是茶树之芽，极少；末茶是细米菱角，极精。作茶饮也不过一升而分之，唯精行俭德之人饮一碗则止。如贪饮，那就会茶与茶叶不论，饮也不加节制，嗜茶成性，其结果必是暴殄天物，伤身害命。

其实陆羽的茶道是末茶的茶饮之道，也是茶道的第四要紧处。末茶作茶的发展，唐、宋、元、明并非都是一样的，而是各具特色，与清汤型茶饮一以贯之的情况正好相反。由于宋代茶书大书特书宫廷末茶，造成今人误以为宋以前的茶饮都是乳沫丰富的末茶；又因为唐宋都用碾槽碾子来碾茶，宋元明都用石磨磨茶，又都有罗茶的环节，便误以为唐宋元明的末茶都是一样的筛罗罗下来的细末，殊不知文献记载的四个朝代的末茶都不一样。唐朝的末茶是细颗粒状的；宋朝的末茶是榨茶去膏的饼茶磨成细末状的；元朝已不作饼，是散芽直接作末茶；明代与元代相似，只是没有酥油等食材加入，是纯茶细末作茶。所以各自做成的那一盏茶，唐代是观汤色、茶花的；宋代是比斗茶面之色的；元代是讲营养的，汤色茶面都不讲究，但也不会差；明代崇新改易，不好色也不好养，茶品纯而能爽神。所以，除原料都是芽茶以外，制作成茶的工艺均不相同，最后那一盏茶也都是不一样的。如果按照古文献制作四碗不同时期末茶，除宋元茶可能需要品尝一下才能区分，其他的一眼便知。

分茶，是一个极易让人望文生义的名词，往往只知其为茶饮而不及其他。刘永祥《清波杂志校注》将北方民间"河朔用以分茶"的"分茶"释为"宋时流行之茶道"。若单独释训"分茶"，此释训可作为内容之一；出现在生平未仕、晚年燕居钱塘的周煇作品中，则要考虑是不是指宋代茶道了。同样的情况出现在伊永文的《东京梦华录笺注》中，虽然原著言之凿凿地详加解释民间饮食有"分茶酒店"和"茶坊"之别，且伊永文"分茶"注文不仅引钱钟书《管锥篇》说分茶"于宋含两义：一指茗事，一指沽酒市脯"；还引顾学颉、王学奇《元曲释词》谓："分茶当是随意饮酒小吃之意。"但仍顽固的将两宋民间饮食的"分茶"释为杨万里笔下的"分茶"，而不详加辨识语意、语境，好鲁莽哈！

王阳明说："以事言谓之史，以道言谓之经。事即道，道即事。"（《传习录·徐爱录》）古代点点滴滴的茶事记录，形成了茶史。各项茶事说清楚了，便成了茶道。从茶荈、《荈赋》《桐君采药录》到《茶经》，串起了早期茶饮之道的发展历程；宋代《茶录》《大观茶论》等诸多茶书，以及元代《农书》《饮膳正要》等有茶事记载的古籍，描绘了丰富多彩的宋元茶饮文化；明代文献则告诉我们茶饮逐渐归一为点泡芽茶，即清茗。中国茶道，大率如此。

第三篇　文人茶

文人，顾名思义是有文化的人，然而近代以来对于"文化"一词的理解则见仁见智，一般会将其与"知识"画等号，一度将知识学得多的人称为知识分子，可谓恰如其分。现今所学知识超过"五车"的比比皆是，但没读过几本诸子百家和"四书五经"等中国传统文化典籍就不等于有文化，故不能称为文人。当然大多数知识分子是不屑于以"文人"自号的，甚至自以为学识丰富之辈对古代文人颇有微词，文人在他们眼里与"小人"无二，如此，就无法讨论文人茶了。为名正言顺地论说文人与茶的文化关系，讨论其中的人文意义，有必要先弄明白"文"与"文人"的形成及源流，重塑文人的形象，读懂文人在物质文化之路上的作用，方能更好地诠释文人茶。

茶，不是文人预设的概念，也不是先民对一种植物的俗称，而是先民为生存而发明的一种饮食形式。当文人遇见茶，才将其概括为茶、茗两个概念性文字，解释清楚其意义，演绎成丰富多彩的饮食文化。当文人再次遇见茶，茶便华丽转身为高雅的文人之饮，处处都透露出文人的讲究，闪烁着人文的智慧。所谓文人茶，既是泛指茶饮食中的人文意义，又是狭义上特指文人的芽茶作饮。

第一章 文人与文化

一、文与文人

文,《说文》释曰:"错画也,象交文。凡文之属皆从文。"这里的"错"是"交错"的意思,故后面说"象交文",各种交叉的画纹称"文"。段玉裁《说文注》曰:"黄帝之史仓颉见鸟兽蹄远之迹,知分理之可相别异也,初造书契,依类象形,故谓之文。"文,初是鸟迹兽远,后有天象、地理,终为人为之文。《淮南子·本经训》记载:"昔者仓颉作书,而天雨粟、鬼夜哭。"有了文字,便可以记录事物和表达思想,不必模糊的结绳记事了,还可以传达、传承人类活动成果,老天为之祝贺,鬼作祟受阻而夜哭。中国的文字从一开始就是象天法地的产物,不是凭空想象出来的。

天有文,叫天象;地亦有文,称地理。伏羲观天察地,创造了初文"一"。一,在中国文化里最初不是一个数字,为意象符号。一画开天地,是太一,也是阳爻;《说文》释字始于

"一"，释曰："惟初太极，道立于一，造分天地，化成万物"。任何道是建立在"一"之上的，把"一"中分断开，是为阴爻，始有阴阳，才"造分天地"。天地化成万物，尽藏于阳、阴二爻之内，两个爻象的组合变化为八卦、十六卦、六十四卦等卦象。卦象是对天地及万物之变的解释，以简单的阴阳二爻组合变化来解释复杂的、深不可测的天地变化之道，从而解释人在其中的关系，这是中国先圣为先民安身立命创造的文化，故《易》为群经之首。现代电脑二进制基本代码也是极简的 1 与 0，与阴阳二爻相似，莱布尼茨是在《易经》的启发下才写成论文的。虽然如今电脑的算力已强大到人脑无法企及，但《易经》中的人文思想则是无法计算的。按照"三皇五帝"的排序，伏羲早于黄帝，卦象也比文字要朴素，故为初"文"。

陶寺遗址出土朱书"文"陶器残片

自 1978 年以来，考古工作者在山西临汾市襄汾县的陶寺，进行了 40 多年的考古发掘，在一件出土的陶器残片上发现了朱书的"文"（如图），像一个半连续的"交文"；又像"爻"去掉了上端；也像"父"字上端未开。这不仅仅是比甲骨文还早的文字，也是具有抽象意义的文字。有此"文"，便有文人、文明、文化等人文意义的词汇。考古工作者还在陶寺发现了由 13 根柱子和一个观测台组成的人为之"文"——古观象台，据此观察到的廿四节气中的"两分"（春分和秋分）、"两至"（冬至和夏至）的时间与现在的观察基本一致。此"文"印证了最早的史书《尚书·尧典》中"（尧帝）乃命羲、和，钦若昊天；历象日月星辰，敬授人时"的记载。羲氏与和氏是尧帝的天象官，帝尧命令他俩观察日月星辰的变化，告诉人们适时农作，豢养牲畜。观察天上的文，转化为心中的文，最后成为口中的文，并以此"敬授人时"，人民依文而行。经考古工作者考证，认为朱书"文"就是指"文尧"，也就是一直以来人们苦苦追寻的、文献记载的"文治"之祖，《尚书》中称之为"文祖"。

若以文字论，此"文"乃是人文的、独立的、抽象的单个文字；若以远古文化发展来审视，尧时代的文多为质朴的卜筮符号和数字，此"文"很可能是最早的数符卦象，上为阴爻，下为阳爻，与后来的少阴卦一致。"文"的上部"∧"，在甲骨文和早期金文中是"六"，是《易经》阴爻数符，也是偶数（二、四、六、八、十）的中位数；下半部分"乂"，在甲骨文和金文是"五"，也是奇数的中位数。商代甲骨卜辞中多用一、五、六、七、八表示数字卦，比之更早的尧时代可能更朴素，推测只用中位数的五、六来组合卦象，表示阴阳之交而中和，"文"可能是最早的卦象。《易经》的偶数为阴，奇数为阳，而"一阴一阳之谓道"，故此，朱书"文"具有非常丰富的文化意象：天道，中道，冲气以为和；人德，中庸，少阴。总之，"文"涵盖了古人对阴阳之道的认知，是否可以理解为记录这样的认知就是文字，内容就是文化。

中国文字之初文来自于各种自然之"文"，来自于各种自然之"象"，象形而成的文字先天具有意义，然后才有读音，其天然的表意功能，使得一个字创造出来便可以用来交流。因为象形，连老天爷都看得懂，故可用于祭祀问卜。可贵的是迟至春秋战国，"五霸""七雄"的文字字形虽有小异，其造字理念都是一样的，体现了文化的趋同性。秦始皇"书同文"只是去掉了小"异"，全部大"同"了。由于象形，中国文字不同于仅仅是表音的字母文字，而是皆具形象思维和抽象思维的。从造字到释文，激发了人对万物从哪里来哲学思考，使中国文字具有天然的哲学意义。这种有四声五音的象形文字，同时开发了人的左右大脑，经五千多年（按现在流行的五千年文明之说）的不断使用，每一个文字都蕴含了天地变化之道，人文教化之理，知道了人从哪里来，又该往哪里去，知道了人如何与自然相处，又如何人与人和谐相处。可见，人类的一切生产和生活活动都可称之为"文"，或曰"人文"。

人，《说文》释曰：“天地之性最贵者也”。“天地之性”本为“天地之生”，为什么改“生”为“性”呢？《礼记·礼运》说：“故人者，天地之心也，五行之端也，食味、别声、被色而生者也。”原来人之生与万物之生的区别是得了“天地之心”，故在“生”的旁边加“心”，谓之“性”，也就是人所独具的“人性”。《孟子》说“人性之善也，犹水之就下也。”《荀子》则说：“人之性恶，其善者伪也”。公元前的中国文人就开始讨论人性了，人性的根本是人的“心”，故形成的学问称为“心学”，这是人类社会最高深的学问。

文是像天地万物而成的，人是具天地之心最贵者，那“文人”就不是一般之人了，只有掌握“文”的、并施之于人的祖先才能称“文人”，也就是“文人”是文德具备的祖先，也是智者、圣人的同义词。

《尚书·文侯之命》：“追孝于前文人。”【追补孝道于前世文德祖先（晋文侯祖先）。】

《诗经·大雅·江汉》：“釐尔圭瓒，秬鬯一卣，告于文人。”【赐给你玉圭为柄的勺，黑黍酿成的美酒一壶，祭告于文德的祖先（指周王祖先）。】

两则文献所说的“文人”，都是有文德的祖先，后来也称为"上帝"。人们常说"三皇五帝",皇,就是指远古的帝,伏羲、女娲之属;帝,指中古之帝,炎黄尧舜之属。上帝的"上",不是空间概念,而是时间概念,"远古"的意思。已故的先王才能称"帝",所以后辈称中古先帝为"上帝"。尧舜至三代帝王易位首先要祭奠文人,即上帝。

《尚书·尧典》:"肆类于上帝,禋于六宗,望于山川,遍于群神。"【舜在尧太祖庙里接受帝位以后,接着祭祀上帝(先帝),并天地四方、山川神灵等群神。】

《诗经·大雅·荡》:"荡荡上帝,下民之辟。疾威上帝,其命多辟。天生蒸民,其命匪谌,靡不有初,鲜克有终。"

《诗经》的"上帝"指商纣王,商纣王虽然无道,但得正传,仍是前朝故帝,可以称"上帝"。相对于"文人",上帝并不一定是文德皆备的。诗中借周王之口批评商纣王,实则是讽刺当时的周王。由于"天"具有高高在上、广大无边的概念,慢慢地"上"由时间概念衍化成了空间概念,人们认知的"上帝"变成"天上的帝"了。《越绝书》已开始有"天帝"的称呼,宋代还有指称一颗星为"上帝"星。《宋史·天文志》:"紫薇垣东蕃八星……第二星为上帝。"由古文献可见，"上帝"并非是舶来之词，也不是想象的神灵，是真实存的、且大多为生民的生存做出过贡献的祖先，中国人说"上帝保佑！"就是祈求远古祖先的保佑。故中国人有祭祖的传统，至今依然。

无论是文祖，还是文人、上帝，反映了中国人对"文治"开创者的敬畏和尊重，荀子名之为"贵始"。《荀子·礼论》曰："故王者天太祖，诸侯不敢坏，大夫士有常宗，所以别贵始。贵始，得之本也。"（所以大王以开国君主为天祭祀之，诸侯也不敢毁坏始祖的宗庙，大夫和士也常在宗庙祭拜祖宗，这些都是用来分别以始祖为尊贵的。以始祖为尊贵，道德的根本。）贵始，是对文化开创者的崇敬，也是对传承者的肯定，中国古代文化的发展因此而有根有据。在此后的历史长河中，中国古代文人没有始祖不敢说事。比如茶饮，陆羽不知道发乎何时，然而没有茶饮始祖怎敢说茶，故从三皇五帝中找了个"尝百草"分五谷的神农氏作始祖，反正汉代人因此将中草药的发明也戴在了神农氏的头上了，那"茶之为饮，发乎神农氏"也没什么不合适。

文人开始是有文德的个人，此后渐变为一个群体，既然是群体，当然是珠目相杂、君子与小人并存的。西周是"士大夫（文人）"阶层形成阶段，他们都经过贵族子弟学校"国学"的培养，国学的具体执行官是"保氏"："保氏掌谏王恶，而养国子以道，乃教之六艺：一曰五礼，二曰六乐，三曰五射，四曰五驭，五曰六书，六曰九数。"国学要学"六艺"，这是"国之大事在祀与戎"所必须具备的技能。国学学子一踏入社会，至少可以谋一个"士"的身份和相应的职位，进一步则可以谋到"大夫"的身份。士和大夫都是贵族，士是最普遍、最基层的贵族，是社会的中坚力量，他们都学过文化，故明君都会礼贤下士，而士可以为知己者死。

先秦时期统治文人思想的并非是儒家思想，孟子说："天下之言，不归杨，则归墨。"杨朱"贵己"，是道家思想的源头，后来独善其身的文人都信奉道家。墨子不仅是兼顾祀与戎的文人，更是人类历史上真实存在的第一位有理论、有实践的科学家，是文祖之后德才皆备的中国古代文人。墨子是接受"六艺"教育的通才文人，其"兼爱"、"非攻"的哲学思想，是至今依旧闪耀着人文光辉的伟大思想。因为"非攻"，他用其先进的机械制造模具与同样是机械制造大家公输盘进行了人类历史上第一次军事模型推演（《墨子·公输》），并因此而消弭了一次大规模的争权夺利、残害生民的战争。墨子在2500年前，就以实际行动诠释了善文化驾驭下的科技，才是有利于人民的科技。

儒，是谈论文人绕不开的话题。《说文》释儒曰："柔也。术士之称。"《说文注》段玉裁引郑目录说："儒行者，以其记有道德所行。儒之言优也，柔也，能安人，能服人"；"又儒者，濡也。以先王之道能濡其身"；"儒有六艺以教民者"。

（汉）刘歆说："儒家者流，盖出于司徒之官"。司徒是周朝"掌邦教"的官，教育是其主要工作之一。西周时期只有"官学"，没有"私学"，在官学里教学的官吏（司徒之官）在礼崩乐坏的春秋战国时期流落到民间，就是后来的"儒者"。儒者通晓的是新"六艺"，即《诗》《书》《礼》《乐》《易》《春秋》，而不是西周的"六艺"。

孔子创立了中国古代第一所私学，也是"第一位教师"，他主张以新"六艺"教育，因教成三千弟子、七十贤人，后来被奉为儒家鼻祖。孔子曾对卫灵公说："俎豆之事则尝闻之矣；军旅之事未之学也。"也就是孔子只懂"国之大事在祀与戎"中的"祀"，偏重于礼乐仁义的文化教育，主张以"礼"来约束人，故曰"柔也"。孔子提倡培养出来的学生要"学而优则仕"，将所学用于社会治理，以达"安人"、"服人"。因此，儒者极其受教者大多能文不能武，称"文士"，就是后来的"文人士大夫"。

将儒家推向中国古代政治中心的是儒学集大成者的荀子。荀子是稷下学宫（齐国的官方学校）最后一位先生，他研读过"诸子百家"，也考察过严刑峻法下的秦国，发现秦国没有儒，而社会秩序不错，对他的思想产生重大影响。他以大儒的身份，提出了具有法家思想的王道、霸道理论，也就是帝王术，主张"一天下"来结束联邦纷争的局面，以及重刑法以禁"恶"等一系列法家色彩的政论，故培养了两位赫赫有名的法家学生——李斯和韩非。

韩非是纯粹的法家，著有《韩非子》，受老师"人性恶"的影响，主张以刑法来约束人性之"恶"，规范社会秩序。秦王嬴政读其著作大为赞叹，说："寡人得见此人与之游，死不恨矣！"当从李斯口中知道韩非在韩国后，即兴三十万大军，向韩国索要韩非其人。这大概是有史以来第一场因一位有治世之才的文人引发的大规模战争。秦王得韩非后非常信任，却招致李斯的嫉妒，最后，同门相残，韩非被师兄弟李斯伙同他人害死在狱中。人之性恶乎？

李斯是法家思想的果敢践行者，助秦王统一天下，实现了老师"一天下"的主张，并用郡县制替代了分封的联邦制，使秦王成为了中央集权政治的始皇帝。李斯还是"书同文"的设计者，全国的文人均用他写的小篆字作为统一的书写字体，从此，"天下"文人用统一的"文"表达思想，记录历史，抒情写意。

荀子是儒家，但他不是一味地"儒"，他会因社会的需要而行变通。礼崩乐坏的时代的确需要礼乐仁义，然而这种寻常之药已经无法治愈深入膏肓之病了，非严刑峻法的猛药不足以治理纷乱的天下，法实质上是礼的强制化。师生三位文人，藉秦王之力改变了中国历史，实现了三人都信奉的"一天下"的理想。秦王也因三人的理论，成为中央集权的始皇帝，集"皇"

和"帝"于一身，结束了周代"（天子）譬如晨星，居其所而众星共之"的政治格局。

虽然秦始皇藉三位文人之力统一了天下，荀子也提出过"法仲尼、子弓之义，以务息十二子之说"的主张，但儒家在秦朝是没有地位的，还被"焚书坑儒"了一下，真正改变儒家地位的是"汉家儒宗"叔孙通。在孟子"人人皆可为尧舜"的思想、庶民陈胜吴广"王侯将相宁有种乎？"的实际行动下，天下又陷入了纷乱，秦朝小吏刘邦因势夺得天下，成为中国第一个平民皇帝。平民做皇帝，本不符合古代等级制的礼，故刘邦初登帝位就有"老子做皇帝合不合法"的烦恼。此时的群臣却在宫中饮酒争功，喧嚣呼叫，拔剑击柱，毫无礼仪，弄得汉高祖一点皇帝的感觉也没有，烦恼加重，十分恼火。蛰伏已久的儒者叔孙通顺势而出，征聘鲁地儒生十百人，演习制礼作乐，并在长乐宫建成举行大典时，初现礼制之好。叔孙通布置酒宴，文臣在东，武将在西，文武有别。以皇帝坐北朝南的尊位看，也是《老子》"君子居则贵左，用兵则贵右"的思想体现。侍从皆匍匐俯首，群臣依尊卑次序敬酒，莫不肃敬。汉高祖这才找回了当皇帝的感觉，高兴地说："吾乃今日知为皇帝之贵也。"并重赏了叔孙通，还将他从鲁地招来的弟子都安排做了郎。礼，终于显示了其在大统一王朝中的重要性，规范了秩序，节制了行为，并由宫廷辐射到整个社会。

　　叔孙通，人如其名，既通晓儒术，又善于变通运用。作为孔子八世孙孔鲋的弟子，承担着老师嘱咐的恢复儒学的重任。他做过秦始皇和秦二世的待招博士，也侍奉过项梁、楚怀王、项羽，最后才投靠了刘邦。他是儒者，但不迂腐，他可以阿谀奉承躲过秦二世的牢狱之灾；也可以顺着刘邦的意思换掉儒者的衣服（暂时放弃儒家礼仪），更可以顺时推荐土匪强盗帮刘邦打仗。他需要"苟且"地活着，等待圣主，等待天下平定，等待他的用武之时机，以完成老师弘扬儒学的嘱托。他做到了，他帮刘邦找回了皇帝的感觉，也使得儒家在天下的政治中心有了一席之地，成功显示了儒家之术"能安人，能服人"的作用，儒生、儒术从此脱颖而出。汉惠帝时，叔孙通还制定了朝拜、祭祀先帝陵墓和宗庙的礼仪，成为以后历朝历代祭祀陵墓、宗庙礼仪之滥觞。

　　汉代开国皇帝是一位平民皇帝，特别讨厌繁文缛节，一再告诫叔孙通制礼不要太繁琐。善于变通的叔孙通明白，若要礼行天下，必须融汇变通古礼，革除不必要的繁文缛节，礼制要简约而不失威仪，才能使平民皇帝尊礼，并因之而推行全国。所以，汉儒叔孙通推行的礼，早已不是夏商周秦之礼了，而是应时所制的汉礼。汉代以后，礼制都承袭汉制。

　　对孔子儒学的变通，始于荀子，叔孙通再变之，定汉家礼义，故司马迁誉叔孙通为"汉家儒宗"。至汉武帝时，大儒董仲舒秉承了孔子"唯天子受命于天"的思想，对汉武帝大谈"天人合一"，彻底解决了汉高祖以来对平民当皇帝合不合法的隐忧，于是，君臣合力推行"罢黜百家，独尊儒术"的政治主张，融通后的儒家思想从此定型，成为中国文人的正统思想，统治中国文人的精神世界二千多年，每一个文人的血脉中都有儒学基因。

隋唐施行科举制度选拔官吏，以儒家为正统思想，应试内容都是孔子的新六艺。然而学通了，马上能通过考试而入仕，也不需要战战兢兢地面说君王而为其所用了。虽然做到了"学而优则仕"，但仍存在等级制。宋代修文偃武，文化昌盛，平民通过学习新六艺改变命运的俯拾皆是，可能"朝为田舍郎"，而"暮登天子堂"了。平民力量的上升，为文人阶层的扩展提供了无限的可能。文人，或文人士大夫，这一中国特有的特殊阶层从此定型。

二、文化

在现代大多数人的辞典里，文化等同于知识，这可能与现代教育有关。现代的教育体系来自西方，而现代西方就是将文化理解为"一种构造"（[美]约翰·W.奥马利《西方的四种文化》）的，并以外科手术式的解剖为"构造中的因素是形式、象征、制度、情感方式、行为方式等等"，由此而区分为先知文化、学术/专业文化、人文文化、艺术文化等四种文化形式，其实是四种知识。然而在中国传统的认知中，有知识并不等于有文化，禅宗六祖慧能说："下下人有上上智，上上人有没意智。"知多往往成为智障，而没有学过知识的慧能却有慧根，能明心见佛，口述《坛经》教化僧众，被尊为禅宗六祖。奥马利"构造"过于强调知识，显然不明白什么才是文化，文化的目的又是什么的。

《论语·子路》记载，孔子、冉有一行来到卫国，看到人口众多，孔子不由得赞叹道："庶矣哉！"冉有问："既庶矣，又何加焉？"子曰："富之。"冉有曰："既富矣，又何加焉？"子曰："教之。"这是2500多年前，中国圣人对人口众多、日益富庶的社会的治理观，"教之"就是修道，修文化之大道，也就是文化，为了使人口众多、富庶繁荣的社会有礼有序。

文化，即人文教化，扩展到社会治理层面，就是文治教化。化的古字是"匕"，《说文》释匕曰："变也"。后以"人"为边旁，专指化人了，《说文》释化曰："教行也"。即以人文教人，使人的行为符合人性，名之曰"文化"。段玉裁《说文注》引贾生（贾谊）的注文曰："此五学者既成于上，则百姓黎民化辑于下矣"。"五学"有两种解释：一是西周大学总称，中为太学，曰辟雍；环之以水，四方分设东学、西学、南学、北学。二指《乐》《诗》《书》《礼》《春秋》等五部古籍。其实两者的意思并不相悖，前者是官方办的学校，后者是教化用的教材，都是教化所必备的。文化就是教育在先，以教育指导、规范人的行为，百姓黎民自化在行为中，教行合一了才是文化。

中国文化始于何时是朦胧的，若以"人文"明示天下的"文明"而论，燧人氏点亮的第一把火，是为最初的文化。这不是天火，而是人文之火，是天火启发的文化之火。《礼记·礼运第九》曰：

> 昔者先王未有宫室，冬则居营窟，夏则居橧巢。未有<u>火化</u>，食草木之食、鸟兽之肉；饮其血，茹其毛；未有麻丝，衣其羽皮。后圣有作，然后修<u>火之利</u>，范金合土，以为台榭、宫室、牖户；<u>以炮以燔</u>，<u>以亨以炙</u>，以为醴酪；治其麻丝，以为布帛。以养生送死，以事鬼神上帝，皆从其朔。

由于圣人发明了火，人脱离了动物的一般属性。首先表现在烹炙饮食，与原始的茹毛饮血分道扬镳，避免了生食所带来的疾病，延长了寿命，提高了智力。其次表现为主动生产所需之物（人与动物的根本区别）：由于火，初民们发现可以使柔软的水和土结合成坚硬的陶器，这是人类最早的物理与化学相结合的手工产品，它可盛水，可盛食物，可煮食物，可以冶炼，改变了人类的生活，加速了人类的文化进程。考古工作者之所以在考察人类早期遗址时孜孜以求地寻找陶片，就是为了寻找文明的"火化"。

由于火，人类开始以火为中心的群居生活，并有专人管理火种，分配炙烤的食物，是为最初的政治。有文化的人分配食物不是强者先吃、多吃的丛林法则，而是老、小的弱者先分配；围火群居就需修筑抵御外来入侵的城池，以及繁衍后代的小屋，这不就是城市的雏形吗？也是对"事善能"的诠释。男主外（寻找食物）女主内（生产养育）的社会分工，分配食物的长幼有序，"礼"也由此而形成了。即孔子所说的："夫礼之初，始诸饮食"。由"火化"向"文化"的文明迈进。文化也好，文明也罢，是来自生民的生活实践，并不是等文字发明创造出来、设立一个概念才开始的，而是始于"心善渊"，通过"与（予）善仁"，从而实现"政善治"的文化。

国家行为的教化从夏朝就开始了。《孟子·滕文公上》曰："设为庠序学校以教之。庠者，养也；校者，教也；序者，射也。夏曰校，殷曰序，周曰庠，学则三代共之，皆所以明人伦也。人伦明于上，小民亲于下。有王者起，必来取法，是为王者师也。"所谓"人伦"，就是人与人的相处之道。居于上位的王公贵族将人伦明示在政治、生活中，庶民百姓就会和睦有序地生活在一起。

周朝是一个伟大的朝代，经历八百多年才衰亡，文化之功也。周朝的前半期称作西周；后半期为东周，也就是人们常说的春秋战国。西周时期，中国的文明高度已傲立于世界了，是一个文治的时代。周天子是"溥天之下"的共主，下面是王公管理的各个诸侯国，再下一级是大夫管理的各个家族，基层贵族是士。社会的基层结构就是百工、商旅、农夫、妇功等广大劳动者，国家政体相当于现在流行的联邦制。这三千年前的庞大国家，有着一套严密的管理体系，管理这套体系的人，就是后来被称作"文人"的王公与士大夫。现在人们津津乐道的联邦制国家，仅是中国早期的社会形态，三千年前的中国文人已深谙联邦制大国的管理之道了，其中的利弊也为后来文人所总结。西周的政治体制、管理制度、职能分工等都由文人记载在《周礼》一书中。中国古代讲究以礼治国，礼就是教之后的行为，政治制度始终体现着礼的人文精神，以礼来节制、规范人的行为，从而达到天下大治。故名其书为《周礼》。

因为《周礼》，现今的人知道了早期中国是如何教化人民的。西周只有官学和乡学。官学（即成均）"养国子以道"，国子就是贵族子弟；乡学是地方设立的官办学校，庶民也可以入学，乡学由"地官"来施行教化。《周礼·地官·大司徒》："以乡三物教万民，而宾兴之。一曰六德：知、仁、圣、义、忠、和（六种做人需具备、或追求的品德。）；二曰六行：孝、友、睦、姻、任、恤（六种人与人相处相待的行为准则。）；三曰六艺：礼、乐、射、御、书、数（服务社会的有用之学）。"六德"和"六行"就是现在人们常说的"德行"，"六艺"是技。所以，西周的教育普及到社会各阶层，庶民也是懂礼的，不会出现"礼不下庶人"的情况。至春秋"礼崩乐坏"之时，管子为了快速普及文治教化，精简为"国之四维"的礼、义、廉、耻，称"四维不张，国乃灭亡"。把"四维"教化人民当作国家兴亡的基石。对此，孔圣人也赞叹说："微管子，吾其被发左衽矣！"即没有管子（的文治教化），我等又要过野蛮人生活了。

对于人来说，教化最重要的就是礼，以礼教来达到文治的目的。奥地利动物行为学家洛伦兹在《攻击》中说，凶猛的动物之所以不会同类相食，源于"抑制"的本能。然而人类文明以后，失去了这种抑制的本能，需要后天的教化来节制人的行为。所以至少从舜时代起，先贤们就在文化的过程中制定了人伦之礼，培养后天的"抑制"，以此来约束人的行为。至周朝，形成了教化典籍《礼》，后来文人不断解释，形成了垂范后世的《礼记》。礼对于人来说是一种不自由，是对行为的束缚，只有约束自我，才能达到"从心所欲不逾矩"的自由。

然而讲"礼"是有条件的，需要有一个强大的政治集团来维护，如果自身很弱，周边无礼的虎狼环伺，讲礼就变成"东郭先生"了，会被吃掉的！孔子周游列国推行礼制，没有一个君王愿意接受，无功而返，何也？因为所有的诸侯国都不想被吃掉，都在寻找变法图强之道。孔子游说的思想不是不好，而是不合时宜。礼教、礼治，只存在于统一的、强有力的社会形态中，故孟子提出国家要"定于一"，荀子说"一天下"，叔孙通要在天下统一安定以后才推行礼，日本茶道也形成于"天下人"丰臣秀吉统一日本之后。礼相当于现在的法，礼崩乐坏了唯有法制来约束人的行为。

关于礼和文化，孔子的有二条重要的思想恐怕被误读了二千多年，其一是《论语·述而》："子曰：'自行束修以上，吾未尝无诲焉。'"由于汉代的经学家将"修"改成了"脩"，至少从宋代起，"束修"便被理解为一束肉干的学费了。虽然已有学者指出了"束脩"是一种礼仪，但没有明白错误的根本原因，故将"诲"也释成了"悔"。

"束修"之所以会被误读，是因为"小学"出了问题。修不是脩的简化字，在古代一直是意思完全不一样两个字。修，《说文》归在"彡"部，释曰："饰也。从彡，攸声。"彡，《说文》释："毛饰画文也。象形。"无论是部首还是本字，修就是装饰、修正的意思。束修就是"束带修节"。西汉孔安国《论语注》说："束修，束带修节。"汉郑玄《论语注》："束修，谓年十五以上也。"古代男子一般十五岁行束修之礼，可以入学。即《论语·为政第二》："吾十有五而志于学"。这里的"学"是指"大学之道"。但也有比较聪慧的人会例外，那就比较幸运了，著《盐铁论》的桓宽在《贫富》篇中说："余结发束修，年十三，幸得宿卫，给事辇毂之下。"

脩，《说文》归在"肉"部，释为："脯也。从肉，攸声。"两字的读音相同，部首不一。《说文》释脯为"干肉也。"束，释为"缚也。"束脩就是一捆干肉。据释"束脩"为学费的本子说，十条干肉为一束，故朱熹说"至薄也"。估计经学家们误以为"修"是俗体字，将《论语》中的"修"改成了"脩"，影响到其他文献中的"修"都被写成了"脩"，"修为"成了"脩为"，修变成了只存在于《说文》中的"古董"了。中国的事，成也文人，误也文人！

如果将"束修"解释为"十条干肉"，在讲究文字"信、达、雅"孔子那里是不应该用"行"的，用"与"比较符合语境，而礼至今仍然用"行"，称"行礼"的。就人品而论，《论语》中的孔子是一个"大气"之人，重礼轻利，重义疏财。《论语·雍也第六》："原思为之宰，与之粟九百，辞。子曰：毋！以与尔邻里乡党乎！"原思给孔子家当总管，孔子"与之"九百斗粟米作报酬，原思尊敬孔子，推辞不受。孔子则说："别推辞！你可以拿去送给邻居乡亲的。"这样的孔子怎么会斤斤计较"十条干肉"

的学费作底线的呢？孔子的学生怎么会在记录孔子言行的《论语》中如此鄙薄尊敬的老师的呢？况且孔子是"君子固穷"的。

对于"自行束修以上，吾未尝无诲也。"的意思，三国何晏《论语集注》解释得比较合理："言人能奉礼，自行束修以上，则皆教诲之"。问学于孔子的人年龄不一，有些学生之间相差 20 多岁，曾点和曾子还是父子俩，但只要年龄过了十五岁，行束修以后懂"礼"了，皆可以入学。况且孔子自己也是十五岁"志于学"的。整句话的意思为：从行束修礼（十五岁）以上（的学生），（这些按标准入学的学生）我没有不（认真）教诲的。"无诲"是"不教诲"，不是"不后悔"。孔子整句话的意思是在强调他要招收的学生必须是行过"束修"之礼的。

南宋时同为教育家的朱熹说孔子的"束脩其至薄者"，并在《朱子语类》说，束脩最不值钱，羔雁则比较贵重。因为明朝的开国皇帝朱元璋是朱熹本家，加上朱熹的学术思想比较合朱皇帝的口味，故明代开始，科举考试的"四书五经"注释都以朱熹的为标准，学子们为应付考试只读朱熹的书，从此"束修"就成为学费的代名词而文人皆知了。这不仅仅是大错特错的认知问题，而且辱没了孔子的人格和教育思想。

由于把"束修"解释错了，《论语·卫灵公》中"有教无类"的释读便也跟着错了。既然入学的门槛是十条肉干，那就形成了比较流行的"对所有的人给予教育，不区分类别。"的释读。对于普及教育来说，单独地理解这四个字也无不可；但对于"斯文在此"的孔子来说，如此释读正好是背道而驰。

"有教"是已经接受过教育了，"无类"是受教之后的无类，就是不要把学生按某种类型人才进行教育，要教成通才。只有"无类"的通才，才能"君子不器"。不器，就是不要像一种器物那样，只能派一种用场。

《论语》中孔子在不同的场合都表达过这样的教育思想。《先进》篇中他根据才能品评他教的学生："德行：颜渊、闵子骞、冉伯牛、仲弓；言语：宰我、子贡；政事：冉有、季路；文学：子游、子夏。"这些都是孔子学生中的优秀者，他们的特长并不是孔子分科分类教出来的，所学内容都是一样的，无非是环境、个性等因素的差异，某方面相对突出一点。

《先进》还有一章孔子让学生"各言其志"的故事：子路说他的才能与志向是治理好千乘大国；冉有认为自己只能治理"方六七十"的小国；公西华很谦虚地说自己只能在宗庙祭祀时做一个主持礼仪的司仪。最后曾点说他的志向是："莫春者，春服既成，冠者五六人，童子六七人，浴乎沂，风乎舞雩，咏而归。"孔子喟然叹曰"吾与点也！"孔子对子路治理千乘大国没有赞赏，对公西华主持宗庙祭祀也没有赞赏，却对曾点的舞蹈歌咏大加赞叹，何也？无类也！不器也！

"束修"是"大学之道"的门槛，"有教无类"是培养通才的教育目标，是受教后的状况。因为通才教育，才有周公、墨子、范蠡、诸葛亮、沈括等通才文人，既能治国理政，又能发明创造新事物。如果以上说的是古代文人，那么钱伟长以文科第一的成绩转学理科，终成一代科学大家，即是近代通才教育的典型代表。

中国文化在周朝历经八百年实践，终于形成可以垂范后世的文化大道，其后所有用于文化的经典如"四书五经"都在此一时期形成，教化了中国人二千多年。教化的教材能使用如此漫长的岁月而历久弥新，这绝对是人类历史的奇迹，也是我们的文化从未断绝的秘密。

外国人很奇怪中国人的饮食中怎么有这么多的草，治病的药也是草根树皮之类，殊不知这是传承已久的本草文化。人们常说"神农尝百草"，却纠结于神农是一个人还是一个群体，或哪个时代的人，其实这是一种人文精神，这种精神孔子归纳为"君子求诸己，小人求诸人。"中国古代文人以自己的身体为实验对象，将草根树皮品尝、食用后的身体感受记录下来，日积月累为第一部文化草木的典籍——《本草》。因"贵始"，托名神农氏所作；又因是第一部，故称"经"，即后来所说的《神农本草经》。《神农本草经》既非神农所作，又非一人一时所作，乃是历代文人增益内容，至东汉方才成书的。

《神农本草经》辨草木寒、温、甘、苦之性，教人治病。

寒温是物性，甘苦是人感，两者并不为人眼所见，前者要吃到肚子里才能产生身体反应，后者也需要用舌头体验。圣贤们以自己的身体做实验，将两者识别出来，并融合为药性。以温为例，温本是草木之性，经人的味觉品尝后，可分为苦温、辛温、甘温、酸温、微温等，综合了口感和体感。后来的人通过学习，只要以目识物，即可辨别，然后对症施药。草木随处可见，疾病随时发生，作《神农本草经》教民随时随地治疗突发疾病，体现了古代圣贤的"仁"心，也使得草木具有了文心。"神农尝百草"的人文精神历代不绝，屠呦呦即是现今的典型代表。

在另一部先秦典籍《诗经》中可以看到先民们常以草木作为副食。草木初为饮食，后为济世良药。随着人口的快速增长，遇着灾荒之年，人为种植的粮食往往不够吃食，草木又复为救荒饮食。明永乐年间，朱元璋第五个儿子周王朱橚，本是一个衣食无忧的王爷，却有着"欲济斯民之饥"的仁心，购得刚发芽的各种本草植物四百余种，在自家园圃中种植，长成后请画工绘图，亲自撰文讲述花、实、根、干、皮、叶之可食者，著《救荒本草》。草木天地所生之物，老农宿圃只限于认识当地所产之物；《神农本草经》也只讲治病，未及疗饥。对于靠天吃饭的农耕社会的人民而言，灾害一来便是饥馑，若官家救济粮一时跟不上，靠野菜树叶维持生命是应急常态。

《论语·卫灵公》记载：子贡问曰："有一言而可以终身行之者乎?"子曰："其恕乎! 己所不欲，勿施于人。"朱橚正是求诸己以后，才将这些己之所欲的救荒方法施之于人的。这是中国文人"终身行之"的行为准则。

上海博物馆藏明中晚期朱鹤竹雕松鹤纹笔筒

因本草文化，"天地之性最贵者"的人知道如何与万物和谐相处，知道将万物赋予人文之心，因此而有羹、酒、浆、茶等饮食文化；因此而有既救荒又治病的各种《本草》；因此而有"文心"的竹木镂雕艺术品（图为明中晚期朱鹤竹雕松鹤纹笔筒）；因此而有范仲淹"不为良相，便为良医"的座右铭。人们可能不明白良相与良医有什么关系，仅仅是治国与治病相关联吗? 是，也不是。将两者相联系的是每一个中国古代文人都懂本草文化，即使不当官了，也可以用本草知识治病救人。

本草是每一位中国古代文人的必修课，不懂本草，就无法读懂先秦文化瑰宝《诗经》；没有读懂《诗经》，就无法理解《毛诗疏》出现的茶茗的意义；不理解茶茗饮食文化，就看不清古代次第发展的饮食文化；不懂饮食文化的发展，也就不懂"发乎饮食"之礼，更不知道茶的那些事儿了。

世界上没有一个民族能像中国人一样经年累月、不辞艰辛地研究本草的，而驱动文人做这些事的并不是利，而是仁，是义，是智，是信，是礼，是刻在骨子里的"善"！《道德经》说："居善地，心善渊，与善仁，言善信，政善治，事善能，动善时。"《大学》说"大学之道"是"止于至善"，故以善为根，礼教文化为养分，长成的本草，治了中国人的病，疗了中国人的饥，茁壮了中国人的心！

已故苏秉琦教授在考察考古学文化渊源、特征与发展道路差异的基础上，将中国古文化大系分为六个文化区：一、以燕山南北、长城地带为重心的北方区；二、以山东为中心的东方区；三、以关中、晋南、豫西为中心的中原区；四、以环太湖为中心的东南区；五、以环洞庭湖与四川盆地为中心的西南区；六、以鄱阳湖——珠江三角洲为中轴的南方区。六大区块虽然发展渊源、道路各有差异，具有不同的特征，终究由于文化的认同，文心相似，融和成伟大的中华民族。

中国的事，是文化；中国的物，也是文化，文化事物的是文人。只有了解了古代的文人及文化之道，才能谈茶论道，才能感悟"文人茶"的意义。

第二章　明德与亲民

　　《大学》原是《礼记》的第四十二篇，因开篇是"大学之道，在明明德，在亲民，在止于至善"的三纲领，故以句首"大学"二字命名而被宋代文人独立成篇。《大学》既是文人的"初学入德之门"，又是整个儒家思想体系的最高纲领，因此，其中的"明德"、"亲民"最能反映茶文化中的儒家思想。

　　大学，就是博学的意思。对于博学之道的"明明德"和"亲民"，后来的文人理解各不相同。比较有代表性的是朱熹把"大学"理解为"大人之学"，那么"明明德"只是彰明大人的光明美善的德行，与庶民的"明德"没什么关系，也不需要"亲民"了。其实朱熹的解释是错的，《大学》的三纲领、八步骤后的传文首句就是："自天子以至于庶人，壹是皆以修身为本。"虽然说的是八步骤之一的修身，但位于句首的"自天子以至于庶民"具有总纲的作用。所以，大学是不能解释成"大人之学"的，"大学之道"是对有志于博学的所有人说的。

　　最糟糕的是"亲民"的释读，朱熹《大学章句》释为"新民"，让小民革除旧俗作"新民"，完全曲解了圣人的"大学之道"。亲，《说文》释曰"至也。"段注："情意恳到曰至。"那么"亲民"即真心诚意到民众中去，就是毛泽东的"到群众中去"，去干吗？"礼失而求诸野"呗！并用以完善自己的"明德"，从而达到"明明德"。"亲民"是让你去当学生；"新民"则是孟子批评的"人之患在好为人师"《说文》释仁曰："亲也"。故"亲民"也是儒家思想的"仁"道。三纲领合乎语境的解释是：博学的方法，在于彰明各种光明美善的品德，在于施仁于民，（在民众中寻找缺失的光明品德，）以达学问广博到至善至美为止。

　　在茶文化发生、发展的过程中，凡是"亲民"的文人，始终能发现民众的"明德"，能正确地彰明这样的"明德"；而把做学问看作是"大人之学"的话，往往眉毛胡子一把抓，根本理不清名与物的"皆得其分"的。

　　如果浏览一下《诗经》，就会发现木本植物很少，区区的桃、李、梅、栗、枣、椒等几种木本植物，都是吃果实的，尚不存在食木叶的情况。《诗经》三百零五篇，汇集的是周初至春秋末期的各地的诗歌，特别是《周南》、《召南》，已触及了产茶的江汉合流的武汉一带，及长江武汉以上适合种茶地区的民风民俗，并没有采食木叶的情况，就不可能有茶茗饮食风俗的发生，也不会产生茶文化。故春秋末期以前，尚未形成采食木叶的"明德"。

采食木叶推测发生于战国时期，此时大国争霸，人口、粮食成为争霸战争中的重要因素。人口增长本来就需要更多的粮食，人为的"贵籴粟稿"，国家将粮食作为战争手段之一，则导致粮食愈发稀缺。如果再遇上自然灾害，采食野菜就成了生民常态。当贴地生的苦荼类野菜采食完以后，必然会选择木叶。最早记载木叶可食的要数《尔雅》了，其释檟，借草本的苦、荼告诉人们高大的乔木上的木叶也同苦荼一样是可食的。《释木》中这样的条目极少，但对扩大人们寻找聊以充饥的食源具有指导意义。《尔雅》成书于汉武帝时期，以此推断人民采食木叶发生在战国时期的可能性最大。因是零星采食，不具有普遍意义，不能独立成类，仍视为菜羹类饮食。

东汉晚期，社会又进入势力纷争的动乱时期，采摘木叶作饮食的情况应该是愈来愈多了。至三国，终于有文人对此饮食现象从名物学的角度进行了释训和归类，以正饮食文化之名。

一、《毛诗草木鸟兽虫鱼疏》与名物学

文化，是儒学的根本，草木文化早期虽有《诗经》、《尔雅》，但形成专门的名物学则在三国时期，代表作就是陆玑的《毛诗草木鸟兽鱼虫疏》。陆玑以"今"、"今人"的生活方式，

解释西汉鲁人毛亨所传《诗经》中的物名，陆玑的"今"与"今人"有两层意思，一是古代人已有这样吃或是用的，一直传承至今（三国）；二是古代不是这样，三国时才是这样。采食木本嫩叶就是三国时民间普遍的饮食形式，这是庶民的"明德"，县官陆玑因"亲民"才能知道这样的"明德"，并将其归纳为一个概念性文字"茶"，他也成为第一个彰明"茶"这个"明德"的文人。

采食木叶在战国时期是零星出现，至三国，已有多种木叶被采食，并逐渐成为区域性的生活习俗，称作"荼（茶）"，是将新饮食的归类，也是正名。新事物出现，按照儒家的思维方式首先需要正名。《论语·子路》记载子路问孔子为政要先做什么，孔子说："必也正名乎！"并进一步解释道"名不正则言不顺"。新饮食要推广，必须先有一个恰如其分的名称，因为其不同于以往的"藜藿之羹"，没有名称如何分别这种饮食，分别不清，不同的饮食形式就会混淆，那就"言不顺则事不成，事不成则礼乐不兴"了，类同于"礼崩乐坏"。事实上，由于三国陆玑的正名不是官方发布，读书不求甚解的文人，在西晋时就将其搞混乱了。

《毛诗疏》解释木本植物的疏文有 31 条（包括最后一条"维笋及蒲"），除了解释木可为布、纸、烛、斗、筥、箱、杯、弓弩等，干可为车轴、车毂、车辕、车辐等以外，还解释果实性状及食性，讲得最少的是树叶，指出樗树叶、椒树叶、榖（楮）树叶、枢树叶等四种树的嫩叶是可食的。其中说枢树叶很像榆树叶，且"美滑于白榆"，那加上白榆应该有五种树叶可食。四条关于木叶的文献，"蔽芾其樗"和"椒聊之实"前文已节录过，兹将另两条没有茶和茗字、却讲了相同的采食木叶情况的条目节录如下：

> 山有枢：枢其针刺如柘，其叶如榆，瀹为茹，美滑于白榆。榆之类有十种，叶皆相似，皮及木理异尔。
>
> 其下维榖：榖，幽州人谓之榖桑，或曰楮桑，荆、扬、交、广谓之榖，中州人谓之楮，殷中宗时桑榖共生是也。今江南人绩其皮以为布，又以为纸，谓之榖皮纸，长数丈，洁白光辉，其里甚好。其叶初生可以为茹。

先说"其下维榖"，榖即楮，三国时江南人以其树皮绩布，还用来造纸。因榖皮纸质量好，宋金元用于生产"会子"、"宝券"等纸币，称"楮币"。文人还发现"其叶初生可以为茹"，即民间皆食其"初生"的嫩叶，初生的是叶，而不是笋芽。这也引发了人们对其他四种树木是否食用嫩叶的思考。

樗树在陆玑笔下分"山樗"与"下田樗",明代永乐年间《救荒本草》分别为"樗"和"椿",下田樗为椿,就是香椿树。香椿嫩头现在仍是人们在春天采食的对象。《救荒本草》直接标题为"椿树芽",但救荒时仍是"采嫩叶煤熟,换水浸淘净,油盐调食。"椿树似为没有笋枪类的芽,所谓"椿树芽"应指可食的初生嫩叶。煤(ye),即烧。就是先加水烧熟,然后冷水浸泡淘净,调以油盐食用,好似现在凉拌菜。如果捏紧成团,就是菜团子,饥荒时作主食吃的。很明显,这里食用前提是初生的嫩叶,不仅保证了口感的甘滑,无意之中还减弱了木叶的寒性。

枢树现在归入榆树类,称刺榆。《毛诗疏》虽然没说嫩叶,但说了因"其叶如榆"才采食的。《救荒本草》对榆树叶的要求也是"采肥嫩榆叶,煤熟,水浸淘净,油盐调食。"说明采食木叶的要求是一样的,就是嫩叶。饮食嫩叶在乎汤水,有汤水才能称"茶"或"茗"。没有汤水,就是《救荒本草》中的主食。

四条文献均没有说"羹",其嫩叶都是"合煮其叶以为香"或"瀹为茹"。瀹,在这里不是《说文》中"渍也"的意思,也没有宋代"瀹茶"的意义,而是"水煮"的意思。《管子·侈靡》有"雕卵然后瀹之(禽蛋雕刻花纹以后再煮食)"。当然,水煮也是将食材"渍"在水里的。水煮不但水熟了,树叶也熟了，似羹而非羹，故用字有讲究，命名要恰如其分。

吴宫是"茶荈以当酒"，肯定是"饮"；而民间煮食嫩叶则用"茹"来表达饮食行为。《辞源》释茹有"茹毛饮血"条，其义出自《礼·礼运》："昔者先王，……未有火化，食草木之实，鸟兽之肉，饮其血，茹其毛。"一般都因此而解释为连毛带血地生食鸟兽。如果仔细释读一下文意，就会发现"茹其毛"应该是以其柔软皮毛为衣，因为前文已经有食"鸟兽之肉"了。"茹其毛"后面还有一句"未有丝麻，衣其羽皮。"此句应该是对"茹其毛"的解释。《说文》没有"茹"，有"如"，释曰："从随也"。段注曰："女子从人者也。"所以柔顺之物都可以用"如"，加艹字头，以柔软的草为衣，即《诗经·大雅·烝民》的"柔则茹之"。草可以茹，皮毛也可以茹。当然，早期文字是可以假借使用的，不知从何时起，茹字假借为饮食美滑食物的用字了。茶茗饮食"美滑"，当然用"茹"是最恰当的。

水煮以后，植物茎叶内含的物质慢慢地析出，除了天然的植物香味以外，茶茗还具有"滑泽"口感。四条文献有两条讲到滑泽的口感："（椒）茎叶坚而滑泽"、"（枢）美滑于白榆"，都是对茶茗滑泽口感的描绘。"滑"是一种既熟悉又新颖的体验，熟悉是因为理念来自《周礼》，《周礼·内则》曰："凡和，春多酸，夏多苦，秋多辛，冬多咸，调以滑甘。"和，指食物多种味道的调和，无论四季的主味怎样调，最后的口感都要甘甜柔滑。滑泽是对水煮食物的基本要求，否则很难入选可食范围。陆玑之所以要说这四种木本嫩叶，是因为嫩叶都有点甘甜，好的水也自带甘甜，加上嫩叶本身的"滑泽"，就都符合传统的"滑甘"口感。新颖是指作茶作茗的为非传统苦荼类草本植物的木本嫩叶，既然新发现的食物也具有传统的口感，那就是既符合传统的饮食之道，又体现饮食文化的扩展和进步，当然是合"礼"的。

五味调和，一直是中国人对饮食的追求。从煮木本植物茎叶为茶，到加米膏、葱、姜、桔为茶，从养生来说是饮食文化的进步。宋《重修宣和博古图·盉总说》曰："有生之气体，必资饮食以为养，故昔人以酸养骨，以咸养脉，以甘养肉，以辛养筋，以苦养气。然五味所以养生，亦所以害生者，凡以不得其平而已。于是，或有余，或不足，则必有以残其气体者，此味所以贵乎和也。"最初煮椒叶为茶，只有甘和咸（盐）两味，未达五味调和，"所以害生者"。后变为荈草，民间多为嫩叶，略有苦涩味。当加入葱、姜、橘子，增加了辛、酸，增强了甜味，五味调和矣。况且从物性来说，茶性寒，葱姜性热，合在一起，阴阳也调和，有生之气体得以颐养焉！

饮食是生人的天，如何吃喝，如何吃好喝好，也是最初的礼。饮在食之前，似乎"饮"在饮食中更为讲究一些。先秦时期还有另一种众所周知的与水有关的饮食形式——羹。尧之王天下时，与黎民百姓一样是"藜藿之羹，粝粢之食"。"藜藿"是泛指藜藿类的草本野菜，其饮食形式是羹，一碗浓稠的菜汤，是佐餐的，有饮的意义。《诗经》时代"藜藿之羹"更为普遍，民间经常采作羹的野菜有荇菜、卷耳、芣苢、匏叶、芹、蘩、苹、苓（即"采苦"的苦）、荓、薇、莱（藜）、萧、蔚、荼，等等，这些可做羹的草本植物——菜，东汉许慎定义为"艸之可食者"。烹煮野菜为羹是《诗经》时代民间饮食常态，其中大家熟知的"荼"可为其代表，《诗经·豳风·七月》："采荼薪樗，食我农夫"就是典型写照。此类菜羹往往是贫困时候作主食吃的，可能连"粝粢"都没有，偏重于食文化的意义。羹在先秦时期是文人对草木为饮食的主要认知，以至于西晋时古文字大家郭璞还停留在"羹"的认识上。作为饮食之礼，早期饮食中之"羹"是不分贵贱的。茶茗最初也是"无等"的，可以"蜀人作茶，吴人作茗"。随着荈草作饮在吴蜀之地的普及，作茶茗的原料的增多，以及认识和技术的提升，进入宫廷也是迟早的事，便有三国末期孙皓"茶荈以当酒"，从此茶茗成了"有等"的饮食文化了。

　　陆玑仅仅是从《诗经》中出现过的树木进行释训，故只有四条，或许民间食用木本芽叶的树木更多。《毛诗疏》没有释训"荈"，是因为《诗经》没有"荈"这种植物，直到西晋，才有杜育的《荈赋》来赞美这种植物。

　　吴蜀地区草木丰茂，更多的木本芽叶被食用肯定存在，五代毛文锡《茶谱》的"茶之别者"很多，应该不是晚唐五代才开始饮食的。当采食木本芽叶成为普遍现象时，民间自然会出现相应的称呼，文人以相应的文字将饮食现象文化了，也是文化之国的文人自然而为的事。

　　青瓷罍上的铭文"茶"很难界定是民间还是官方的文人所为，从器物制作的规整和文字笔画的标准，很像是官方工场之物。或许是官方给的文字，工匠很认真地刻在了瓷器上了，如同法门寺地宫的银茶器。尚不清楚当时有没有书吏以此两字做过记录，反正陆玑记录了这种称作"茶（茶）"、"茗"的饮食现象。陆玑没有从六书的角度释训字义，应该是当时的普遍称谓，陆玑也觉得文字符合六书的造字原理，并不需要解释本义，只要训诂这种蜀人称"茶"、吴人称"茗"的饮食形式即可。

　　陆玑的《毛诗疏》，以"今""今人"的视角，从《诗经》的物名解释入手，勾勒出一幅三国时期的饮食风俗画，呈现给人们新的饮食方式就是茶茗。后人在评价《毛诗疏》时说陆玑去古不远，故所言不失真。窃以为真正的原因是陆玑亲民，吴地的草木鸟兽鱼虫全来自庶民的生活实践，亲民才能知道茶得霜甜而脆美，才能知道饮食形式的茶茗。后来的文人不亲民，只读"蜀人作茶，吴人作茗"是不能明了的；完整的读"椒聊之实"条也是孤立的；只有坐在吴蜀之地百姓的院子里读完整篇《上卷》才能懂什么是荼、茗。如果说《诗经》是对草本为饮食的文化，那么《毛诗疏》则是进一步对木本芽叶为饮食的文化，是茶文化之发端。

二、茶荈、《荈赋》与饮文化

1. "茶荈以当酒"与饮文化

古代"国之大事，在祀与戎"。大事的祀与戎都离不开酒，壮行和庆功需要酒饮，祭祀和宴享也离不开酒饮。作为饮文化，酒饮历史更为久远，内容也更为丰富。茶饮初现时的"茶荈以当酒"，预示了其发生、发展的历史当与酒是极其相似的，考察酒饮文化对理解茶饮文化也是极有裨益的。

最初的酒字没有"水"，单独一个"酉"字，故酒在《说文》中不属"水"部，归在"酉"部，与"酉"通释。

释酉曰："酉，就也。八月黍成，可为酎酒。象古文酉之形也。凡酉之属皆从酉。丣（原文篆书上面一横连贯），古文酉，从丣。丣为春门，万物已出。丣为秋门，万物已入。一閜门象也"。

释酒曰："酒，就也。所以就人性之善恶。从水酉，酉亦声。一曰造也，吉凶所造起也。古者仪狄作酒醪，禹尝之而美，遂疏仪狄。杜康作秫酒。"

　　酉、酒皆释为"就也"，也就是一切就绪，造成为酒。酒的读音也来自酉，酒也与"就"谐音。酉、酒释文的角度不同，酉的释文是解释酒怎样酿造的，如同释"酒"的本义。清代段玉裁在"酎酒"后注曰"此举一物以言就。黍以大暑而种，至八月而成。犹禾之八月耳熟也，不言禾者，为酒多用黍也。酎者，三重酒也。"禾类粮食植物八月成熟，皆可为酒，有类指的意义，以"黍"举例说明而已。酎酒是比较好的酒，许慎以之为例。

　　酒的释文主要从文化礼仪的角度训诂的。由于商纣王因滥酒而亡国，先秦古籍《尚书》有《酒诰》，记载周公因此以成王之命告诫大家戒酒（这大概是最早的"戒酒令"），即使必要的酒饮也要有节制。故酒字释文"所以就人性之善恶"、"吉凶所造起也"，非本字本义释训。还引禹尝仪狄醪酒故事，仪狄的酒是好的，大禹认为会引起大家好酒而误国，所以疏远仪狄。

　　由释文可见，酒并不是由一种叫作酒或酉的植物酿成的，而是因为农历八月称"酉月"，"八月黍成"可以作酒，故最初的酿酒陶瓶像"酉"字。酒除了禾类植物，还需要水，故在酉字左边加"水"以标识，成为禾类植物酿造饮料的统称。后来菊花、金刚刺等植物也可以作酒，甚至家畜羔羊也可以酿酒，与月令没有多大关系，与酒药、水有关，饮后的功效也是与酒一样的。酒既不限于黍秋，也不限于禾类植物，只要通过酿造而出现甘香怡人的玉液，饮之令人激情洋溢即可。酉的意义隐没了。

对酒字的释义当有助于对茶的理解，酉的释文是本字本义，酒的释文是借义，非本义。以此可以理解，现今的菊花茶、苦丁茶、奶茶等为什么无茶叶而称"茶"了。特别是草本菊花，既可为酒，也可为茶，只因其制作方法不同而已。

酒不仅是宴饮的主角，也是祭祀之礼的主角，中国传统文化以美酒和牺牲祭祀祖先、神灵的，西来佛教一踏入东土，其礼佛便与传统祭礼文化发生了冲突。佛陀在早期中国人眼里就是一位西方大神，故最初以美酒牺牲祭拜佛祖。三国时印度高僧昙柯迦罗初到洛阳，看到酒肉祭拜佛祖后震惊不已，遂写了《僧祇戒心》以规劝之，从此改用鲜花素果祭拜，南方产茶区则以好茶供养。《清异录》记载吴僧梵川自往蒙顶结庵种茶，得圣杨花、吉祥蕊好茶供养双林傅大士。然而佛教中国化以后，佛堂供养又影响了中国传统祭拜，"非礼"了中国传统的祭祀文化。《朱子类语》记载四川灌县向来杀牛宰羊祭拜二郎神，后受和尚劝告，改用鲜花素果。结果，二郎神托梦说每天让他吃这些花花草草，哪有力气降妖伏魔啊！中国的人也好，神也好，都是喝酒吃肉的，吃好喝好才有力气镇压妖魔鬼怪，保佑生人平安寿考。陆羽说茶"最宜精行俭德"之人，应该不包括二郎神的，茶供被滥用了。

茶茗在三国时期出现，可谓恰逢其时，化解了两种祭礼文化的矛盾冲突，使得外来的佛教祭礼与传承已久的中国祭礼并行不悖地发展着，显示了儒家文化的"恕"道，海纳外来文化。

中国传统酒饮文化向来有敬酒与罚酒之别，敬酒自不必说了，《礼记·檀弓下》记载了一个"杜举"的罚酒故事：晋国大夫知悼子卒，未下葬，晋平公即开怀饮酒，并命乐师师旷、嬖臣李调陪饮。宰夫杜蒉听到击鼓鸣钟之乐，便一步一阶走进寝堂，命师旷、李调各罚酒一杯，又自罚一杯。晋平公怪而问之，杜蒉说甲子、乙卯两忌日（纣王死于甲子日，夏桀流放于乙卯日）不能奏乐，现在知悼子灵柩尚在堂，悲痛远比甲子、乙卯忌日还大，师旷为国家乐师，不劝阻国君奏乐饮酒，故罚之；李调为国君近臣，贪图自己吃喝，忘记规劝国君，故也要罚酒。我是宰夫，超越职权，过问国君的过失，也要罚酒。晋平公听了很惭愧，说："寡人也有错，倒酒吧，寡人也罚一杯。"于是，杜蒉清洗爵杯，斟上酒，高举献酒给晋平公。晋平公饮后对侍者说："将来我死后，一定不要废去这个酒爵。（即永远记住杜蒉的劝诫）"后来，人们把宴会结束前最后一次献酒称为"杜举"。这是罚酒的正面意义。

"茶荈"一词源于吴国宫廷的酒宴，也是因罚酒而起，不过是为了躲避罚酒。酒宴上，吴王孙皓命"坐席无能否，率以七升为限，虽不悉入口，皆浇灌取尽。"就是不管会不会喝，都得喝完七升，喝不下就强行灌饮。这种逆天的酒宴在整个六朝时期屡见不鲜，甚至因此而滥杀无辜的。相比之下，孙皓还算是"小巫"。韦曜是那场酒宴的幸运儿，孙皓为了拉拢韦曜，以荈煮成茶饮替代了酒，使韦曜免于灌酒之苦。茶饮，从一开始就显示出"善"的文化因素。在此后的发展中，茶饮一直没有酒文化的罚酒，反而是文人雅集不可或缺的高雅饮品，也就是只有敬茶，没有罚茶。茶饮以"当酒"的形式登上了饮文化的舞台，善化了饮文化，使饮文化愈来愈有礼了。

酒与茶在制作的过程中也极其相似，酒为粮食精，最好的谷物酿最好的酒，而"茶至珍，盖未离乎草也。草中之甘，无出茶上者。"（《清异录·甘草癖》）前一个"茶"指形式的茶；后一个指茶芽。此话的意思是：最好的茶汤离不开好的木芽嫩叶，最甘味的木芽嫩叶没有超过茶树所生笋芽的。酒以草之实的谷物酿成，茶以木之笋芽煮得，并成为宫廷宴享中的佳饮。联想到《世说新语》说东晋贵族在金昌亭饮"茗汁"吃粽子，说明当时吴地的王公贵族宴饮时吃肉喝酒，平常时候的饮食则是饮茗汁代酒的，饮用高级的、甘香柔滑的清汤型茶饮，也是"当酒"的另一种表现形式。这与茶叶茶最初出现在欧洲餐桌上的情形有些相似。茗汁与庶民的菜汤型茶不仅在形式上有所区别，饮食的意义也不相同，沿着饮文化之道向前发展的。

茶荈与茗汁，加上南朝刘宋时山谦之《吴兴记》的"御荈"，说明茶文化先行地区的吴地，在三国两晋时已有贡茶，此时还不叫"茶"，而称为"荈"，明显地此时产地的文人并不糊涂，茶归茶，荈归荈，形式之名与物名区分得非常清楚，名实相符。综观六朝时期的文献，对茶、茗、荈三个从艸的文字全部知道的文人不多，郭璞注《尔雅》没有茶；杜育《荈赋》既无茶也无茗；张华《博物志》没有荈、茗。古代常以文献互为校雠，为了避免释文的不确和冲突，初唐的《艺文类聚》将"茗"归在《药香草部》，茶、荈都罗列其下。而晚唐出现标准的"茶"字以后，归类更加麻烦了。从茶、茗、荈都属于饮食考量，《太平御览》合乎情理地归入了《饮食部》。然而两部类书"茗"条下都将郭璞注《尔雅》列为第一条，而没有源头的陆玑《毛诗疏》，说明"明德"不明，源头不正，故言也不顺。

成也文人，误也文人。郭璞大概是看到全部古籍的文人，但他在朝为官，似乎从来也没有"亲民"过，自然无法弄明白新文字茶、茗、荈之间的关系，在注椹时说"晚采者为茗，一名荈"，似乎在暗示晚采的老叶才是茗、荈，使得后来纸上谈兵的训诂者因此而直接释荈为"叶老者"。这不仅混淆了茗、荈的本义，也模糊了芽、嫩叶、老叶三者的关系，陆玑的茶可都是嫩叶啊！老叶如何入口？茶、茗、荈的释义从此驰入了背道。当然，也有其"积极"的意义，就是"茶叶"的概念产生了，虽然此时茶称作"荈"。其实中下茶的茶叶进入饮食行列，不是释文之故，而是老百姓没有芽茶吃，芽茶都作"御荈"了。在风俗贵茶的时代，部分听着文人茶故事的平民百姓，却不知所以地喝着"三文五碗"的粗茶，自然伤害了的身体健康，唐代文献所揭示出来的茶害病大多发生在平民身上。

　　这样的茶害对懂饮食之道的人来说不难解决，只要加入菜类的姜，即可调和。姜是先民最早食用的蔬菜之一，《说文》写作"薑"，释曰："御湿之菜也。"也就是祛湿的蔬菜。段玉裁《说文注》引《神农本草经》说姜："久服去臭气、通神明。"臭气包括腥气和湿气。古代大多数人的居所都是比较鄙湿的，饮食的大多数木叶和水生物也都是偏凉性的，故只有常在饮食中加姜以抵御寒湿之气侵体。孔子说："不撤姜食，不多食"。被誉为"千古童蒙第一书"的《千字文》也有"菜重芥姜"之说。姜是古代饮食中不可或缺的蔬菜。

　　作为辛辣之菜，姜也是蔬菜中有辛辣味而不属于荤菜的菜。蔬菜中味辛辣并气味较重的菜称作"荤"，《说文》："荤，臭菜也。"臭，是气味浓重的意思，葱韭蒜之类气味较重的都属于荤菜。荤菜在古代的语境中是不包含鱼肉类菜肴的。《说文注》曰："士相见礼，夜侍坐，问夜膳，荤，请退可也。"佛教传入中国以后，此类荤菜也因气味重等原因而不能入佛家寺庙的。而姜是"辛而不荤"的，所以无论是佛门子弟还是平民百姓，都可以在茶中加姜来抵御寒凉之性。陆羽斥加入姜橘之物的茶为"沟渠间弃水"，宋人哂笑俗中茶加姜盐，都是文人久食芽茶，或生活太富裕而不知民间茶饮寒凉之故。因此，作为饮食文化的茶，加姜是自然而然的事。

现代人对茶中加盐也百思不得其解，然而古代人对茶中不加盐同样难以理解。了解了茶作为饮食的文化过程，就明白了茶中加盐的饮食文化意义。盐是百味之王，茶初为一种菜汤类的饮食，加盐是必需的。茶中加盐，陆羽之前并没有人特别加以揭橥，理所当然之故。《茶经》中不仅有装盐的器具"鹾簋"，还告诉人们在水初沸时放盐调味。调什么味？鲜味。笋芽自带甘甜，加盐之后就有咸甜调和的鲜味。如同现在炒菜，起锅时，依菜品适量加点糖，咸甜调和，蔬菜自带的鲜味被调动起来了。古人没有味精，但有五味调和的理念，如何激发食物之本味才是中国古代的饮食文化。现代人即使读过《茶经》，也是很难想象茶里面加盐的理由的。对于中下茶来说，加盐不仅仅是增味，还有调和茶的苦涩味的作用。

北宋人茶中加不加姜盐，取舍的条件之一是茶够不够好，苏东坡《和姜夔寄茶》有诗句："老妻稚子不知爱，一半已入姜盐煎。"看来姜夔寄来的茶足够好，苏轼忘了叮咛一句，家里人就依照普通茶加姜盐煎饮了。

加姜盐是民俗茶茗发展的必由之路，很难猜测"当酒""茗汁"的上流社会茶饮是否加姜盐，与之相似的酒饮是不加盐的，那当酒的茶推测也是不加盐的；茗汁因是下粽子的，就很难说加不加盐了。无论怎样，宋代文人在追求茶味纯粹时，很明确地在分茶、瀹茶时已遗弃了此习俗，形成了纯正的茶饮之道。

2.《荈赋》与茶饮文化

将荈草首先文化的是西晋杜育，其《荈赋》通篇没有茶茗，是对荈草作饮的赞美。和杜育一样，陆羽也没有读过《毛诗疏》，这从《茶经·七之事》罗列的唐代以前的茶事可以发现。但陆羽是读懂《荈赋》的，并不认为"荈"是"晚取者"或"叶老者"，故从三国的"茶荈"释读出荈是茶的别名。既然陆羽认荈为茶，那《荈赋》相当于《茶赋》，也无怪乎《荈赋》的内容被他在《茶经》中三次提及，《荈赋》就是荈尚未被指称为茶时的压缩版《茶经》。

赋是两汉六朝流行的文体，文辞典雅华美。《荈赋》开篇就以典出《诗经·大雅》的"卷阿"来指称"灵山"。灵山非特指某座山，是泛指适宜茶树生长之山，套用《陋室铭》中"有仙则灵"句，就是"有荈则灵"。同样，后文的水也是泛指山泉之水，所谓"岻方之注"就是流到山脚低洼处的山泉之水，故可以"挹彼清流"。总言之，奇产之荈要产自有"丰壤"的灵山，水要山泉之水。三国满打满算45年，也将近半个世纪，期间慢慢地发现水对茶荈作饮也是有影响的。吴蜀两地都有好水，陆玑尚没有对煮茶茗的水提出要求，吴宫当酒的茶荈一定用的是好水，杜育则已明白无误地要选择"岷方"中的"清流"来做茶。对于古代社会来说，选择好水烹煮茶茗具有划时代的意义，从仅仅是用水炮生为熟的煮，进步到"挹彼清流"的讲究，也是后来"汤者茶之司命"之滥觞。

"月惟初秋，农功少休，结偶同旅，是采是求。"极具太古意境之美。"初秋"揭示了以荈作饮之发端并非始自上春，而是出乎人们意料之外的初秋农闲之时，农闲才能偶然发现荈在此时竟然还有树芽，这是了不得的发现。"弥谷被岗"的荈草，在食物匮乏的年代，在初秋酒尚未"就也"之时，保证了人们依旧可以吃到甘香滑泽的饮食。农闲时的采摘总是快乐的，"是采是求"很容易让人联想到《诗经·芣苢》"采采芣苢，薄言采之。"的韵律般的节奏，采芣苢是急急忙忙（薄言）的，"农功少休"之时采荈草可能就比较从容、闲适了吧。

西晋时期，东隅的越国青瓷已出现在文献上，西晋潘岳《笙赋》有"倾缥瓷以酌酃"句，缥瓷就是淡青色釉瓷器，这种青瓷因为有釉，而无土气之扰。（唐）苏廙《十六汤》"第十一减价汤"说："无油之瓦，渗水而有土气。虽御胯宸缄，且将败德销声。"苏廙讲的是茶瓶，杜育可能讲的是青瓷镀，选用东隅之青瓷可无土气之虞。也有可能"陶简"包括饮器。

汉代宫廷饮酒主要是漆器，据孙机先生考证，当时一只漆耳杯相当于十只铜耳杯的价值，民间是消费不起的，唯有"器择陶简"才能轻松地享受美好的荈茶。古代的陶写作"匋"，不是专指陶器，《说文》："作瓦器也"，是动词性的，所有泥土做出来的都可以动词名词化而称为"陶器"。如此说来，杜育是推广陶瓷茶具的第一人。

杜育的器物不仅有极具时代感的青瓷，还有"酌之以匏，取式公刘"的古典式杓——公刘匏。公刘是早期周部落的首领，茶杓"取式公刘"是贵始文化，是向祖先致敬，也是传承，更是文化，化野为文，文质彬彬。以后的胡员外、罗枢密、石转运、木待制、汤提点等器物文官化取名，应该均滥觞于此吧。

《荈赋》之所以被陆羽《茶经》三次引用，是因为"沫沉华浮"的形式之美。杜育也非常欣赏荈草煮为饮的结果，对于"初成"的荈饮连用了三组华丽辞藻来形容：始用"沫沉华浮"，沫疑通"末"，末沉就是荈草沉入汤底，然后美丽的华沫才能浮于茶面。"沫沉"有些版本作"沫成"，虽然"沫成华浮"的联合句式也是解释得通的，但对比陆羽《茶经》的饮法，"沫沉"比较接近早期茶饮的实际情况。联想到"茶荈以当酒"，应该也是"末沉"后的茶汤以当酒的，无非还没有论及花一样好看的浮沫。当然，暗地里拿来当酒，有华浮也早就消亡了。"焕如积雪"表达"华浮"美得像积雪一样白而厚，且是"晔如春敷"

的。秋采的荈芽所做的茶，却得到了明媚春光般的感受。杜育将荈茶这种味觉的饮品，以"赋"的形式隆重推出，不但明示了荈饮是纯饮汁的，更是将荈饮艺术化了，使味觉饮品具有**视觉艺术**之美，饮食被文化到一个更高的层次。这是亘古未有的独特饮品，也是后来饮食讲究色、香、味俱佳之渊源，无怪乎杜育要作《荈赋》来赞美。

《太平御览》辑录《荈赋》佚文一句"调神和内，倦解慵除"。也是对真茶"令人不眠"的进一步诠释。"不眠"于身体来说是贬义，故真茶是"食忌"；"调神和内"则全是积极意义，"倦解慵除"也是将精神调和好了的表达。

杜育《荈赋》之前，对于茶饮的记载都是零星的片言只语，《荈赋》虽然没有茶茗二字，然而却是茶饮文化史上第一篇完整叙述茶之为饮的赋文，其采荈为饮的过程极讲究，生长环境是灵山、采造时令是农闲初秋、器具选择陶简和公刘匏、煮饮之水用山泉等，都呈现出不一般的饮文化意义，最终呈现的积雪般华沫，独具视角，使得口鼻享受扩展到秀色可餐，成了可饮可观的艺术饮品。

杜育笔下的荈不知是如何采造的？陆玑说茶说茗并没有"沫沉华浮"的结果，或许是椒叶和荈草之别；或许是采造方式改变了，杜育没有表达而已；或许表达了，时过境迁的后人没有读出来。总之，杜育的荈如何采造，只能根据结果去推断了。

如果说陆玑的茶茗是饮食文化史上的第一碗茶，陈寿"当酒"的茶是第一碗茶饮，那么杜育的荈饮是茶饮文化史上第一盏文人茶。那一盏茶，既不是为了"当酒"，也不是作为佐餐的"茗汁"，而是文人孤芳自赏的一盏茶。所配备器具也不是依附于酒饮的器物，而是时尚、质朴的"器择陶简"；或古典、雅致的"酌之以匏，取式公刘"，是从形式到内容都完全独立的、文雅的饮文化。

由于孙楚的"姜桂茶荈出巴蜀"和《荈赋》中"岷方"误作"岷方"，一直将《荈赋》当作歌咏蜀茶的。其实杜育文中没有特指，即使陶瓷器也是范围比较广的"东隅"，他甚至可能不知道什么叫茶，然而《荈赋》却是对后来被称作"茶"的植物及作饮的赞美，是《茶经》之滥觞。

三、"人间相事学春茶"的人文意义

陆玑的《毛诗疏》只有植物叶的"初生"，没有明说时令节气；《荈赋》点明了"月惟初秋"时节采摘荈草；陆羽《茶经》才明确提出采茶时令是："在二月，三月，四月之间。"此三月皆属春季，茶芽都在此时先后萌发。陆羽还明确了一碗好茶主要是采食笋和芽，使得以往模糊的概念变得明朗起来。春采茶芽，改变了仅在农闲时采摘的状况，茶事成了春天的农事，尝

新成了春天的雅事，茶的买卖也主要在春季进行。"民间相事学春茶"也使得"一年之计在于春"的意义更广泛了。此时的春茶还包括了"茶之别者"的树芽，都在春天试新。

"人间相事学春茶"乃是儒家千百年来"历象日月星辰，敬授人时"的人文思想的体现，指出了无论是"嘉木"的茶芽，还是"别者"的木芽，不同的地区都在春天三个月适时采摘，这样，才能做出一碗好茶，也能饮到一盏好茶。

中国古代一直是以农业为本的，故县官陆玑对农事非常了解。而陆羽从小生长在寺院里，寺僧学佛，陆羽学儒。虽然小时候给人放过牛，之后却与伶党为伍，因此对农事几乎不懂，也不知道民间的"明德"之茶。他与茶树之茶的因缘，可能始于至德初，随南逃的人群来到了陆玑曾当过县官的吴兴，与另一个僧人释皎然结为忘年之交。释皎然既是高僧，又是茶道高人，也是提出"摘得金芽爨金鼎"茶道的人。陆羽与释皎然交往九年有所心得，著《茶经》创立了不同于释皎然茶道的末茶煎饮之道。

《茶经》虽然将茶分为粗茶、散茶、末茶、饼茶，但从头至尾讲的都是笋芽作茶。《一之源》对茶的要求是"野者上，园者次。阳崖阴林，紫者上，绿者次；笋者上，芽者次；叶卷上，叶舒次"，几乎与茶叶没什么关系。接下去的采造、煮饮，也都是循着笋芽茶论述。笋芽作茶后可以得到"重华累沫，皤幡然若积雪耳"的美感，陆羽称之为"沫饽"。陆羽将《荈赋》的"沫"和陶弘景的"浡"合称为"沫饽"，并解释说："沫饽，汤之华也。华之薄者曰沫，厚者曰饽，轻细者曰花。"如此说来，只有这种厚薄混搭、伴有"花"的才能称沫饽。陆羽是首位命名"沫饽"、并对其做出解释的文人。

沫饽，来自于茶之笋芽，春采比较易得，是茶茗文化以后被文人着重描述的现象。笋芽内部应该是富含蛋白质类营养物质的，如同胎儿一样，全靠母体营养生长。无论是生晒成茶，还是火焙、炒青成茶，其包含的物质都不会散失，热汤微煮或冲泡，就会将营养物质释放出来，形成积雪般的沫饽，这当然是"饮之益人"的。另一个是芽头相当于胎胞中的婴儿，抗体来自本体，尚未自生茶树的寒凉之性，都是原生态的营养物质，是"饮之益人"的另一个意义。

初读这些茶的诗文，沫饽并没有引起关注，现在常说：贫穷限制了人的想象。非常有道理。当然，这里的"贫穷"是指物质的贫乏造成的认知贫穷，如果不是那一杯蒙顶黄芽，笔者的见识是不足以讨论沫饽的。当你见到庐山真面目时，才会惊叹于它的美。机缘巧合是一个神秘的现象，前几次冲泡蒙顶黄芽，从未发现沫饽现象，就连朋友喝了这么多年的蒙顶黄芽也没有发现沫饽。一种可能是器具（前几次用壶）原因；另一个可能是水温或冲泡手势问题。当阅读南宋罗大经的"瀹茶"时，就以蒙顶黄芽做一下尝试，以罗大经所说的二沸水冲泡直筒玻璃杯中的芽茶时，马上被茶面那积雪般华沫惊艳了（见图版三右上）。此刻，方才明白古代文人为什么如此不吝笔墨地赞美那积雪般的华沫了。沫饽是芽叶中蛋白类物质的析出，笋芽茶在热汤的激发下，无论是陆羽的细颗粒型末茶，还是刘禹锡的煎芽茶，陆放翁的分茶，罗大经的瀹茶，都能呈现疏密、厚薄有致的积雪般沫饽。这种沫饽都是一次性的，故陆羽煎茶一鍑分完以后要重新煮一鍑，才能有沫饽分享。

沫饽来自芽茶，中下茶直接煎饮，或瀹茶很难产生。严格地说，宋式点茶的乳沫也是不能称为"沫饽"的。因为宋代宫廷蜡茶都已经榨茶去膏了，茶面的乳沫来自极细末茶的击拂。即便是咖啡，击拂三四百下，热汤点注也能产生厚厚的乳沫。徽宗七次击拂点汤，得到"乳雾汹涌"，主观是追求华美的乳沫（华沫），茶面效果也很理想，但产生的本源不同，茶面乳沫也过于均匀、厚重。因此，蔡襄《茶录》与徽宗《大观茶论》都没有"沫饽"一词。

中下茶也能出乳沫，需冷水投茶煮沸，煮沸后出汤入盏，以竹筅击拂方能出厚厚的乳沫，但没有芽茶的沫饽色白，也没有疏密厚薄的自然。曾以"瀑布仙茗"旗枪茶以二沸水点泡，也没有蒙顶黄芽那样的沫饽，但煮成茶汤击拂后方才见厚厚的乳沫了。这样的浮沫古代可能会出现在茶戏中，与文人笔下直接煎、瀹的"沫饽"还是有点异趣。

现在的点茶表演，末茶都是参照日本抹茶的，无论击拂出多厚的乳沫，都算不上陆羽定义的"沫饽"。首先基本上都不是芽茶，现在谁舍得用芽茶磨成末茶呢？其二都是学宋式末茶调膏后点试的，乳沫来自调膏和击拂，虽然很浓厚，却欣赏不到那么舒朗有致的沫饽的，更不可能白如积雪的。

陆羽的笋芽作茶是不知不觉地文化了茶饮，他知道笋芽作茶好喝，但并没有读懂茶茗的意义，将茶理解为从艸从木的植物了，以至于说"从艸当作茶（茶）"；还将茗当作茶的别名。虽然没有直说茗是叶老者，但引用了郭璞的注文，说明心里还满是狐疑的。不管怎么说，春采笋芽作茶的茶饮文化，还是被陆羽清楚地表现了出来。

春采嫩芽作茶，也对其他木本芽叶的采摘作茶产生了影响。茶茗以木芽为之，大多数跟社会接触的文人都懂的，也许是常识的缘故，也许是不亲民的缘故，没有文人出来解释，只有五代文人毛文锡的《茶谱》对木芽为茶作了比较详尽的表述。所谓"谱"，就是某类东西的归纳总结，然后分别叙述。书中所叙名茶皆是雀舌、鸟嘴、麦颖，并说"盖取其嫩芽所造"之故。偶有少数销量大的商品茶才有中下茶介绍，如："邛州之临邛、临溪、思安、火井，有早春、火前、火后、嫩绿等上中下茶。"似乎"下茶"从时令看也至少是一枪二旗之茶。

作为谱录类书籍，《茶谱》还介绍了其他木芽为茶的情况，如："长沙之石楠，其树如棠楠，采其芽谓之茶。"这里"谓之茶"似有二种语义，既有石楠芽也称作"茶"的意思；也有煮石楠芽作饮、谓之茶的意思，这就和其他文意联系了起来。木芽为茶不限于石楠，还有其他多种树木的嫩芽可作茶，"茶之别者，枳壳牙、枸杞牙、枇杷牙，皆治风疾。又有皂荚牙、槐牙、柳牙，乃上春摘其牙，和茶作之。"这里不但罗列了六种树木，还明确表示"上春（早春）"时节采其芽，与春采芽茶同步，"民间相事学春茶"的意义更广泛了。

毛文锡《茶谱》早已亡佚，现在的《茶谱》是根据《太平寰宇记》《全芳备祖·后集》整理辑录的，全是条目，看不到头尾是否有序文或跋文。《茶谱》不但记载了各种产地不同、名称各异的芽茶，还记录了不同木本植物的芽茶，就是"茶之别者"。假如能找到《茶谱》原本，或有序文，很有可能也会对"茶"做出解释，今人就不用煞费苦心地琢磨"茶"了。

春茶中的笋、枪已经很嫩了，也极稀少，当年欧阳修等四人才分得二饼，作为御赐宝贝珍藏。但文人们觉得还不足以与"天下一人"的皇帝相匹配，以皇帝嫌外面包裹的嫩叶妨碍口感为由，用山泉水浸泡枪芽，使其柔软并将之剥离，只留用最里面的芯芽。因为剥离、保鲜都要靠清泉水，又芯芽细如丝线，故称之为"绿线水芽"（《宣和北苑贡茶录》）。宋朝经济发达，文化昌盛，文官们保暖终日，整天想一些匪夷所思的事情以博皇帝开心，借此升官发财。据《诗话总龟·咏茶门》记载，发明水芽的郑可简就是因贡茶而"累官职至右文殿修撰，福建路转运使"的。其侄子千里在山谷间得到朱草，郑可简却令儿子郑待问进献皇上，并因此得官。好事者作诗云："父贵因茶白，儿荣为草朱。"为了官运亨通，文人们将茶演绎到了无以复加的精致，并成为文人茶的巅峰作品，然而这是一种变态的精致，实乃是暴殄天物。

细思陆羽末茶是细米、菱角，其实也是芯芽、嫩茎及一部分未碾成细末的嫩叶，其成分与水芽为末茶并无多少区别。陆羽喝的是带沫饽的茶汤，茶渣是丢弃的，《茶经·四之器》有"漉方"。水芽榨茶去膏了，调末就膏以后点茶，连茶末一起饮尽的。如此对比，水芽暴殄的只是茶膏，水芽本身并无浪费。

北宋文人一如既往地热衷于芽茶，陶毂的"圣杨花、吉祥蕊"；范仲淹的"露芽错落一番荣"；苏轼的"白云峰下两枪新"、"采取枝头雀舌"；欧阳修的"洪州双井白芽"，都是无意识地在体现茶芽作茶作茗的本义。

从南宋开始，茶茗以一种全新的方式演绎古老的故事，它依旧是芽茶，但既不煮，也不磨茶调膏，而是把茶芽生晒，然后用沸汤点泡，文人称之为"分茶"。分茶虽然是一个极有文化的名称，但与菜肴的"分茶"撞名了。没过多久，文人们找到了一个更恰当的古文"瀹"来命名这种作茶方式，"瀹茶"开始成为文人们的茶饮常态。生晒也完全是一种返璞归真的加工方法，将人为因素降到最低限度，保存芽头的全部营养物质。现在已经无法了解杜育的"沫沉华浮，焕如积雪"的茶面，是用什么方法加工的芽茶，但罗大经是用二沸水点泡生晒芽茶，就得到了"一瓯春雪胜醍醐"。从杜育到到罗大经差不多九百多年，竟然得到了如此相似的一盏好茶。尽管我们不知道杜育是怎么制莽的。

也许是茶的产地问题，也许是作茶的方法问题，晚明人论茶仍是芽茶，但已没有"一瓯春雪"的景象了，谢肇淛甚至说："茶色自宜带绿，岂有纯白者？"虽然他是评论建盏，可能还了解朱权的点茶，但明显地已经没有春雪般的华沫了，只能看见青白色茶面，或淡绿色的茶汤。茶汤的汤色从红白之色向浅淡的绿色转变，这种转变并非是芽茶的生长采摘带来的，而是从"煮"到"点"的变革带来的。田艺蘅的《煮泉小品》说："生晒茶，瀹之瓯中，则旗枪舒畅，清翠鲜明，尤为可爱。"明显地清翠鲜明有嫩绿旗枪舒畅的影响，更有白瓷瓯的衬托。田艺蘅是正儿八经的杭州人；谢肇淛祖籍福建长乐，但出生在杭州，故其父名之曰"肇淛"（淛即浙），字在杭，别号武林，也算是杭州人了。两个杭州人看到的主要是南方流行的点泡芽茶，清翠鲜明，故谢肇淛会有疑问。

再一个可能与讲究"汤嫩"有关，罗大经《鹤林玉露》说："然瀹茶之法，汤欲嫩而不欲老，盖汤嫩则茶味甘，老则过苦矣。"虽然田艺蘅说："汤嫩则茶味不出，过沸则水老而茶乏。"但实践中是"欲嫩而不欲老"，如果生怕把嫩芽烫过熟了，那是很难再现一瓯春雪的。同样是春采芽茶作茶，现在的明前细茶不易冲泡出沫饽，这是因为只有少部分精选之茶才符合笋芽鹰嘴的要求；另一个是现在冲泡芽茶的水温一般偏低，碧螺春还讲究投茶泡法，故都很难观赏到自然形成的、积雪般的沫饽了。所以，无论是"华"、"沫饽"、"乳雾"，还是"红白之色"、"清翠鲜明"，都是中国饮食文化一以贯之地对色、香、味的追求，只有三者齐备的茶，才是符合饮食文化之道的一盏好茶。

"人间相事学春茶"对于茶饮文化的发展具有革命性的意义，春采茶树笋芽作茶从此成为文人和茶人的共识，如何保全芽茶纯真的味道，如何饮到一盏色香味齐备的好茶，才是文人们的愿望。茶的"益人"好处，因宋代开始食物的丰富，茶中分离出来的"汤"的品种繁多，已退至次要地位。

四、分茶的人文意义

在战国诸子百家的语言中，"分"具有哲学意义。《荀子·非相》说："人之所以为人者，非特以其二足而无毛也，以其有辨也。夫禽兽有父子而无父子之亲，有牝牡而无男女之别，故人道莫不有辨。辨莫大于分，分莫大于礼，礼莫大于圣王。"指出了自然动物与文化之人的分别，最大的辨就是分，最大的分就是礼，分属于礼文化的范畴。

"分"还是一种做人的行为准则，也就是"本分"，也属于礼的范畴。与商鞅一起谋划变法的策士尸佼，在商鞅被刑以后，亡逃入蜀，著书二十篇，名之曰《尸子》，为先秦诸子百家理论之一。其中第五篇曰"分"，开篇总述曰：

> 天地生万物，圣人裁之。裁物以制分，便事以立官。君臣、父子、上下、长幼、贵贱、亲疏，皆得其分，曰治。爱得分，曰仁；施得分，曰义；虑得分，曰智；动得分，曰适；言得分，曰信。皆得其分，而后为成人。

荀子分自然与文化，尸子讲的是文化后的人要"皆得其分"，即都要给予一个恰如其分的名分，也就是人们常说的"本分"。有"分"就便于设立各种官职来管理做事；还便于恰如其分地修得各种德，成为德才完备的人。

分的哲学意义至今还经常出现在人们的口语中，如某人做事过了头，人们会批评说"过分"；没有按照尸子所说的"皆得其分"内做事做人，则批评为"不守本分"。

茶饮的分茶也应该具有上述"分"的意义，是区别以往的茶的，是文人对纯茶饮的雅称，是宋代文人茶饮的独特理念。"分茶"一词时代性极强，现今能看到的古代茶饮文献出现"分茶"一词的基本上都是南宋中期偏早时期的，北宋的茶诗、茶文均没有出现茶饮的"分茶"一词，可能是文人生活环境不同所造成见识不一之故。比如同样说耀州窑烧瓷器，周辉说"河朔用以分茶"；陆游则说"（河朔人）惟食肆以其耐久多用之"，其诗文却有"晴窗细乳试分茶"之句。明显地在朝为官的陆游对民间实际生活了解较少，而隐居不仕的周辉本来就生活在民间，当然知道菜肴称"分茶"的，而不会用"分茶"去称谓茶饮的。

如果仔细梳理一下出现"分茶"的四位文人的生平事迹，不难发现"分茶"是深谙中国古代文化，且有高官厚禄的文人发明的词汇，长居官府的他们应该不知道民间将菜肴称作"分茶"的。

曾几，宋徽宗朝以兄弼恤恩授将侍郎，擢国子正兼钦慈皇后宅教授。迁辟雍博士，除校书郎，历应天少尹。钦宗靖康元年（1126年），提举淮东茶盐。高宗建炎三年（1129年），改提举湖北茶盐。绍兴八年（1138年）得请主管台州崇道观，侨居上饶七年，自号茶山居士。二十五年桧卒，起为浙东提刑。明年改知台州。二十七年召对，授秘书少监，擢权礼部侍郎。

看见没有，一路官运亨通，与茶有关的官位有提举淮东、湖北茶盐，深谙文人士大夫的茶饮之道。侨居上饶七年，应该对建茶点茶和南方的芽茶点泡都非常熟悉的，对传统文化非常了解的他，以哲学名词"分"来命名这种茶饮形式，首先提出了新春芽茶"分"比"点"好。宫廷点茶所用末茶均榨茶去膏的，哪有分茶的茶味醇正。然而曾几说了"分"，没有说"分茶"。

曾几有位大名鼎鼎的学生——陆游，曾几卒时的《墓志铭》就是陆游撰写的。陆游生逢大宋痛失半壁江山之际，少年时即深受家庭爱国思想的熏陶。虽然宋高宗时参加礼部考试，因受秦桧排斥而仕途不畅。宋孝宗即位后，赐进士出身，历任福州宁德县主簿、敕令所删定官、隆兴府通判等职。嘉泰二年（1202年），宋宁宗诏陆游入京，主持编修孝宗、光宗《两朝实录》和《三朝史》，官至宝章阁待制。所以陆游虽然因宁宗召见到京城临安，但基本在官府中修史，与平民百姓的生活是脱节的，其"分茶"应该是传承于老师曾几的。

李清照是礼部员外郎李格非的女儿，左仆射赵挺之第三子、朝官赵明诚之妻。出嫁前后都生活在官宦世家。杨万里绍兴二十四年（1154年）举进士，授赣州司户参军，历任国子监博、漳州知州、吏部员外郎秘书监等。也是高官厚禄、衣食无忧的文人士大夫。生活环境决定了他们虽然认可分别姜盐的茶所取的恰如其分的名称，且新名称也很文化，但不知道"分茶"一词已被平民百姓"注册"了。所以，分茶一词在宋代有文野之别，饮食之分。

综上所述，文人由于所处的环境不同，对"大学之道"的理解也不相同，好"新民"而不"亲民"，不了解庶民生命实践的"明德"，那自身的明德也无法彰明起来。即便是把茶树之茶玩到了极致风雅，也只是茶文化的一小部分。

第三章　因隐逸而高逸

众所周知，儒家入世，道家出世。儒家是社会哲学，强调个人的社会责任，在上文可以看到文人们处处体现出对茶茗如何文化的责任感。道家是"重己"的哲学，强调"欲洁其身"的个人主义，故贵"自然"，遗世独立。道者往往才智出众，但不求显达，向往山林，与茶有天然的缘分。如笋如枪的茶，生机勃勃如赤子之腠作，却藏之名山，隐匿幽林，作饮如醍醐、如甘霖。茶与道如斯乎！

一、隐逸文化

道家本始的思想不是《老子》，而是杨朱思想。杨朱就是韩非批评的"不以天下大利易其胫一毛"的先生，但其真正的意思是："人人不损一毫，人人不利天下：天下治矣。"体现了道家以约束个人行为来达到天下大治的思想。杨朱思想是春秋战国时期重要的哲学思想，《孟子·滕文公章句下》说："杨朱、墨翟之言盈天下。天下之言不归杨，则归墨。"在礼崩乐坏之时，出于史官的道家者流，清醒地看到成败、存亡、祸福的古今之道，"然后知秉要执本，清虚以自守，卑弱以自持"。"本"是什么？生命！要保全生命，在"天下滔滔"的时期，隐逸是全身的最好选择，故早期的道家都不好仕途而喜隐逸，后被奉为道家鼻祖的老子，最后也是不知所终的，其隐逸乎？

　　隐逸是由道家传承的中国文化，往往发生在"天下滔滔"之时，魏晋时期，由于政治环境险恶，高逸之士为避害，隐入山林或朝市，形成了一种引发文人关注的文化现象。（南朝宋）刘义庆著《世说新语》，就有专门关注隐逸的篇章《栖逸》来评论隐逸之士。隐士们不求闻达，寄身山穴，筑庐林间，或隐于朝市，以求生命的吉安与心灵的放达，形成了"小隐隐于野，大隐隐于市"隐逸文化。

　　经历六朝天下纷争的磨砺，隐逸文化趋于成熟。流行于唐代中期有一种镜背铭刻"真子飞霜"的铜镜，纹饰就是一位仙道高士（真子）隐于山林之间，抚琴作文，鸾鸯凤立，高逸无比，代表了隐逸文化的成熟。

　　盛唐气象，让部分文人看到

中国铜镜研究会会员收藏的唐代"真子飞霜"铭铜镜

隐逸的清冷，以及不为所用的失落，生发出想要游走于出世与
入世之间的人生理想，中隐思想因此应运而生。

　　白居易和刘禹锡是同年出生的唐代进士，都官至尚书，都
有身在尘世而心灵出世的文人情怀。对于隐逸，白居易认为小
隐有点冷落，甚至有冻馁之虞；大隐又太喧嚣，不如中隐，著
《中隐》五言诗：

> 大隐住朝市，小隐入丘樊。
> 丘樊太冷落，朝市太嚣喧。
> 不如作中隐，隐在留司官。
> 似出复似处，非忙亦非闲。
> 不劳心与力，又免饥与寒。
> 终岁无公事，随月有俸钱。
> 君若好登临，城南有秋山。
> 君若爱游荡，城东有春园。
> 君若欲一醉，时出赴宾筵。
> 洛中多君子，可以恣欢言。
> 君若欲高卧，但自深掩关。
> 亦无车马客，造次到门前。
> 人生处一世，其道难两全。
> 贱即苦冻馁，贵则多忧患。

唯此中隐士，致身吉且安。

穷通与丰约，正在四者间。

　　中隐，大有儒家"中庸"的思想，处于太喧嚣的大隐和太冷落的小隐之间，这个"间"即是"隐在留司官"的做官。没有为官的俸禄，会因贫贱而冻馁。白居易在官府中过惯了好日子，才不会如庄子般的洒脱；在官府又不要太"有为"，有为太劳心力，还会因为"贵则多忧患"，明哲保身得近似滑头。因为有官俸，衣食无忧，可以潇洒地在出与处、忙与闲之间，寄情山水、宴饮、吟啸、酬唱来调适心情，达到人生一世、其道两全。

　　白居易是这样说的，也是这样做的。《剧谈录·卷下》"白傅乘舟"条记载白居易"分务洛师"（到洛阳做官）时，"情兴高逸，每有云泉胜景，靡不追游。"又一次泛舟出游，为同朝做官的、"常记江南烟水"的卢尚书所见，"以为高逸之情"。卢尚书在伊水边的别墅中与子侄们凭栏看到的情景是这样的：

　　俄而霰雪微下，（卢尚书）情兴益高，因话廉察金陵，常记江南烟水，每见居人以叶舟浮泛，就食菰米鲈鱼。近来思之，如在心目。良久，忽见二人衣蓑笠，循岸而来，牵引水乡篷艇，船头覆青幕，

中有白衣人与衲僧偶坐。船后有小灶，安铜甑而炊，
卯角仆烹鱼煮茗。溯流过于槛前，闻舟中吟啸方甚。

洛阳，曾是北朝官僚阶层鄙视吴地之人"菰稗为饭，茗饮
作浆"（《洛阳伽蓝记》）的地方。时过境迁，同一个地方，同
是官僚文人，白居易的行为和卢尚书的态度，折射出人们的意
识形态在悄然发生改变。卢尚书正情兴益高地说着廉察金陵时、
常见江南薄雾缭绕的水面叶舟浮泛、当地人在舟中就食菰米
鲈鱼的景致时，微雪的河面就出现了一叶水乡蓬艇，舟中也是
"安铜甑而炊，卯角仆烹鱼煮茗"，此情此景何其相似，既应话
又应景，氛围极其高逸，卢尚书不由自主地抚掌惊叹：

卢抚掌惊叹，莫知谁氏。使人从而问之，乃曰：
"白傅与僧佛光，同自建春门往香山精舍。"其后每
遇亲友，无不话之，以为高逸之情，莫能及矣。

白傅，即白居易，因官至太子少傅，故称之。伊水微雪、
水乡蓬艇、蓑笠二人牵引、白衣人与衲僧、偶坐吟啸、卯角
仆、烹鱼煮茗等景象和人物组成了好个雪江行舟图，虽是人世
间画面，又如遗世独立。印证了《中隐》"好登临、爱游荡、
欲一醉、恣欢言"的言行。同在唐代，陆羽茶道表演被御史大

夫李季卿"心鄙之",而白居易的"烹鱼煮茗"则被钦慕为"高逸之情"。隐逸之人孤高脱俗、卓尔不群,故而行为和表现形式往往是高逸的,对茶饮的环境、同饮的人品极为讲究,引起了文人士大夫的关注。

这里有一个以往不见的情景,"丱角仆烹鱼煮茗",丱角仆就是童仆,曾点的"童子六七人"是也。丱角童仆青雉纯真,未染俗浊之气,此后的《高士烹茶图》必有丱角仆。烹鱼煮茗就是童仆在准备酒菜和茗饮,反映了茗饮已登入高逸的大雅之堂,但在唐代并不是独立的高逸之情,酒饮仍是主角。

饮食文化以"饮"为先,饮又以酒为魁首,宫廷茶饮就是从"当酒"开始的。虽然唐代风俗贵茶,但不足以影响酒为主导的饮食文化,特别是宫廷宴饮,以及文人酬唱。李白偶有《仙人掌茶》诗序,斗酒则有诗百篇;白居易茶诗不少,更是好酒之徒,常以诗酒自娱,著《醉吟先生传》以自叙;"斯须炒成满室香"的刘禹锡,因醉酒,以菊苗虀、芦菔鲊换取白居易的六斑茶用来醒酒。唐代好茶的名僧大德往往也好酒,如《杜阳杂编》的道人罗浮先生轩辕集、《因话录》的僧人刘九经等。蓬艇上丱角童仆不仅仅是煮茗,还烹鱼,估计僧佛光也是好酒的。唐代隐逸之人茶酒皆欢,先以酒令人放达,后以茶使人通透,茶酒互映才有高逸之情。

然而酒有罚酒,更有暴饮而害生杀生的,与道家养生及

"致身吉且安"的思想相违背。好老庄的"竹林七贤"之一刘伶，以好酒而逍遥避祸，终因酒而害生。茶道大行的唐代中晚期，好老庄的道者渐由好酒趋于好茶，茶不仅可以养生、醒酒，还可以为饮者带来文思。饮文化的酒茶是无贵贱的，而文人眼中的茶茗则标格高致，是幽寂深山的奇茗仙芽，与"风俗贵茶"之茶不可同日而语。

二、茶之隐逸

刘禹锡与白居易有着同样的中隐思想，其著名的《陋室铭》从另一个视角表达了高逸的隐逸情怀。而《西山兰若试茶歌》更是将茗芽的隐逸表现得淋漓尽致，也是唐代少有的、将人的高逸与茶茗的高逸相结合的诗作。

西山兰若试茶歌

山僧后檐茶数丛，春来映竹抽新茸。

宛然为客振衣起，自傍芳丛摘鹰嘴。

斯须炒成满室香，便酌砌下金沙水。

骤雨松声入鼎来，白云满碗花徘徊。

悠扬喷鼻宿醒散，清峭彻骨烦襟开。

阳崖阴岭各殊气，未若竹下莓苔地。

炎帝虽尝未解煎，桐君有箓那知味。

　　新芽连拳半未舒，自摘至煎俄顷馀。

　　木兰沾露香微似，瑶草临波色不如。

　　僧言灵味宜幽寂，采采翘英为嘉客。

　　不辞缄封寄郡斋，砖井铜炉损标格。

　　何况蒙山顾渚春，白泥赤印走风尘。

　　欲知花乳清泠味，须是眠云跂石人。

　　山僧和客（刘禹锡）自然属名僧大德之辈、高逸之人，故山僧要摘鹰嘴芽茶款待客人。此时的僧是"禅僧"，不追求寺庙的华宏，只要有寄身的草庵兰若来隐逸即可。不知道是幽寂清冷的茶吸引了山僧在此隐居，还是山僧携茶选择在幽寂的山林中、以种茶饮茶相伴人生，反正高逸之人与奇茗仙芽如期而约于幽寂的山林之中，刘禹锡也正是怀着高逸之情寻访而来的。

　　唐人说茶是"百草之首"、"万木之心"，而山僧的好茶与世俗成千上万斤的茶又不同，仅仅是僧寮后檐不为人知的数丛茶树，极其隐逸；又是数丛中的鹰嘴芽茶，是"首"上之首，"心"上之心，少之又少，可谓茶隐之"高"；这样的隐逸之茶又有怎样的品格呢？"木兰沾露香微似，瑶草临波色不如。"茶与高洁木兰相伴相生，互沾雨露而幽香相似，与"天香茶"无异。而茶色比仙境的瑶草临波的颜色更佳，真可谓"逸"。

如此高逸之茶，山僧称之为"灵味"，灵味是什么味？山僧说是"幽寂"，大概就是闻之、饮之有"暗香浮动"之钟林，更添寂静清冷的隐逸之意。"采采翘英"的隐逸之茶，需毓秀高逸的"嘉客"试饮。客人饮之，则"悠扬喷鼻宿醒散，清峭彻骨烦襟开。"不仅散了昨日的宿醒，也消了胸中之块垒。

隐逸之茶必是高逸之茶，高逸之茶当然与高逸之人相知己。故刘禹锡最后说："欲知花乳清泠味，须是眠云跂石人。"天造地设的灵山仙芽，几人能识，几人能晓？大约只有"眠云跂石"的高逸之人才懂得隐逸之茶的"清泠味"。

三、人景相谐之高逸

陆羽被唐宋文人称作"野人"，大约是在野的文人；又曾随竟陵僧生活，在道俗之间之故。他著《茶经》以后，茶道大行，但他的茶道表演并不被官僚士大夫看好（此时京城的士大夫大多不懂茶）。《封氏闻见录》记载御史大夫李季卿宣慰江南，陆羽经人推荐为之煎饮，李季卿只是礼节性地饮了一下，内心却是"鄙之"的，还"命奴子取钱三十文酬煎茶博士"，呵呵，辱人甚矣！此后，"鸿渐游江介，通狎胜流，及此羞愧，复著《毁茶论》"。陆羽真心地被伤害到了，愤而著《毁茶论》。《毁茶论》谁也没见过，猜想是讨论不宜茶饮的场景和不宜一起饮茶的人等之类的事吧。《封氏闻见录》是笔记小说，其中的故事真伪莫辨，但此故事至少说明陆羽的茶道并不被所有的文人士大夫所待见。

陆羽煎茶不被看好，是因为社会上流行的他倡导的茶道，李季卿之前已见过推荐他的伯熊的表演，陆羽的表演并无新颖之处，也就寻常了。陆羽"身衣野服，随茶具而入"李季卿府邸去表演茶道，不入文官李季卿法眼；场景既无寒江微雪，也无丫角童仆，为茶而说茶，如同小学生上课，俗甚；李季卿是一位显达的官员，看陆羽表演仅仅是好奇，好比陶毂看茶百戏，杨万里观分茶，并非是好茶，或学习茶道，故茶饮的人也不对，结果当然不能令人尊敬的。陆羽说茶饮最宜"精行俭德之人"，但置身现实生活时，又识非所人。

对比陆羽的"羞愧"与"白傅乘舟"的高逸，文人士大夫追求的茶道，不是为茶饮而茶饮，而是与隐逸文化有关的高逸之情，这样的"情"需要脱俗的景、幽寂的茶，以及高逸的人，达到《老子》"燕处超然"的境界。人、景、茶和谐的"恬淡"之饮，才是文人理想中的饮文化，也可以说是文人心目中的文人茶。

明代开国皇帝朱元璋崇尚"严刑峻法"，与宋代开国皇帝"不杀文人士大夫"截然相反的是滥杀成性，明初"四大案"被株连滥杀的文人士大夫达十万之多，造成人人自危，甚至装疯卖傻躲避上朝。明初超过以往任何时期的严刑峻法，直接打

断了文人的脊梁骨。为避杀身之祸，韬光养晦的隐逸文化又重回文人的精神世界。此时，不可能大隐，也不可能中隐，唯有山野的小隐，或"处江湖之远"隐逸。

朱权，是朱元璋的第十七子，16岁封宁王，麾下兵强马壮。朱棣"靖难"，胁裹朱权加入其中。朱棣曾以"中分天下"相诺，得天下后只给了朱权偏僻贫穷的南昌（相比于朱权索要的苏杭）。从此大彻大悟，反正处江湖之远，落得超脱世外，以舞文弄墨、说茶论道自娱，著《茶谱》，自称"臞仙"，即清瘦仙人。

人超脱了，茶也要脱俗。朱权的茶自诩"崇新改易，自成一家"。同饮的人要"鸾俦鹤侣，骚人羽客，皆能志绝尘境，栖神物外，不伍于世流，不污于时俗。"切忌"吃茶汉"；饮茶的地方"或会于泉石之间，工处于松竹之下，或对皓月清风，或坐明窗静牖。"追求景色的清静雅致；纵有繁花似锦，也"不宜花下啜"；其言谈"乃与客清谈款话，探虚玄而参造化，清心神而出尘表。"六朝名士的清谈又回来了，故饮客"大忌白丁"。其作茶"命一童子设香案，携茶炉于前，一童子出茶具，以瓢汲清泉注于瓶而炊之。"重现了卯角仆煮茗的场景。

朱权点茶，量客众寡于巨瓯（大茶碗）中点试，然后分之啜瓯（单人饮用之茶碗），"置之竹架（类似于茶盘，日本茶道常见），童子奉献于前。"以往饮茶之前是没有主客之礼和文雅的客套话的，朱权茶饮始见文辞清雅的客套话。当童子奉上茶饮时，主人应当站起来，端茶奉献至客人，并祝词："为君以泻清臆！"客人亦站起来接过茶瓯，谢词曰："非此不足以破孤闷！"主客重新坐下饮茶。饮毕，童子接瓯而退。茶是吃完了，仅仅是雅饮的前半场，其后"话久情长，礼陈再三，遂出琴棋，陈笔砚。或庚歌，或鼓琴，或弈棋，寄形物外，与世相忘。斯则知茶之为物，可谓神矣。"吃茶既是客来先设之礼，又是起兴，通通仙灵，为后面琴棋书画的文人娱乐铺垫的，真正的目的是"寄形物外，与世相忘"。相忘的是世间残酷的政治斗争。

浙江金华出土的北宋黑釉啜瓯

巨瓯点茶，"分之啜瓯"，朱权之前未曾有人论及，实则宋代就出现了。2004 年浙江金华金东区陶朱路社区城北公园工地出土一件口径达 21.3 厘米的宋代黑釉撇口银扣大茶瓯（见彩版四上）和 4 只啜瓯（如图），墓葬主人朝散郎舒彪。因墓碑残损严重，不知其生卒年。据同出的、结块状的"圣宋元宝"古铜币推断，当为北宋末年的墓葬。与一般的建盏不同，大瓯釉色纯黑如漆，如果点一瓯高品质的末茶，定有"知白守黑"

的妙趣，而不是"玉毫条达"来"焕发茶采色"审美意象。同时出土还有四个口径为 12.5 厘米的银扣小瓯，造型与大瓯相似，当是分啜之瓯。巨瓯与啜瓯同时出土，非常少见，揭示了朱权的巨瓯点茶、分之啜瓯的茶礼由来已久。之前的文献之所以没有揭橥，大概宋代文人的关注点都在贡茶，以及自娱自乐的一人点茶，无暇论及罢了。

朱权的茶道是人、景、茶、物皆讲究高雅的茶饮，也是此前少有的讲究，四者相宜，又皆以"恬淡为上"（《老子·第三十一章》)，这大概就是中国文人所追求的茶饮之道，影响了此后中国的茶饮文化的发展，也影响了日本茶道。

朱权的茶道虽然曲高和寡，却是此后文人追慕的榜样。署名徐渭的《煎茶七类》将前人高雅的茶事归纳为人品、品泉、烹点、尝茶、茶宜、茶侣、茶勋等七大教条：

1. 人品：煎茶虽微清小雅，然要领其人与茶品相得，故其法每传于高流大隐、云霞泉石之辈、鱼虾麋鹿之俦。

2. 品泉：山水为上，江水次之，井水又次之。并贵汲多，又贵旋汲，汲多水活，味倍清新，汲久贮陈，味减鲜冽。

3. 烹点：烹用活火，候汤眼鳞鳞起，沫浡鼓泛，投茗器中，初入汤少许，候汤茗相浃却复满注。顷间，云脚渐开，浮花浮面，味奏全功矣。盖古茶用碾屑团饼，味则易出，今叶茶是尚，骤则味亏，过熟则味昏底滞。

4.尝茶：先涤漱，既乃徐啜，甘津潮舌，孤清自紫，设杂以他果，香、味俱夺。

5.茶宜：凉台静室，明窗曲几，僧寮、道院，松风竹月，晏坐行吟，清谭把卷。

6.茶侣：翰卿墨客，缁流羽士，逸老散人或轩冕之徒，超然世味也。

7.茶勋：除烦雪滞，涤醒破疾，谭渴书倦，此际策勋，不减凌烟。

《煎茶七类》是一幅署名徐渭的书法作品，据正文后跋语说是唐代卢仝所作，徐渭稍加改定而成。但从内容看，原文卢仝所作的可能性微乎其微，跋语说徐渭"忙书，稍改定之"也颇多疑惑之处，疑是后世的托名之作。《煎茶七类》对以往各种高逸茶饮进行了梳理，得出了为大多数文人认可的总结性条规。为了名正言顺，伪托曾隐居嵩山少室山茶仙泉的"茶仙"卢仝所作，以"有明一代才人"徐渭书法的面目出现，好似是现在的权威发布，算是茶饮之道的"七条军规"吧。

《煎茶七类》的出现，总结了饮茶的人与宜茶的景是匹配好茶的重要因素，也成了文人对茶饮文化的共识。

四、一壶好茶

朱权是王爷，虽处政治斗争的江湖之远，但有钱又有权，其韬光养晦的高逸茶道，未免曲高和寡，民间难以效仿。明末文人张岱的《陶庵梦忆》记载了《闵老子茶》故事，以亲身经历讲了一则民间隐逸之人的高逸茶饮故事。整个故事实在太有趣味，全文兹引如下：

> 周墨农向余道闵汶水茶不置口。戊寅九月至留都，抵岸，即访闵汶水于桃叶渡。日晡，汶水他出，迟其归，乃婆娑一老。方叙话，遽起曰："杖忘某所。"又去。余曰："今日岂可空去？"迟之又久，汶水返，更定矣。睨余曰："客尚在耶？客在奚为者？"余曰："慕汶老久，今日不畅饮汶老茶，决不去。"
>
> 汶水喜，自起当炉。茶旋熟，速如风雨。导至一室，明窗净几，荆溪壶、成宣窑磁瓯十余种，皆精绝。灯下视茶色，与磁瓯无别，而香气逼人，余叫绝。余问汶水曰："此茶何产？"汶水曰："阆苑茶也。"余再啜之，曰："莫绐余，是阆苑制法，而味不似。"汶水匿笑曰："客知是何产？"余再啜之，曰："何其似罗岕甚也？"汶水吐舌曰："奇，奇！"余问："水何水？"曰："惠泉"余又曰："莫绐余，惠泉走千里，水劳而圭角不动，何也？"汶水曰："不复敢隐。其取惠水，必淘井，静夜候新泉至，旋汲之。山石磊

磊藉翁底，舟非风则勿行，故水之生磊，即寻常惠
水，犹逊一头地，况他水耶。"又吐舌曰："奇，奇！"
言未毕，汶水去。少顷，持一壶满斟余，曰："客啜
此。"余曰："香扑烈，味甚浑厚，此春茶耶？向瀹
者的是秋采。"汶水大笑曰："余年七十，精赏鉴者，
无客比。"遂定交。

　　张岱是明末清初的文人，自称蜀人，出生在绍兴，长期寓
居杭州。因生于官宦世家，家境优渥，"少为纨绔子弟，极爱
繁华，好精舍，好美婢，好娈童，好鲜衣，好美食，好骏马，
好华灯，好烟火，好梨园，好鼓吹，好古董，好花鸟，兼以茶
淫桔虐，书蠹诗魔。"（张岱《自为墓志铭》）这样的家境使得
他连做官都没兴趣，前半生用"玩世不恭"都不足以概括其人
生态度，称其为悠游世俗的"逸人"似为恰当一些。闵老子是
真正的隐逸之人，与西山兰若山僧相仿佛；后来日本"煎茶道"
的祖师爷高游外也与闵老子有些相似。

　　张岱慕名去访闵老子茶，却经历了张良得黄石公兵书的磨
砺，但其后的茶饮也是很对得起这样的磨砺。闵老子没有丱角
童仆，作茶却是"速如风雨"，与山僧"自摘至煎俄顷馀"一
样快捷麻利。闵老子隐居于留都南京乡野桃叶渡，其环境就是
卢尚书廉察金陵时看到的景色，可谓物是人非、景色依旧。饮

茶之室虽不能与朱权相比，却也是"明窗净几，荆溪壶、成宣窑磁瓯十余种，皆精绝。"荆溪壶，即宜兴紫砂壶，与张岱同时的另一位吴中文人文震亨的《长物志》认为紫砂壶最宜茶，"既不夺香，又无熟汤气"。紫砂壶是晚明文人公认的瀹茶佳器。成（化）宣（德）窑瓷器是御窑，在民间出现好似公主流落尘俗，在晚明当然是价格不菲的高逸之器。成宣窑磁瓯因釉质肥润、釉色洁白，被晚明文人的各种笔记小说所推崇，形成好茶配名器的讲究，影响所及日本茶道，也流风至现在各种公私茶饮雅室。

朱权茶道以茶起兴，为的是清谈雅玩。张岱就是为寻访好茶而去的，故没有任何客套，双方直接品茶话茶，且试探对方的茶饮道行的深浅。闵老子的茶是明确无误的紫砂壶泡茶，然后注入白瓷啜瓯中饮用，与现在的茶饮几无差别。由于瓷色白，故汤色一目了然。散芽作茶，一般汤色为淡淡的青黄色，油灯光线亦为淡黄色，故"灯下视茶色，与磁瓯无别"。逼人的茶香需是名茶中的芽茶，名茶才有的"逼人"的本色之香。张岱不愧是"茶淫桔虐"之人，竟然从细微的茶香中，品出了闵老子的茶不是其所说的"阆苑茶"，而是明代赫赫有名的罗岕茶，令闵老子啧啧称奇。

更为奇特的是品水，张岱竟然品出了惠泉"圭角不动"，在以往的品泉、品茶的茶书中闻所未闻。闵老子告诉张岱说泡茶所用之水是天下第二泉的无锡"惠泉"，张岱认为闵老子骗他，因为长途运输之水因旅途劳顿会失去本该有清冽之味，这在宋代唐庚的《斗茶记》中有所揭橥。而张岱品出了茶水"圭角不动"，就是仍有一般新汲之水自有新泉之味，长途运输过来的泉水是不可能如此的。难怪张岱在《自为墓志铭》中自夸"啜茶尝水，则能辨渑淄"。渑水与淄水都是山东省境内的古河流，能辨渑淄之水，当然是非一般品茶高手。惠山石泉在无锡，宋代曾为贡水，后被品评为"天下第二泉"。无锡与南京水路相连，尽管船运比较平静，长途运输后则成为"劳水"，很难保持水性圭角不动。此时，闵老子知道遇见高人了，就把如何保持水"圭角不动"的秘密告诉了张岱。原来闵老子取水时，先将旧泉水淘尽，静夜等新泉水出来，再舀水至瓮中，并以当地的山石叠放在瓮底。等风起才行舟，瓮中之水如同垒石中生出，保持了水性的"圭角不动"。闵老子介绍完后，再次对张岱"能辨渑淄"的品泉之艺啧啧称奇。

由于张岱"啜茶尝水"的出色表现，闵老子又去泡了一壶茶，其浓烈的香味和醇厚的汤味使张岱一下子明白了刚才喝的是秋茶。呵呵，本以为"民间相事学春茶"以后不再采秋茶了，看样子"月惟初秋"的采茶一直存在于民间，隐居的茶客怎会放过秋芽呢？然而秋茶之香无法与春茶比拟，显示了陆羽提倡春采芽茶对茶饮文化发展的积极意义。张岱对茶和水的精到品鉴，折服了茶饮高人闵老子，两人遂成莫逆之交。本就是同道中人，相会为莫逆之交是早已天定的。

隐逸，是社会政治、经济环境下的产物，不同的政治统治与经济基础生发出不一样的高逸之情，严酷的专权政治产生了仰之弥高、和者弥寡的朱权茶道，只能是理想中的"应该这样"；当专制统治力不从心、国运日薄西山之时，政治相对宽松会使经济迅速发展，四般闲事的茶饮就又文化起来了。张岱"啜茶尝水"的茶饮之道就是衣食无忧的奢靡生活中玩出来的，也是实实在在的品茶论道，是现实中的"就是这样"。张岱是大隐，闵老子属小隐，他俩的茶道比朱权的更纯粹、更清雅、更接地气。

隐逸之人因隐逸之茶相伴而高逸，隐逸之茶也因隐逸之人相识而高逸，隐逸的人与隐逸的物相知相交，必然高逸无比。

第四章　斋了未吃茶

　　"斋了未吃茶"是晚唐赵州从念禅师授人的师道，体现了禅宗的哲学奥义。佛文化为什么不说佛教、佛学而说禅宗禅师？因为佛教是外来宗教，佛学也包括"佛学在中国"与"中国佛学"。佛教与"佛学在中国"并不同中国本土哲学发生关系，对中国人的思想发展也没有产生任何作用，尔后的禅宗才是佛教中国化以后的"中国佛学"。范文澜说："禅学是披着天竺式袈裟的魏晋玄学，释迦其表，老庄其实。"早期禅宗高僧往往以道家的"无"与"有"来解释佛家的"空"与"色"的。宗教的核心部分必然是哲学，冯友兰说："事实上，每一种大的宗教就是某种哲学加上一定的上层建筑，包括迷信、教义、礼仪和体制。"(《中国哲学简史》)哲学是对人生的反思，中国早在春秋战国时期已有"诸子百家"的哲学思想审视人生了，中国文人太关切哲学，一般的一神论的宗教无法在中国立足，唯有其核心的哲学思想才能被中国文人关注，并杂交出中国佛学——禅宗。禅宗才是中国佛学，其发展的历程，无不浸润着老庄哲学和儒家的人文思想，融合为中国文化的组成部分。禅宗与其说是佛学，不如说是融合了儒释道的心学。

一、吃茶去

中国百姓是以西方大神来理解佛陀的，中国文人则是以道家思想"无""有"来"格义"佛理的。道家学问又称"玄学"，立言玄妙，深奥难懂，格出的佛意也同样玄妙无比，所以"悟"成为两者的共同法门。

悟，又分"渐悟"和"顿悟"，渐悟是以"有"来理解佛理的，其代表人物神秀诗偈云："身如菩提树，心如明镜台。时时勤拂拭，莫使染尘埃。"若要"勤拂拭"身心，坐禅最好；顿悟是以"无"来理解佛理的，慧能针对神秀的诗偈说："菩提本无树，明镜亦非台。本来无一物，何处染尘埃。"明显地慧能的诗偈更具有"空"的佛性，得到了五祖弘忍的衣钵，成为禅宗六祖。慧能是中国佛学的奇迹，他大字不识，然一听佛经便有所悟。这著名的诗偈也是他口诵后，由他人书写的。其说法语录《坛经》是绝无仅有的一部被称作"经"的、由中国僧人撰述的佛典。依据佛教传统，只有佛祖释迦牟尼的言教才能被称作"经"，佛弟子及后代佛徒的著作只能被称作"论"。文人们大忌来往有白丁，而白丁却有着与佛祖平起平坐的智慧——

《坛经》，真乃"人人皆可为尧舜"，人人皆可成佛。只有文化的国度，才可能有文化的奇迹。从慧能和神秀的佛性上，我们可以感悟出文化与知识的区别。

大字不识的慧能，在知识上是真正的"本来无一物"，却闻佛音顿悟，那修行就无须坐禅，只要以平常心去做平常事即可，成就"不修之修"。如此，在禅院劈柴扫地的平常事、吃饭喝水的日常生活也皆有佛理了，那"吃茶去"自然是佛理深厚了，深厚到今人既不解本义，也不知佛意。

"吃茶去"的公案记载在（宋）赜藏主编集的《古尊宿语录》中：

师（赵州）问二新到：上座曾到此间否？

云：不曾到。

师云：吃茶去。

又问那一人：曾到此间否？

云：曾到。

师云：吃茶去。

院主问：和尚，不曾到，教伊吃茶去，即且置；曾到，为什么教伊吃茶去？

师云：院主！

院主应诺。

师云：吃茶去。

在讨论"吃茶去"的禅意之前，需先弄清楚其本义是什么。以往人们都会将"吃茶"理解为宋人点茶连末一起饮食，故云。但读过前文《茶义之辨》之后，可能对此"茶"会有别样的理解，是的，此"茶"指斋饭。赵州师是晚唐人，晚唐《二娘子家书》已有"勤为茶饭"语，宋代"茶饭"的概念更为普遍。赜藏主虽为宋代人，所记录的是赵州师语录，语录的语言文字一般不会随便改动的，由此也可见唐宋民间对"茶"的理解是相似的，不会产生误解。

"吃茶去"被理解为寺院的茶饮是根深蒂固的，皆因长期以来闻其言不知其人、知其片言只语不及全部之故，因此，要解释清楚本义非赵州师本人的语录不可。《古尊宿语录》第十三、第十四卷都是记载"赵州（从念）真际禅师语录并行状"的，从中摘录两条，来说明"茶"在赵州师口语中的真实意义。且看《卷十三》一条语录：

有人问："凡有言句，举手动足，尽落在学人网中。离此外，请师道。"
师云："老僧斋了未吃茶。"

赵州师是回应别人"请师道"的，如果"吃茶"是指末茶点茶，那赵州师的回答就了无禅意了，不足以为"师道"。若释"茶"为"素食分茶"的斋饭,那就有禅机了,老僧到底有没有用过斋饭无法确定,也就是禅师"不落在学人网中"之"师道"。"未吃茶"与"吃茶去"是同一个人在同类的场景中说的语言形式相同的话,所以,此"茶"指斋饭,非茶饮也。

茶指斋饭还表现在赵州师的《十二时歌》中,"食时辰,烟火徒劳望四邻……来者祇道觅茶吃,不得茶噇去又嗔。"既然是"食时辰",那文中的"茶"一定是指饭菜。噇(chuáng),唐宋民间俗语,特指大吃大喝。大吃大喝的茶,自然不是茶水那么简单,定有饭有菜的。再下下个时辰还有更明确的表达:"日南午,茶饭轮还无定度。"古代僧人过午不食,这大概是僧人一天中轮到的最后一餐茶饭了。所以,吃茶去的茶,复言之称"茶饭",或"斋饭";单言之称"茶"或"斋"。"吃茶去"就是"用斋去",称"吃茶",乃是当时民间僧俗的生活用语。

辰时是早上7-9点,是现在大部分宾馆的早餐时间。在赵州师的"十二时歌"中唯有此时称"食时",说明中国人自古以来就认为早餐是一天中最重要的饮食。念完了"食时辰",我们就不会对广东人吃早茶有疑惑了,吃早茶不是喝茶为主,附带吃点点心,而是正儿八经的吃早饭,广州早茶食物之丰富可用"餐"字来替代,但早点、早饭、早餐的叫法,都不如"早茶"有文化。

读懂了"吃茶去"的本义,再来讨论其禅意就不会胡思乱想了。其实这段语录的机锋在第一句"曾到此间否?"赵州师多次以类似的话展开禅辩的。如师问一行者："从什么处来？"在另一个场景问新到："从何方来？"所以，"到此"也是"来"，是佛学的一个重要命题。

《金刚经》说："如来者，无所从来，亦无所去，故名如来。"《金刚经》是禅宗第一经，佛说："一切诸佛及诸佛阿耨多罗三藐三菩提法皆从此经出。"慧能也是闻听经文"应无所住而生其心"觉悟的。赵州师问"曾到此间否"是面试来者曾参悟过《金刚经》与否，若以经书的佛理来回答，则与佛法有缘；如果当作一般问候回答"不曾到"和"曾到"，那根器就太浅了，念过经也是有口无心。但来的都是求法之人，真心诚意地来一趟，斋饭总要款待一下的，此乃佛家之礼。现代大多数人都生活在丰衣足食之中，是体会不到古代一顿斋饭的价值和意义的。

赵州师的"吃茶去"很朴实、很生活，其中的禅机在于此时尚未吃到茶，未吃到就没有色、声、香、味、触、法，无所得便心无挂碍。吃过了茶，五味杂陈，便有诸多挂碍；若还饱暖思睡，则"观"为茶饭遮蔽了，也无所谓悟不悟了。

监院再问，大概是猪油蒙了心，吃茶去是让你反省。

吃茶去，如同"破柴踏碓"一般平常，能不能悟到佛，全凭慧根。惠能有根器，故能"为法忘躯"而"腰石舂米"，会有"本来无一物"的觉悟。若吃茶吃到"斋了未吃茶"，那言语上也是无挂碍了。茶的禅意，大概如此吧。

茶之初是一碗菜汤尚能令人接受，"吃茶去"就是"吃饭去"则令人难以理解，特别是现在的佛门僧众，好不容易建构起来的"禅茶一味"似乎名不正了，这寺院种植、寺院生产、高僧加持的"禅茶"本来卖点就是茶叶中有禅，如此是不是得改卖斋饭了，素分茶可能生意更好。呵呵！

禅师云：吃茶去！

二、观自在与自在

观自在，语出佛教。孙祖烈《佛学小辞典》释观曰："观察妄惑，谓之观。又观达真理，即智之别名也。"佛教的"自在"有两层意思：一是身体进退无碍，二指心离烦恼系缚，通达无碍。那么，观自在就是智慧通达无碍，是内心世界的觉悟。

"观自在"也是观音菩萨的正确称谓，《大唐西域记·乌仗那国》记载：

> 石窣堵波西渡大河三四十里，至一精舍，中有
> 阿嚩卢枳低湿伐罗菩萨像。唐言观自在。合字连声，
> 梵语如上；分文散音，即"阿嚩卢枳多"，译为"观"，
> "伊湿伐罗"译曰"自在"。旧译为光世音，或观世音，
> 或观世自在，皆讹谬也。

观自在就是"阿嚩卢枳低湿伐罗"的意译，意为智慧通达无碍的菩萨，唐玄奘说其他的意译都是"讹谬"的。

观自在菩萨在珞珈山时，既不拈花，也不执瓶，更没有手印，而是很闲适地支坐着，佛相的自在，寓意着心的自在。后来便专称此类造像为自在菩萨，或游戏坐观音像。

榆林石窟西夏观自在观音像

如图是西夏时期男相观自在菩萨线描图（原壁画色彩较暗，且模糊，故用出版物的线描图），由于画面一般有山石、水、月、圆光等元素，又称珞珈观音，或水月观音。菩萨以自然舒适的姿态坐在珞珈山的岩石上，作思维状。支脚的造型来自于后贵霜时期（187—244 年）转轮王思维相，比转轮王更闲适，有道家"恬淡"、"无为"的意态，由内心到外表的无挂碍，自由自在，展现了佛教中国化以后的"观自在"意趣。

佛教自传入中国起，就一直在与世俗的王权争斗，僧侣们既想"沙门不敬王者"，凌驾于王者之上，每每摆出各种手印、法器来震慑天下；在几经"王者"灭佛后，又知道"不依国主则法事难立"，知道了自己执念太重，应该"放下"了，故向众生展现自在的姿态，自觉而觉人。

观自在是佛学的精髓，参禅就是要参悟到心自在，心自在了，"照见五蕴皆空"，智慧就通达无碍，可"度一切苦厄"，解一切烦恼。参禅是自觉，需要恬淡隽永的茶饮。觉人的过程，客观上使茶道大行，特别是本不好茶的北地。

思想上的观自在，在五代时期也融入了日常生活之中，成了一种生活哲理，深入文人们的内心世界，并以此来指导日常生活。宋初陶毂《清异录》有"观自在"条曰：

> 观自在：耶律德光入京师，春日闻杜鹃声，问李崧："此是何物？"崧曰："杜鹃。唐杜甫诗云：'西川有杜鹃，东川无杜鹃。涪万无杜鹃，云安有杜鹃。'京洛亦有之。"德光曰："许大世界，一个飞禽，任他拣选，要生处便生，不生处种也无，佛经中所谓'观自在'也。"

耶律德光是辽朝第二位皇帝，庙号太宗，贵为皇帝却从一只小小的飞禽悟到了"观自在"的佛理，悟到了"要生处便生，不生处种也无"的随遇而安的人生哲理。尽管现实中的耶律德光并不如此通达无碍。陶毅将"观自在"单列一条记载，说明这种理念已在社会上有广泛的影响了。

南方出好茶，有茶饮风俗，北方不产茶，为"无杜鹃"之地，既没有听见过"杜鹃"的叫声，也未见过"杜鹃"的样子，故茶饮在唐代以前并不被北人所待见，鄙称其为"酪奴"。《洛阳伽蓝记·卷三·城南》曰：

> （王）肃初入国，不食羊肉及酪浆等物，常饭鲫鱼羹，渴饮茗汁。……高祖怪之，谓肃曰："卿，中国之味也，羊肉何如鱼羹？茗饮何如酪浆？"肃对曰："羊者是陆产之最，鱼者乃水族之长。所好不同，并各称珍。以味言之，甚有优劣。羊比齐鲁大邦，鱼比邾莒小国，唯茗不中，与酪作奴。"彭城王重谓曰："卿明日顾我，为卿设邾莒之食，亦有酪奴。"因此复号茗饮为酪奴。……自是朝贵宴会，虽设茗饮，皆耻不复食，唯江表残民远来降者好之。

东晋南朝的都城均设在南京，与北方统治集团打交道的南方人一般都从吴地出发，所以北人口中的南方风俗多为吴地风俗，对南方事物的称呼都随吴人称"茗汁"、"茗饮"。南人初到北地，尚能鱼羹茗汁，时间久了，随俗喜食羊肉酪浆，环境使然，酪浆营养好、热量大，适合寒冷气候饮用。但是自贬"与酪作奴"，则"观"不自在了，自然言行也不自在了。此后，酪奴成了茗饮的代名词，朝贵宴会也皆以食用茗饮为耻，甚至称其为"水厄"，只有刚刚归降的南方人尚未入俗，才会取饮茗汁。

自在，其意义来自生活，意为舒适。唐韩愈《昌黎集·扶风郡夫人墓志铭》："左右媵侍常蒙假与颜色，人人莫不自在。"舒适的意思后来广泛地存在于人们的生活中，自由自在，随物赋形，放松心情，是生活的高级享受，这种舒适的生活文人们名之曰"燕闲"，或"燕居"，本土哲学的"燕处超然"。

观自在的智慧，自在的生活，决定了茶饮并不因为北人的鄙视而止步于南方地域，许大世界，当地生长什么，人民就以什么树芽嫩叶作茶，呈现出随自然而然的自在，有的被生活所淘汰，有的愈发兴旺繁盛。人有南北，佛无南北，茶饮之好随着佛门子弟传播到酪浆为饮之地，形成风俗贵茶。陆鸿渐的讲究，白居易的高逸，刘禹锡的灵味，足以使高僧大德、文人雅士以茶饮为时尚，并影响整个社会。

为了喝到一盏好茶，古人对茶的采造是不拘一格的，从秋采到春摘，从嫩叶到嫩芽，乃至水芽，自在到了任性。从鲜叶到生晒，从曝干到火焙，从笋芽到制饼，从杂以诸香到绿丝水芽，从细米菱角到调膏击拂，从煎茶到瀹茶，为一口好茶，不拘固有形式的自在，不囿一法的任性，顺时而为。

《茶经》论茶，采造有"具"，煮饮有"器"，似有规矩，有方圆，那是宫室之饮，必须有器有具；若是野寺山居的野饮，茶可"丛手而掇"，灶可"松间石上"，水则"瞰泉临涧"，无须众多"规"，也不要许多"矩"，无比自在。

古之茶饮，能文能武，可以是卢仝的"三碗搜枯肠，唯有文字五千卷"，也可以是范仲淹的"林下雄豪先斗美"；可以是陆游的"矮纸斜行闲作草，晴窗细乳试分茶"，也可以是陶穀幻成物象的茶百戏；可以是奇果异卉的七宝擂茶，也可以是旗枪舒畅、青翠鲜明的清茶；苏轼可以"数日一啜"的文饮，也可以"一日饮酽茶七盏"的武饮；同样点茶，蔡襄金匙击拂一次点试，徽宗竹筅击拂七次点试，哪个算是标准？自在地、任性地让茶发挥出最好的观感和口感，让心情得到最好愉悦，规矩也好，标准也罢，都是可以与时俱进地改变的。

茶有无数类，吃有种种法，味则五味具；佛有无边法，禅有渐与顿，道则平常事。中国地大物博，历史悠久，人民智慧勤劳，从来不会使语言固化在原来的语境中，也不会故步自封于一种饮食形式、一种作茶方法，以自在地饮到一盏好茶为旨归。惟其如此，才会蔚为茶文化之大观。

三、茶道

茶道，现在一般指日本茶道，其版权属于唐代文人。陆羽好友释皎然的《饮茶歌诮崔石使君》诗就有"茶道"一词："孰知茶道全尔真，唯有丹丘得如此。"这大约是"茶道"的最早出处。《封氏闻见录》认为陆羽倡导的就是茶道。两"茶道"的用茶不同，都是教人如何饮到一盏茶性全、茶味真的好茶，与日本人不自在、规矩多的所谓"茶道"大异其趣。

对于日本茶道，现在中国人内心是复杂的，听得最多的就是：这不就是中国这里学去的嘛。然后又很羡慕茶道的仪式感，很认真地学回来当作中国古代茶文化在弘扬，使得中国茶道变成了有规有矩的不自在，真是舍本而逐末。

有学者说：中国是日本的文化养母。此话一点不假，1784年，日本志贺岛叶崎（今福冈市）出土了一枚印文为"汉委奴国王"的金印，证实了《后汉书》记载建武中元二年（57年）倭奴国向中国"奉贡朝贺"，光武帝刘秀颁发给倭奴国国王"印绶"的史实。

委与倭在汉代是字义相通的，《说文》释委曰"随也。"释倭曰："顺儿。"《说文注》："委随也"。奴，《说文》释曰："奴、婢皆古罪人。周礼曰：其奴，男子入于罪隶，女子入于舂槁"。那"委奴"就是"委随的罪人"，或"委积的罪人（委，引申有委积的意思）"。

正史中明文记载倭国进贡汉王朝的贡品中有"生口（活人奴隶）"，"委奴国"就是委随（使者）贡献奴隶的国家。这是符合中国古代常以一地特色命名的习惯的，跟夷、狄、戎、闽等文字是一个道理，并没有贬损、侮辱的意思。以中国文化论，大汉拥有的是"天下"，分封地称作"国"，受"印绶"等于承认大汉皇帝是天下共主，此时的日本就是大汉天下一个贡献过"奴"的国家，因为没有比之更突出的其他贡献了，故以此特征命名并赐授金印。

中国在文化上对日本最大的帮助就是输送了全部的汉字，以及御赐汉字文物，等于输出了全部的文化，让日本民族快速文化，以便脱离蒙昧与野蛮。同时，文字也是"书同文"的象征，表示日本承认中国文化为正统，接受中国的文治教化。正仓院收藏的日本圣武天王（701-756年）时期的皇太后御制愿文、各种账册、杂书等，都是以标准的汉字或正楷，或行书书写的。故遣唐使来大唐学习，语言上的障碍一点也没有。也正是有了这些教化，日本人觉得"倭国""委奴"在语言文字上的不雅，于是"恶倭名，更号日本"。

既然什么都是向中国学的，社会发展的形态就会晚于中国，日本历史上南北对峙的南北朝和大名争霸的战国时期，都出现在相当于中国元明的室町时期（1336-1573年），此时社会秩序大坏，与礼崩乐坏的春秋战国无异。越是天下混乱，统治者越觉得需要礼教来规范社会秩序。此时宋朝的茶饮文化和禅宗已传入日本，佛门的《禅院清规》成为教正人们行为的首选"礼学"。

中国茶道至宋代已极成熟，各种"道"都在追求一盏茶的好喝、好看。观览日本《茶道六百年》，情况与中国恰恰相反，看不到那一盏茶是什么样的，也不知道什么味道？从茶道鼻祖田村珠光，到茶道中兴名人武野绍鸥，再到茶道文化集大成者千利休，都在说点茶要几个动作，以及茶室、茶器、仪式、挂画、插花、庭园的摆设、设计、制作，以及人与人的关系，这些虽然都与饮茶的"境"有关，毕竟与改善饮用体验还是异趣的，但为什么还是得到了上层权贵的极力推崇和大众的拥趸呢？因为重整社会秩序的需要，统治者需要借茶道来礼教国民。

桑田忠亲在《茶道六百年》的《前言》中，对日本茶道有非常到位的定义：

> 茶道，是日常生活中的艺术，是生活起居的礼节，也是社交的规范。茶道所重视的，是人与人之间在和睦宁静的氛围下温暖的心灵交流。这是一种诉诸感觉的美之盛筵，最大限度地提高了衣、食、住、行的生活品味，向人们昭示并宣扬了日常生活的范式模型，这就是茶道文化。

中国由于"夫礼之初，始诸饮食"的文化，在三千年前的周朝已形成了完整的礼教，二千多年前汉高祖时期又完成了去繁就简的礼制。对中国人来说，茶道就是茶饮之道，茶好不好很重要，起码的茶礼如"客来先设"、"客至不限瓯数，竟日执持茶器不倦"，以及"客来点茶，茶罢点汤"都是常礼，其他细枝末节各随心意了，自在就好。日本文化发展缓慢，平民的礼教一直缺失，特别是战乱时期，犹显紧迫和必要。所以忠亲的定义认识到茶道中"礼节"和"规范"的重要性，只有礼节和规范才能保证"温暖的心灵交流"，而"美之盛筵"和"生活品位"都是礼教之后必然衍生的产物。

日本茶道的早期创始人都是有才艺的禅宗弟子，禅门清规首先作为"礼"在茶道中施教。茶道鼻祖田村珠光之前不是没有茶道，剃度的武士能阿弥，精通文学、绘画、立花等才艺，专心于茶道之后，成为侍奉将军及大名的"茶同朋"。在《周礼》中，士是贵族，日本与中国文化相似，武士能阿弥也属贵族，其茶道深受宋朝文化的影响，他的书院（茶室）不过是将军、大名等上流人士的高级俱乐部，缺失对大众的教化，也就不被日本人认作茶道鼻祖了。

珠光是平民出身，改革茶室之始就体现出平民意识，华丽的书院变成了质朴的草庵，规模仅四叠半，名之曰"数寄屋"。原来茶室的入口分为高大的"贵人门"和低矮的"窝身门"，对此，中国人肯定会想到"晏子使楚"的故事，不知道珠光有没有听说过这个故事，反正平民出身的他将"贵人门"封掉了，制定了统一标准的"窝身门"，让贵族屈尊窝身门来消除身份差别。如果让晏子类的中国文人来改造茶室，一定会封掉"窝身门"，而敞开"贵人门"的，以提升庶民的地位，因为中国圣人说"人人皆可为尧舜"。这就是文化的差异，也是对"众生平等"佛理的不同理解。

数寄屋的名称极有禅意，如同"吃茶去"，即便是后来的茶道大师们对此理解也各不相同。最初理解为"想象之所"，后来有"空之屋"和"非对称之所"的理解，所有这些都是对内部空间装修、即形式上的理解。茶室内部装修简约、纯净，源自对禅宗寺院的模仿，禅堂空阔，除了祭台后面的中央神龛别无他物，茶室亦是如此。茶室的"壁龛"是对祭台的模仿，除了挂画（早期挂佛像）、插花（供奉意义）空无他物，故有"空之屋"之说；空阔之地还可供僧众打坐、禅辩，从自身进退无碍到禅意的进退无碍。茶室空阔可饮茶学礼、思考人生，可理解为"想象之所"；内部的饰物绝对不可以重复，如果摆放了鲜花，那挂画就不能出现花卉。原来茶室挂画有"三幅对"、"双幅对"，现在只能挂一幅。这种对重复的顾虑无处不在，大概是恐有挂碍吧。这种装修上对空寂、清净的讲究，其实是《金刚经》的"乐阿兰那行"。

对于挂画，珠光认为书法是最好的装饰物，尤其是著名禅师的墨迹，但绝对不能在壁龛中挂和歌之类的东西，珠光认为恋歌类的和歌挂在那里会乱性，这似乎又有宋代程朱理学的影子。程颢、程颐兄弟赴宴，席间有歌妓起舞，小程恪守孔子"非礼勿视"的教训，低头不看；大程则认为只要"心中无妓"即可，照样谈笑自若。朱熹认为大程的"心中无妓"很难把握，赞成小程"勿视"，提出"持敬"，强调"克己"，克己才能复礼。所以，日本茶道中的许多礼节无不透露出程朱理学的影子，这也是同时代中国明朝对文人的统治思想。茶道艺术修养多来自道家，出现的面目又是佛家，其实就是禅宗。

珠光似乎对花里胡哨的东西有着天生的反感，他的老师能阿弥让做茶事的人以张扬的能乐舞蹈式步子走路，珠光却要求举止不要有引人注目，讲究自然、端庄、安静的意趣。这对于节制躁动时代人们的行为非常有益。老子说："牝常以静胜牡"，成语有"以静制动"，静，也是日本茶道的重要旨趣。

宋代虽重道教，也是三教融合的时期，传入日本的禅宗不仅有儒的程朱理学，也有道的"见素抱朴"，更有宋文化沉静素雅的美学理念，日本茶道中无处不有宋代以来儒释道三教合流的文化思想。

礼教，既要教，又要行。行，必须借助权力，掌实权的政治人物好茶道，则推行礼教事半功倍。早期的几位茶道大师都曾服务于权贵，珠光是足利义政大将军的茶道老师，凭借将军之力对茶道进行改革。被冈苍天心誉为"大师中的大师"的千利休，以权臣丰臣秀吉为靠山，制定了茶道的基本仪规。

利休的改革源自于一场古流台子点茶比赛，参赛一方是已经忘了台子点茶的千利休；另一方是熟悉台子点茶的茶道大师今井宗久。利休是从邵鸥的弟子辻（shí）玄哉那里临时抱佛脚地学了一下，所以只好简化为简略模式，但完成得流畅自如。秀吉也不是茶道素人，觉得利休的点茶方式是骗人的，利休却满不在乎地说："古流太为烦琐，故而简略。"大有叔孙通改古礼为汉礼的风范。

利休的流畅简略的点茶反而使得宗久紧张起来，从茶釜舀水至茶碗时，一滴水洒落在茶碗边缘，这种出乎意料的失误，导致其后的操作发生混乱，最后输掉了比赛。这是以简对繁的胜利，大道至简！

利休的胜利，使他有改革茶道的想法，试想一下，如果连他这种道行高深的人都不能完全掌握的茶道，如何教育普通百姓学习呢？简化茶道礼仪势在必行了。

丰臣秀吉也是农民出身，却成为日本战国时代的结束者，号为"天下人"，如同中国的平民天子刘邦。掌控天下以后就要确立新的社会秩序，为此颁布了一系列法令，最著名的要数《刀狩令》了，收缴农民、寺院僧人的兵器，拆毁除大名居城以外的城池，从根源上消除战乱。这些措施中国在公元前的秦朝就已经实施了，贾谊《过秦论》说秦始皇统一六国后"隳名城，杀豪俊，收天下之兵，聚之咸阳，销锋镝，铸以为金人十二，以弱天下之民"。这也成为中国历代统治者稳定社会的手段。销兵毁城容易做，思想上让民众尊礼守法就不那么容易了，是一个长期的教化工作，所谓"百年树人"啊！秀吉是平民出身，骨子里也是讨厌烦琐的礼仪的，他虽然看穿了利休的茶道作弊，但觉得简约务实，很适合教行。他率先学习，还让利休制定这种简便易学的茶道礼仪，以便向日本臣民传播。秀吉与利休、津田宗及曾一起策划了"北野大茶会"，那是一场实实在在的大众茶会，对推动民众学习茶道极为有益。虽然因为外地动乱而提前结束了，但执政者想通过茶道教化人民的意思被利休所领会，并成为他以后生活的全部。

丰臣秀吉与千利休极似汉高祖刘邦与叔孙通，叔孙通深知烦琐的礼制不会被刘邦接受，那儒家的复礼就不会成功，故简化周礼帮刘邦制定汉礼，让刘邦感受到了皇帝的威仪，而此后的二千年，中国的帝皇都以这套儒家礼仪为正统。千利休制定的茶道礼仪首先是得到了秀吉的认可，借秀吉的权力向大众推行礼仪文化，功在当时，利在今后日本国民彬彬有礼。

礼仪是节制、规范人的行为的，是一种不自在，不自在才能明白自在的可贵，才能明白人与动物的区别，才知道怎样好好地与人相处。经过这样的不自在，才能最终达到"从心所欲不逾矩"的自在。回望日本茶道，可见茶师之意不在茶，在于礼教之间也。茶师不必告诉民众怎样作的茶好吃，必须说的是一招一式的合礼，日本茶道实是以茶为载体的礼教文化。

西方人是通过《茶之书》了解日本文化的，作者冈苍天心是明治维新时代的人，其蒙童之学是从学习英语开始的。而二年后（九岁）却拜玄道和尚为师，学习《大学》《论语》《中庸》和《孟子》等汉学经典，逐渐培养了东方儒学思想，成了他人生的转折点。在日本社会全盘西化的大历史背景下，写出了《理想之书》《觉醒之书》和《茶之书》，批判西方虽物质强盛，却将人变成了"机械的、习性的奴隶"，失去了真正的人性自由。这种人性自由曾是孔子赞叹的"吾与点也"，也只有从小学习《论语》等汉学经典的冈苍天心能够领悟得到的，并在《茶之书》中以之质疑西方人"心中无茶"。此"茶"乃是茶道所倡导的"礼"的精神，借此告诫日本人不要东施效颦，变得恃强无礼。即便是现在，冈苍天心的告诫也极具现实意义。

日本茶道不仅抵御了西方文明的肆意侵扰，还为日本培养了具有东方文化思想的各种人才。冈苍天心说："我们几乎找不到任何艺术领域未曾留下过茶师们天才的印迹。"日本禅师援禅入茶，创立茶道，使得禅师均多才多艺。从草屋设计制作，室内装饰布置，露地安排，到绘画书法，器物鉴赏，插花点茶等，样样精通，并有独到的见解。各种本事似乎还是禅师的标配，否则不足以称大师。一代一代的茶道礼教，是全方位的、"有教无类"的、任人自在地发展，个个都是社会有用的艺术人才。那一盏茶味道不怎么样，却真是一道礼教之茶。

上述可见，中国茶道的关注点是怎样喝到一盏好茶；日本茶道的所关心的是怎样好好地喝茶。因此，中国人吃茶，吃出了一种饮食文化，吃出了别样的哲学；日本人吃茶，吃出了礼仪，吃出了生活艺术，知道了文化三昧。善哉！

鲁迅先生说：伟大也要有人懂。如果执念于茶饮，"不仅影响了对其深层思想的诠释，甚至影响了对其浅层语言的理解。"（李小龙《墨子》译注《前言》）"斋了未吃茶"是深层的禅道思想，茶则是浅层语言文字，读不懂茶，就不可能读懂禅师语录所隐含的禅意的。

第五章　器识

　　"形而上者谓之道，形而下者谓之器。"器是形而下者，是道的形态化彰显，好比如来有三十二相现世。中国古代的茶文化虽然玩得只剩下茶饮文化了，毕竟历经了 1800 多年，如此历史悠久的茶道文化，必有相应的讲究之器来反映茶饮之道的发展变化的。

　　茶与水乃自然之物，自古至今并无多少变化。采造和煮饮，则是人为的，随着时间的推移、人的认识提高，发生着很多变化，尤以煮和饮之器更能反映这些变化。对于煮、饮之器，杜育说："器择陶简，出自东隅"。但意思比较模糊，究竟是釜，还是碗盏，或两者都是？从《茶经》所论看，两者都是的可能性比较大，但不能被文物所证实。或许出现了，后来人们的认知还不足以认识它们。镇或釜自古以来是烹煮食物的器皿之一，煮茶后来被汤瓶替代，仍以瓷为之，而金银传热快，更适用，只是太昂贵。日常饮器在碗盏之前是漆木器的耳杯，也叫羽觞，一般为王公贵族所使用，对于平民的茶饮是不太可能拿来作器用的，况且以朱、褐为主的色调并不宜茶，但适合"茶荈以当酒"。

茶饮的碗盏自发明之日起，一直是茶饮必不可少的器具，称碗称盏不仅有容量的意义，也有文化的意义。碗盏是盛茶汤的，最为直观；又直接拿在手上，是将茶送入口中之器，与人的眼、鼻、口、手等器官、肢体接触最为密切，自然是讲究最多的茶器，也最有审美意趣和文化意义。再一个是器物会自然或人为损毁，早期文献对器物的描述又惜墨如金，时至今日，对于饮食文化如此发达的中国来说，许多碗盏究竟是喝什么的竟也争议颇多。因此，以碗盏的变化来审视茶饮的发展，可一窥文人对茶饮讲究之大概。

一、唐五代及以前的茶饮碗盏

据唐人的文献可知，"风俗贵茶"源自佛教寺院，在食器的选择上，一般的僧人是不会选择昂贵奢华的金银器、漆器、琉璃器的，定是"器择陶简"的。而青瓷茶碗被选择，也突破了青瓷多作明器的园囿，此后，瓷器成为"天下无贵贱通用之"的日常生活器具。如此，最初的茶饮器具也不可避免打上了佛教的印记。

虽然西晋潘岳《笙赋》已说"倾缥瓷以酌酃"，就是用淡青色青瓷（缥瓷）作酒具，但能够明确是作茶饮器的青瓷实物是南朝的。

　　浙江省博物馆藏有龙泉市查田镇下保村南朝宋永初元年（420年）墓出土的青瓷减地浮雕莲瓣纹碗，釉色青绿，是龙泉窑早期烧瓷历史的遗物。另有1977年新昌县大明市镇大岙底村南朝齐永明元年（483年）墓出土的青瓷线刻莲瓣纹碗，也应是早期越窑产品。南朝青瓷茶碗大多深弧腹、厚胎，既可容纳较多的茶汤，又有延缓热气散失的功效，宜于坐禅时饮用。此时的碗盏往往直口，虽然可防止热汤外溢，但并不适宜茶饮，是对新生事物茶饮尚不讲究的反映。

　　唐以前似碗的饮器称"瓯"，《说文》释瓯"小盆也"，即盆状的小饮器都可以称"瓯"。由于论茶的开山之作《茶经》称茶饮之器为"碗"，法门寺地宫物账碑文也称琉璃茶器为"琉璃茶椀柘子一副"，故唐以前茶饮之具以"碗"称之也是合适的。唐代的"椀"是木字旁，说明此时宫廷用碗仍然多为漆木器，民间可能已多用青瓷碗了。

　　虽然东晋时茶已分热饮和冷饮了，但"真茶"都是热饮的。对于热饮，当以小口啜之为宜；以手持杯，有烫手之虞，碗托就因需而生了。温州瑞安梁天监元年（502年）墓出土有两件线刻重瓣莲纹盘，一只有褐色点彩，淡青色釉，为瓯窑产品。盘中心减地凹圈，似为方便承足的设置。还有一件衢州市柯城区南朝梁普通四年（523年）墓出土的浮雕莲瓣纹盘，盘中心有凸圈，承足的意义更为明显。这种盛装食物功能不强、承足意义明显的平坦盘子，便是最早的茶碗托子，唐代称"柘子"。没有凸圈的托子似为早期作品，也可称为承盘；有防止移滑的凸圈的，时代稍后一点，反映了使用以后改进的意蕴。

唐人李匡乂《资暇集》记载："始建中（780–783年），蜀相之女，以茶杯无衬，病其熨指，取楪子承之，既啜而杯倾，乃以蜡环楪子之央，其杯遂定。即命匠以漆环代蜡，进于蜀相。蜀相奇之，为制名，而话于宾亲，人人为便，用于代。是后，传者更环其底，愈新其制，以至百状焉。"虽然说的是时代稍晚的唐代故事，却反映了托子的肇始历程。故事发生地不是与中原接触较为密切的吴地，而是同样最早有茶的蜀地；环境是相府，不是普通人家。先以漆木楪子承之，而不是青瓷，与"东隅"之陶有别；初以蜡环试之，再命工匠依样而制；从一家到人人为便，这里的"人人"应该是上层贵族小群体，并非整个社会，与青瓷的影响正好相反；"更环其底，愈新其制"，因发展而形成各式各样的托子。蜀相之家有条件讲究，器物都是贵族才用得起的漆器，以随手拿来的漆盘衬杯，想到用蜡环固定，马上命工匠制作，也只有相府之家才做得到，体现了古代对器的讲究需以经济基础和政治权力为凭借。

　　碗与托一起出土在南朝墓葬中也有反映，江西省博物馆收藏有两件套的南朝青瓷莲瓣纹带托碗，为1975年吉安市齐永明十一年（439年）墓出土。托盘中间有承足的凸圈；碗为深腹状，饼足，恰好置于凸圈中。外壁浮雕莲瓣纹，釉青黄色，开细片纹，胎釉结合不好，当属江西洪州窑产品。彩版四下为杭州私人收藏的早期越窑青瓷莲瓣纹带托碗，其托盘中心是减地的凹圈，显示了托盘初期形态的特征。碗内与托盘凹圈外重线刻划莲瓣纹，彰显了与佛教寺院密切关联，俯视碗、托，重叠莲纹极具美感，不仅有佛教文化的意象，显现茶饮之风始自佛教寺院，也体现了茶饮碗盏文化的讲究，具有观赏的艺术之美。

　　唐代由于《茶经》引起的"风俗贵茶"，茶碗、托子也随之得到了极大地发展，质地有银、瓷、漆木、琉璃等，造型则万变不离其宗：茶碗讲究宜茶，托子宜于持饮。

　　法门寺地宫琉璃茶椀是官方标准器物，由南朝的深腹式变为坦腹的斗笠式，也有称其为"漏斗式"的，非常宜于饮茶。其容量是按《茶经》"受半升以下"设计的，碗口为圆润的唇口，宜小口啜饮；碗壁坦直，不滞茶，宜于饮尽。碗面宽扩，便于酌茶入碗，还利于欣赏沫饽和汤色；碗足与托子的承口大小相配，以便于碗不离开托子就能饮茶。类似的小足瓷斗笠碗唐代不多见，两宋时却是流行款式。

法门寺地宫出土唐琉璃茶椀柘子一副

托子，唐朝称"柘（zhè）子"，疑是当时的漆木托子多以柘木为之之故。为了持托就能饮茶，由原来的平盘加凸圈改变为深挖式承圈，如一个板沿深腹盘一般。如果是瓷托子的话，托口会很阔大，以适应宽大的圈足，碗可以嵌入其中，保证在持饮中茶碗不会倾倒。

对于民间来说，既用不起稀罕的琉璃器，也不敢用金银器，即便是瓷器，也不能用贡瓷，只能用"天下无贵贱通用之"的瓷碗。瓷器在唐代得到了极大地发展，《茶经》提到六种青瓷碗，一种白瓷碗，陆羽一个在野文人从宜茶的角度对瓷茶碗进行了品评。

对于瓷茶碗的釉色和釉质，唐代人是很讲究的，当时有两种观点：一部分人认为白瓷好。如果是中下茶，没有沫饽，可能是白瓷更方便观察汤色；以陆羽为代表的一部分人认为是青瓷好，并将越州和岳州的青瓷评为上品。陆羽对越窑青瓷情有独钟是有讲究的，首先是邢窑白瓷如银，白而刺眼，与后来的宋人说定窑白瓷有芒不堪用如出一辙。而越窑青瓷温润如玉，养眼；其次，邢窑白瓷如雪，煞白无灵性。越瓷类冰，有水光，可以映衬茶水的灵性，徐寅的"巧剜明月染春水"是也；再者，《茶经》说："茶作红白之色"，白瓷衬托茶水的颜色发红，而越瓷青翠，映衬茶水的颜色发绿，与茶的自然色泽更接近。另外一个陆羽虽没有说，却是客观存在的，青瓷比白瓷适合欣赏沫饽。在如此美学观和宜茶论的讲究下，越窑青瓷茶碗被评为第一。

　　陆羽时代是以茶镀煮茶，然后酌分于碗，故对茶碗的容量也是极有讲究的。以越窑青瓷为例，晚唐流行的玉璧底碗尺寸都比较接近，高在 4 厘米左右，口径 15 厘米多一点（如图：慈溪市博物馆藏唐越窑玉璧底碗），与琉璃碗（高

慈溪市博物馆藏唐越窑玉璧底碗

4.6、口径 12.7 厘米）在容量上也比较接近，都符合《茶经》"受半升以下"的容量。唐代半升比现在的半升略多一点，然而酌分诸碗时并不是盛满的，"凡煮水一升，酌分五碗"，那每碗才相当于现在二两多茶水，酌于碗中似半碗（底部小，看起来像半碗）。当然，分五碗是最大限度，应该是难得碰上的。若是

六人就要煮两鍑了。以三碗论，每碗有三两多了；两碗就是每碗半升。估计"煮水一升"的鍑，与"受半升以下"的碗是按照二三人饮用设计的。由于陆羽的茶书称《经》，直到清代茶壶泡茶出现之前，茶饮碗盏的容量大致控制在半升上下。

瓷碗在器型的设计与琉璃碗相似，只是底部放大了，唇口，坦腹，宜于饮用。口部宽广，也便于舀茶水入碗。唐代茶碗不是玉璧底，就是玉环底，圈足一般 7 厘米左右，单独摆放也极稳，只是口大不便持饮，故要盏托。瓷托子承口较碗足大一些，口径一般在 7.5 厘米光景（如图），正好卡在碗壁下端，圈足全部进入托子口内。

慈溪市博物馆藏唐越窑盏托

五代已经出现点茶，故碗腹加深，口径略小，高度略有增加。茶碗仍是宜饮的唇口和坦直的腹壁。与之相配的托子出现了杯状口，并且向上外撇，以减少碗身裸露部分的高度，使碗、托相谐，视觉上美观稳重。

五代康陵出土越窑青瓷茶碗　　　　　五代康陵出土越窑青瓷盖托

图中碗与托同出于五代天福四年（940年）康陵墓，碗足直径5.5厘米，托子口径7.6厘米，差不多碗体的三分之一嵌入了托子。虽然托子高度比唐代的高出一倍多，仍然很和谐，碗壁好似托口继续向上伸展，极有美感。

二、辽宋元的盏与托

辽代其实是五代割据政权及延续，从许多墓葬壁画和出土文物看，茶饮与晚唐无异，相关茶器也极其相似。如图是辽统和十五年（997年）韩佚墓出土的带托茶碗，釉质不如江浙一带出土的越窑瓷器好。碗五出花口，比常见的唐代越窑茶碗略小一些，"受半升以下"是没问题的。茶托变化较大，托沿如斜壁碗，承足部像一只钵形盂，宽大的托口使得任何有足的碗盏都可以嵌放，适用性极广。南宋流行瓷盏漆托以后，这种样式的托部成为比较固定的样式，多以漆器为之。

辽韩佚墓出土的青瓷带托茶碗

　　宋代茶文化最繁盛，茶具也最讲究，也有能力讲究，仅生产瓷器茶具的见有越窑、定窑、汝窑、官窑、建窑、龙泉窑、耀州窑、景德镇窑等，还有满足地方使用的不太知名的民窑产品。以前奢华的金银器、漆器民间也允许使用了，在宋代笔记小说中可以看到民间用金银小壶候汤，用"银盂杓盏子"卖茶汤，"瓷盏漆托"在南宋茶肆更是寻常茶器。也许是因为过于讲究，器物形制太多，以至于今人对茶饮碗盏及托子的认识模糊不清，凡是与水有关（酒水、茶水）的壶、碗、盏等均视作茶器。如果不讲究，当然可以混用，但宋人风雅，偏偏是极讲究的，不区别清楚怎知宋韵呢？

　　宋代茶之饮器称作"盏"，《大观茶论》与《茶录》以及宋人的笔记小说都称"盏"。其样式有经典的斗笠式，除传统越窑、耀州窑等艾青釉青瓷外，新出现的淡青釉汝瓷、龙泉窑粉青釉和景德镇窑青白瓷更得宋人偏爱，如图杭州民间收藏的淡青釉汝瓷斗笠盏，胎薄釉润，的确清雅可爱。然蔡襄说："其青白盏，斗试家自不用"，那这种淡青色釉的茶盏究竟适宜饮什么茶呢？在无文献可考的情况下，推测还是陆羽式的煎茶，或释皎然式的煎饮、点泡的芽茶。宋代是点茶的时代，但煎茶不会一下子退出历史舞台，琉璃碗是煎末茶饮用的，斗笠瓷盏同样适用，然其审美意象定胜传统青瓷一筹。

杭州民间收藏宋淡青釉斗笠盏

　　宋代的托子是最美的，由于陶瓷工艺的进步，釉色温润雅致，形制上以各种花卉为形，充满生趣。彩版五上是一件杭州民间收藏的汝窑盏托，托沿为六出葵花纹，形制雅致。因是"澄泥为范"，形制规整，加之坯胎打磨精细，又故意略微生烧，使得整件盏托手感滑润轻盈，犹如漆器一般，是一件非常美观又称手的茶饮器具。什么是宋韵？此之谓也！盏托的承口部与韩佚墓的几无差别，如水盂一般。如此阔大的承口，当时任何质地、任何形制或窑口的茶盏都能承放，适用性很广。

最先进入宋代宫廷的是福建蜡茶，建茶榨茶去膏，茶末唯求精细，以蜀地画绢为罗，筛之再筛，目的就是便于击拂起沫，斗茶就是斗"沫"，沫的色泽和变化决定茶的品质，从而决定胜负。宋式点茶大多是一盏一点，调膏、击拂、点汤均在同一个茶盏内完成，经典的斗笠盏已不适合，故茶盏改革势在必行。在器型上，宋徽宗《大观茶论》说："底必差深而微宽。底深，则茶宜立而易于取乳，宽则运筅旋彻，不碍击拂。"蔡襄的茶匙击拂不必盏底深宽，徽宗的茶筅击拂，则深腹、宽底的茶盏更适宜运器击拂，深腹还利于茶立乳聚。

杭州民间收藏建窑束口兔毫盏

斗茶是有过程的，如果在调制茶的过程中，因冷器吸热，或器薄快速散失热量，于斗茶是极为不利的。蔡襄说：

"（建盏）其杯微厚，�之久热难冷，最为要用"。为了避免茶汤热量快速散发，建盏均为厚胎制品，因胎厚质粗，熸盏后吸附的热量不易散发，保证制茶在适宜的温度下调制成功。所以宫廷点茶是以牺牲茶盏的"色相"而换取一盏好茶的。

当然，茶盏"色相"上的亏欠，可由茶色之美来弥补。蔡襄说"汤上盏可四分则止"，那上面的都是乳沫。茶面乳沫白为上，色白最宜黑盏；光有黑白相衬还不行，更要"纹如兔毫"陪衬。兔毫纹都是在碗盏的上部，上盏四分使得茶面与兔毛一样的丝纹可以"焕发茶采色也"。茶白，釉黑，金银丝纹交相辉映，这种视觉之美的茶，是任何时期都不曾有过的。由于徽宗皇帝说黑釉盏"玉毫条达者为上"，影响到不能烧出兔毫纹的吉州窑黑盏，则以绘金银彩线纹来替代。宫廷茶饮的审美趣味主导了黑釉瓷盏的生产和装饰。

若以坦直腹茶盏点茶，在击拂、点汤时，极易将茶汤溢出。为此，建盏将盏口改为束口，文献称之为"氅口"，即便是点汤力度太过，或端茶时过于晃动，茶汤都会因束口的阻挡而不溢出。厚胎和束口在美学上略逊斗笠盏一筹，变风雅的轻盈为质朴的敦厚，然在实际使用上无不适宜，为南宋茶盏之要旨。

以往的瓷器茶盏、托子多为一副的，胎薄体轻，称手适用。金代民窑黑盏亦有茶盏托子一副的。而建盏贡瓷，胎厚体重的盏子，如果再配上厚重的托子，宫里的侍女恐怕手要伤筋的，属于不称手，故建盏以散盏为主，几乎没有配套的托子。传世文物中有黑漆、或剔犀盏托，应是宫中配套之物。《梦粱录》也说南宋茶肆"止用瓷盏漆托供卖"。

建盏，因为《茶录》和《大观茶论》的推崇，加上经济因素，有一阵子被人们热炒，人人以持建盏为懂茶文化，甚至修残器为用，机械地看待宋茶宋器，实在是邯郸学步。从上文《茶事考略》可见，散芽才是南宋茶文化的主角，青瓷不彰显，不过是因为建盏入贡而名声陡升罢了。宋室南渡引起的茶饮变化，龙泉粉青釉青瓷茶盏却在那灯火阑珊处，等待着重新主导人们的审美趣味。

南宋的茶饮出现了以前不曾出现的名称：分茶与瀹茶。根据文献的描述，就是散芽冲泡，虽然也有乳沫，但仅仅是欣赏和"益人"，而不是为了斗茶，不用试水痕，且乳沫也没有点茶那样厚重，散灭得也快，那茶汤的颜色就成了关注的对象。这样的话，建盏显然不如青瓷宜茶。点泡芽茶，越窑艾青色也没有粉青色宜茶，龙泉青瓷就担纲了茶盏的主角。南宋李南金"急呼缥色绿瓷杯"，大约说的就是龙泉窑粉青釉茶盏。由于建盏对茶盏进行了适宜饮用的改进，这种改进也出现在了龙泉窑新形制的茶盏上。

彩版五下五件同款茶盏出自《青韵》，釉色略深于淡青色，外有折扇纹，盏内底模印两条游鱼。与以往碗盏不同的是碗身为宽阔的墩式，10.3厘米的口径虽然比斗笠式的要小，但由于器身阔广，容量并没有减少。况且此尺寸一般成人的手用拇指和中指正好可以卡住盏口，不熨手，无须盏托即可啜饮。束口明显地受建盏，或茶饮体验认识提高的影响。坦壁的碗盏在冲泡水流过大时，汤水会直接冲出碗口，这在电影倒酒的镜头中经常可见，改为束口以后，注汤时就不易溢出盏外，端茶的时候也不会晃出来，饮用时还可以阻挡茶叶随茶汤一起入口，实在是益处多多啊。盏底装饰游鱼在龙泉青瓷盛水的器物中常常见到，隐喻了水之"活"，又增添了美感，体现了鱼水之情、年年有余的文化，是文人的讲究。

斗笠式茶碗并没有退出茶饮器具的行列，一部分改为弧壁。日本茶道鼻祖珠光非常推崇一款外带条状箆纹的龙泉青瓷茶碗（彩版六上：龙泉青瓷博物馆藏宋折扇纹青瓷碗），也是近似斗笠式，外壁微束口，器身增高，容量也略有增加，故圈足也粗大些。类似的青瓷碗福建也有专门窑口生产。然其釉色并不被中国人看好，珠光却认为这种枯叶般的釉色有"佗"味，成为珠光名物，后被称作"珠光青瓷"。这主要是因为日本茶道并不在乎茶汤的视觉之美，偏重于器物本身来历之故。

元代茶饮基本承袭宋代，蒙元贵族的末茶无非是多一味酥

元龙泉窑青瓷盏托

油，所以器物上也基本沿袭使用，有些器型、比如斗笠盏是南宋还是元代从形制上很难界定，多根据墓葬资料来确认。当然也有元代特征明显的形制，如图是元贞元二年（1296 年）墓出土的龙泉窑青瓷盏托，形制的时代特征明显，由于有凸出的承口，应该就是盏托，造型上有回归早期那种没有盂钵状托部的盏托。底部也是有变化的，封底状，与宋代上下贯通的形制有异。

元代的茶盏与宋代大同小异，分墩式和斗笠式，容量与上文的双鱼纹茶盏相当。由于江南的文人士大夫青睐于芽茶的点泡，墩式的茶盏日渐流行。真正直斜壁的斗笠盏因造型优美仍然沿用，所见有龙泉窑月影梅纹斗笠碗，由于纹饰的时代性而被确认为元代。

三、明清瓯盅与紫砂壶

由于朱元璋的行政命令，末茶从明代开始逐渐退出了历史舞台，只有遗老遗少偶尔会复古一下，随之而来的是唐宋样式的茶托也基本消失，只是作为古董在模仿，直到茶盖碗出现。

　　明代早中期的茶碗多为适合直接泡茶的，瓷器为主，这主要与明代景德镇设立御窑厂有关，其生产的高白釉瓷器特别适合芽茶冲泡，汤色青，瓷色白，色秀汤美。明早期朱权的《茶谱》就说："今淦窑所出者与建盏同，但注茶，色不清亮，莫若饶瓷为上，注茶则清白可爱。"朱权是仍在点末茶的宁王，但这里是说"注茶"，而不是"点茶"，应是冲泡散芽之茶，故也推崇白瓷茶盏。白瓷曾被陆羽认为不宜茶的，然而御窑厂高白釉瓷器莹白如玉，加之是芽茶点注，与末茶煎饮的结果异趣。明代点泡芽茶讲究水温不要过高，故没有"一瓯春雪"，润白的瓷色更宜茶。彩版六中是明御窑厂出土的宣德年款外红釉里白釉茶碗，据口径 10.3（与上文龙泉茶盏一样）和高 5.1 厘米的尺寸，可推测为茶盏。盏撇口，大小适合两指卡住碗口饮茶，无烫手之虞。至万历年间，高濂《遵生八笺》说："茶盏惟宣窑坛盏为最，质厚白莹，样式古雅，有等宣窑印花白瓯，式样得中，而莹然如玉。"明代文人称茶盏为"瓯"，乃是崇古的雅言，高濂的瓯"质厚白莹，样式古雅"，亦成为以后文人对茶器的审美标准。

　　质厚、釉美、古雅本来就是龙泉窑器的特点，明初又被指

明洪武龙泉窑青瓷墩式茶盏

定生产官器，加之釉青宜茶，龙泉青瓷成了天然的茶盏入选对象。如图是洪武二十八年张云墓出土的龙泉窑瓷盏，以形制而论，很难说是茶盏还是酒盏，但从口径13、高5.2厘米的尺寸看，适合点注一人饮用的一盏茶。此盏样式墩厚古雅，厚胎散热慢。注汤作茶一般不会满盏，即使没有撇口，厚胎的口沿也是不会很烫手的。

　　茶饮方式的改变，决定了茶器审美的取向。从明初到中期，适合瀹茶的碗盏大量出现，传统的青瓷一直延续，样式一改轻雅为墩厚；景德镇高白釉瓷盏异军突起，成为有明一代文人追慕的雅器。

　　明代中晚期茶饮出现了改变作茶方式的器物——紫砂壶，紫砂器属于陶器，本不宜茶饮，但紫砂陶因原料中含砂，可将窑温烧到1100~1200℃，属于硬陶，也称精陶，故胎骨致密，最为古人诟病的陶器中的"土气"没有了，无釉使得壶壁既透气又不渗，替代了瓷汤瓶，成了宜茶的佳器。从最早的提梁紫砂壶（嘉靖十二年司礼太监吴经墓出土）的体量看，其作用还是煎水的，与唐宋的茶瓶是一样的。万历早期高濂《遵生八笺》说："茶瓶，磁砂为上"。此类紫砂壶是煎水的，水熟后用以泡茶，故早期紫砂壶流的流内口不用做成莲蓬状的。

　　将茶叶投入壶内冲泡，大约发生在明万历中晚期。1987年福建漳浦万历三十八年（1610年）卢维祯墓出土一把紫砂三足盖圆壶（如图），通高才11厘米，壶内有残留的茶叶，

万历三十八年卢维祯墓出土紫砂三足盖圆壶

这具有标志性意义，开启了作茶在茶瓶里完成的茶饮历史。壶（茶瓶）一直以来都是候汤的，古代没有热水瓶，茶汤现煎现用，还不能过老，也不能放凉了，茶与水交融在碗盏里完成，末茶、散茶都是如此。这把壶告诉我们，方式改变了，倒出来的是已完成交融的茶水，浓淡全在汤的老嫩和壶内瀹茶时间的把控。壶替代了部分碗盏的功能，碗盏退变为仅仅是饮器而已。

　　紫砂壶是最具文人化的茶器，特别是清乾嘉年间文人官员陈曼生与匠人杨彭年合作的曼生壶，以典雅的人文气息征服了所有的饮茶之人，陈曼生设计的"曼生十八式"壶，至今仍为

壶中经典。

瀹茶之器发生了变化，饮器也发生了变化，杯盏出现了，这种小杯盏又与饮酒的杯盏发生了纠结。在酒的历史上，烧酒是最晚出现的，明确可考的年代是元朝，《饮膳正要》称之为"阿剌吉"。因为酒烈，碗盏也改为杯盏。景德镇御窑厂出土的成化时期小杯盏，就是饮烧酒的。饮酒的杯盏与饮茶的杯盏，在晚清民国的民间器用中很难区分，大致上，无论上流社会还是下里巴人，饮烧酒的杯盏容量略小一些（后来的工夫茶小茶盏另当别论），饮茶的杯盏器身下腹略墩厚一些，容量也就更大一些。另外，清代饮茶的壶盏往往有茶盘相配。

紫砂壶对茶味来说是有益的，遗憾的是不能观看茶汤和茶叶的趣味。清康熙年间，出现了另一种新的饮器——茶盖碗（彩版六下为光绪粉彩八吉祥纹茶盖碗），融合了瀹茶和饮用双重功能。清代的瓷器生产无论技术上还是艺术上都已炉火纯青了，外观的纹饰五彩缤纷，寓意吉祥，观赏性极强；内里白釉作底，衬托嫩绿的茶叶起舞，也是极具观赏价值，茶叶舒展沉浮和汤色青清白净，令人赏心悦目。晚清还有带托子的茶盖碗，终于盖、碗、托三件组合在一起，形成了完备的茶饮器。茶盖碗主要是作茶碗独饮的，现在也作冲泡的容器，虑入公道杯，然后分注茶盏多人饮用。盖子既可以闷盖，保香保热（嫩芽不宜闷盖），也可以刮沫挡茶，实在是非常讲究的茶饮之器。

茶与水的互动，从鍑到碗盏，缘于作茶从煮到点的改变。所点的茶品不同，影响了碗盏向宜茶宜饮的方向改变。当瀹茶成为相对固定方式的时候，器皿向着更方便称手、更艺术化的壶、盖碗方向发展，这是茶饮的讲究，也是茶饮的文化。

四、器识之误

文物，是历史的承载者，记录着人类的过去。它静静地待在那里，以无声的物象告知人们以往的一切。都说文物自己会说话，但它所说的你听懂了吗？碗盏，是一种容器，可以斟酒酌茶，也可以盛饭装菜，在民间、特别是平常时候是可以通用的。若是上流社会或重大节庆宴会，碗盏的用途是必须区分清楚的，这与礼仪文化有关，一定会在造型上或在相配的器物上有特别的标识。这种标识在金银玉犀等高档材质制成品上是非常明显的，在"天下无贵贱通用之"的陶瓷器上，就很容易被误认了。

陶瓷器中有一种盏

宋青白瓷饮酒台盏

托，与上文所说的茶盏托是不一样的，中间不是呈挖空的盂钵状，而是圆台状，明显地不是为了防止上面的器皿倾倒、烫手，而是为了突出容器里的饮食非同一般，一种礼仪、等级的彰显。与这种台状托配套的盏往往是高足的杯盏（如图，宋青白瓷饮酒台盏），外观大器有派，在食案或餐桌上摆放高于其他器皿，有鹤立鸡群之势，这就是宋代流行的酒具——台盏。台盏一人一副，有多少宾客，就有多少副台盏，是传承已久的宴饮之礼。台盏不是一般的碗盏，不可以当作茶器使用。即使想用作茶饮，对于击拂和趁热连饮的茶来说是相当不安全的，处客人于危险之中那就失礼了。

类似的配置金银器也有，应该是对金银器的仿制。托台无论高低都称作"台"，杯以高脚杯居多，是饮酒器，合在一起称"台盏"，是酒器中的一种固定组合。据扬之水《奢华之色》介绍，宋人因水仙花极似金银器花口台盏，称水仙花为"金盏银台"。有不知其故的仆人去花店却买不到水仙花，空手而归，再三诘责之下，答曰："但云有金盏银台，而无水仙花。"仆人没听懂雅言，故空手而归。

《北齐校书图》

中国的酒文化远比茶文化源远流长，在商周时期就已形成一整套宴饮之礼，酒器的品种也非常丰富，并各具时代特点。如图是藏于美国波士顿艺术博物馆的《北齐校书图》，床榻中间就有带承盘的高足酒杯，有学者当作是早期文人校书间隙饮茶的茶具，那就与饮食文化的历史相悖了。北齐是北朝的一个地方割据政府，官方是鄙视南朝"茗饮作浆"的，怎会在校书场所供应茗饮呢？北齐既有酪浆，也有养人的酒饮，那豆中所装的也应该是菜肴，属官方的礼宾之仪。所以，床榻上摆放的是供文人们校书时倦了、饿了时享用的酒食。无论是校书场景，还是饮食文化，画中的器物不可能是茶饮之器。如果不加审视，收入茶具书中，或放在博物馆当茶具陈列，则误人子弟也。

美国波士顿艺术博物馆收藏《北齐校书图》

在饮器中，高足一般多为酒器，盖因早期无桌椅之故，图中的人物不是坐在床榻上，就是坐在马扎上，显示了此时尚无桌椅等与现代生活接近的家具，也无《茶经》所说的宫室之内必备的茶器。可以肯定《北齐校书图》无茶器。

《宫乐图》

在传世唐代绘画中，有一幅名为《宫乐图》的无名氏作品，因桌案上有饮料，在茶文化热潮的当下，被影视纪录片、文学书籍、甚至博物馆展览等都当作茶饮场景宣传，并重新命名《会茗图》。这手笔似乎有点大了，"宫乐"和"会茗"可是两种不同的文化生活，虽然晚唐"风俗贵茶"，但宫廷尚未贵茶，何来"会茗"呢？由于这幅作品作为茶饮文化的出镜率较高，不得不认真审视一下胖美女们究竟喝的是啥？

台北故宫博物院收藏《唐人宫乐图》，长 48.7、宽 69.5 厘米

《宫乐图》，作者佚名，现藏于台北故宫博物院，原题为《元人宫乐图》。根据人物体态和衣着、发型，以及开脸留三白

（额头、鼻子、下颌留白不施胭脂）等典型的晚唐打扮时尚，更名为《唐人宫乐图》，也简称《宫乐图》。

场景中心是一个像今时的台球桌一样的长案，有宽宽的边缘，可以搁随时取用的东西，桌子中央是一个盛饮料的大盆，并配有一长柄勺。围桌而坐的有十个仕女，个个体态丰腴，其中五个喝饮料或扇扇子的可能是贵妇（从穿着打扮似也看不出贵贱），执长柄勺的仕女身份不太明朗，是司仪还是侍女？另外四个分别吹笙、弹琴、弹琵琶、吹箫，应是优伶。站立的仕女一个打拍板，一个好似在服侍贵妇，更可能是"立唱"的优伶，因为桌案下头有两个座位空着。据晚唐段安节《乐府杂录》记载，琴、笙、箫、拍板属于"云韶乐"，归宫中"云韶院"管。琵琶属"胡部"。"云韶乐"在唐《乐府杂录》中位列首部"雅乐部"之后，显然，图中演奏的应该是胡乐和云韶乐混奏的宫廷流行乐。因此，可以释读出两种场景：一是贵妇们燕闲无事，听听宫廷优伶演奏的流行歌乐，喝喝饮料，消遣一下；另一是妓乐们私下聚会，老一辈一边喝饮料一边听小一辈表演歌乐，自娱自乐，也算是检验一下小辈的表演技艺。

观赏古人的作品，需弄清时代背景，分清雅俗文化，绘画往往是现实生活的写照，只有了解当时的社会风俗、宫廷时尚及礼仪，才能正确理解作者、作品所要表达的意义。那么，唐代的宫乐应该配什么饮料呢？

1.宫乐无茶事

1900 年 6 月 22 日，在甘肃敦煌的佛教圣地莫高窟中，发现了一个近三米见方的密室，内藏了近六万卷写本文献以及彩色绢画、金铜法器等宝物，其中就有唐代乡贡进士王敷的《茶酒论》，论文以茶酒斗嘴的形式展开，从中可见茶酒在当时社会的影响力以及作用。酒自然是饮中的世袭贵族，虽然在辩论中后发制人，其强大的社会影响力随口道来：

> 酒为茶曰："岂不见古人才子，吟诗尽道：渴来一盏，能养性命。又道：酒是消愁药。又道：酒能养贤。古人糟粕，今乃流传？茶贱三文五碗，酒贱盅半七文。致酒谢坐，礼让周旋。国家音乐，本为酒泉。终朝吃你茶水，敢动些些管弦！"

唐代是诗歌的时代，诗文既是文学，也是唱词，故需要才情和激情。激情需要什么？当然是酒啦，酒就是激情的催化剂，整日吃些茶水，何来激情？没有激情哪里敢动管弦声乐，"国家音乐，本为酒泉"。激情的产物自然需要激情的人来欣赏，喝酒的人才会产生共鸣，喝着茶水，何来激情，何乐之有？即便是现在也莫不如此，无论高档的还是普通的演艺吧、KTV，多是饮酒作乐；茶室享受什么音乐？那一定是古琴、二胡等独奏。

对于唐代茶饮存在着诸多误解，盖因此时有《茶经》，误以为唐代茶饮文化繁盛而流风至宫廷了，其实从诸多唐代文献中可见宫廷宴饮娱乐，几乎看不到茶的影子。陆羽是"野人"，所写《茶经》为的是推动民间茶饮流行。《封氏闻见录》记载御史大夫李季卿宣慰江南时，对陆羽的茶道表演还"心鄙之"的。隐于山野的道释人士才是茶饮消费的主导者，如陆羽、释皎然，以及文献中的杨尊师、刘九经、慈恩寺老僧等，这些都是茶饮消费的高端人士了。《茶酒论》云：

> 茶为酒曰："我之名草，万木之心。或白如玉，或似黄金。名僧大德，幽隐禅林。饮之语话，能去昏沉。供养弥勒，奉献观音。千劫万劫，诸佛相钦……"

幽隐禅林之地、坐而论道之时、供献菩萨之礼才用得上如玉似金的好茶，饮茶、供茶的环境一般幽静而庄重，这才是唐代茶饮的真实写照。实际上法门寺地宫出土整套宫廷银质金花茶具和琉璃茶托盏，是皇家为供奉真身舍利定制的，与"供养弥勒，奉献观音"的意义相同，用茶器来明示茶供，不是用来证明宫廷宴饮娱乐活动中茶饮已大行其道了。

所谓"酒壮英雄胆，茶引学士思"。茶饮文化的核心是"恬淡"，与放达的酒饮有着本质的区别。《杜阳杂编》记载有唐文宗时的宫廷茶饮故事，但都是小范围的，且是讨论文学、哲学的文雅之事，追求恬淡的氛围，从而引发哲学的思考。唐代帝王中文宗比较儒雅，其召集文人讨论文学，也就是宫廷版的文人雅集，才有宫女伺候茶汤。对于大多数王公贵族、公主贵妇来说，枯燥、烦闷、钩心斗角的宫廷生活，"何以解忧，唯有杜康"；何以解忧，唯有音乐。听个热闹的合奏音乐，能更快舒展紧张的神经，这样的氛围，自然是饮酒更助兴。这就是宫乐，大多数仕女、贵妇就是在这样的时光消遣中走完一生的。这样的宫乐与宫怨又有什么区别呢？所以唐代无论早晚，宫乐无茶事。

2. 场面不合茶礼

从李约"客至不限瓯数，竟日执持茶器不倦。"到"白傅乘舟"的"船后有小灶，安桐甑而炊，丱角仆烹鱼煮茗"，唐代煎茶待客的场面极其讲究的，如果是晚唐的宫廷，需按《茶经》要求置办茶器，"二十四器阙一，则茶废矣。"主要是为了保证"乘热连饮之"的讲究。现煮现饮一盏热茶，宫廷就要如《杜阳杂编》的唐文宗那样，命多名侍女服务；如是文人雅集，就要像白少傅那样，茶僮煮茶，而主人与客只管风雅，吟诗作画、鉴古赏景。这样的场面在唐以后的绘画中也经常可见，文人都以此为高逸无比。

茶饮的场面与酒饮在氛围上也是截然不同的，茶饮多为一碗，还是小口啜饮；孙皓酒宴七升起步，李白斗酒诗百篇，酒饮多以升斗论。故场面氛围一个文雅，一个热闹。唐代的酒多为粮食酿造的低度酒，大碗地喝也无妨，既充饥又解渴，还能令人兴奋，增添欣赏音乐的乐趣，故场面毫无文雅可言。宫乐也不需要太多的酒礼，相对于宴饮又比较散漫些。两位站立的仕女一曲终了应该要回到座位上饮酒休息的，桌案下头两个空位就是她俩的。绘画中仅一个年纪稍长的妇人在持长柄勺侍候大家，既没有陆羽的茶饮之道，也没有李约、白少傅那样的讲究，说是"会茗"，又符合哪家之茶礼呢？

3. 器皿不合茶道

关于唐代茶器，《茶经》第四章有专门论述。《茶经》之所以被称作"经"，是因为其规范的饮茶之道被大多数人所认可，如果要省略其中的器具，必须在第九章规定的情况下才可以省略大部分茶器。"但城邑之中，王公之门，二十四器阙一，则茶废矣"。所以，像《宫乐图》那样的场合，二十四器缺一不可，更何况在《宫乐图》中并没有看见任何符合饮茶要求的器具。

也许有人会说，那桌子中间的大盆和正在喝东西的碗不是茶具吗？要回答这个问题，还是看一下陆羽怎么说吧。首先，《茶经》所列的器具里没有盆子，更没有如此大的盆子。最大的器皿恐怕就是煮茶的鍑了，鍑是圜底，需用交床支撑，并不能平放在案台上。其次，在容量上，陆羽说："凡煮水一升，酌分五碗"，煮水一升后煎出的茶酌分为五碗，应该是煎茶一次最大的常量。因煮茶要"环激汤心"，为防溢出，放一升余量应该绰绰有余了，那就是两升容量的器皿。这样的唐代青瓷鍑，在出土文物中经常可见。而案桌上的盆子目测可盛十升以上，有这样的茶具吗？或有人说，煎三四炉茶，盛在盆里一起上。呵呵，那是食堂里的免费菜汤。宫廷的芽茶精贵着呢，哪能如此糟蹋！若以点茶论，文献有明代朱权点茶用大瓯，文物有金华出土的宋代巨瓯，才21.3厘米，并有四只小盏同时出土，大约是按四人啜饮设计的。所以，这么大的盆所盛的饮品一定是略微多饮也无妨身体低度酿造酒。

仕女手中的直柄长勺更是不合茶道之规，《茶经》云："瓢：一曰牺、杓，剖瓠为之，或刊木为之。"又云："匏，瓢也，口阔，胚薄，柄短。"画中的长勺非瓢瓠之器，特别明显的是形制上不是"柄短"。因此，长柄勺子既不古典，也不经典。

其实，中间的大盆加长勺的喝酒排场传承于汉代，如图为四川大邑安仁镇出土的东汉画像砖宴飨场景拓片，宴席中间有一深腹大盆，口沿有一曲柄长勺，只有长柄才能使杓不掉入大盆中，也便于宾客舀取酒饮，曲柄更加合理。出土文物中的装酒容器都比较大，与之配合使用的多为长柄勺，这种大盆装酒的宴饮场面，从汉代直到元代都没什么大的变化。三国吴王孙皓宴饮每人七升起步，随随便便一场宴饮就得几十升酒，没有大酒盆、长勺子怎么应付得过来？元代为了宫廷宴饮，琢磨出元以前最大的玉器"渎山大玉海"，一次可盛酒三十余石，可供君臣彻夜宴享。

四川大邑安仁镇出土的东汉画像砖宴飨图拓片

古代社会生活早已离我们远去，对绘画中某些不确定处当然可以合理推测，但不能是毫无根据的胡思乱想。所谓煮完之后端上桌任其自饮，那是没有读过《茶经》、不了解饮茶之道的臆想，毫无唐代茶道之规矩。

4.茶饮不出"环肥"女

当茶尚未到达欧洲之时，贵妇们的体态都是丰腴的，意大利画家提香·韦切利奥最擅长描绘如唐代仕女一样丰美的贵妇，被誉为"金色的提香"。1662 年凯瑟琳嫁到英伦成为王后，她纤美的身材和随身携带的一箱茶叶惊动了英伦宫廷，饮茶瘦身的秘密在贵妇人中间流传，茶于是成为昂贵的奢侈饮品，饮茶也变成了上流社会的时尚，后来的英式下午茶也由此诞生了。

反观《宫乐图》中的贵妇们，个个丰腴肥硕。固然唐代以胖为美，但这种肥美何尝不是天天喝酒吃肉的宫廷富裕生活养育出来的呢？喝酒是喝不出凯瑟琳的，同样，喝茶是喝不出杨玉环的。茶是"消酒食毒"的，天天喝茶为乐，只能喝出洛神何仙，道骨仙风。明早期宁王朱权雅好饮茶，著《茶谱》，在序言中自称"臞仙（瘦仙）"。说《宫乐图》的"环肥"女们在喝茶，那不是在侮辱唐人的审美取向和艺术水平吗！

茶，从来不是唐代宫乐的饮料，也不适合欣赏激情四射的合奏乐时饮用，更喝不出丰腴肥硕的身材，唐代宫廷的胖美女们喝的是宫廷宴饮、娱乐的标配饮料——美酒。或许正是因为茶饮，唐代以后再也看不到肥美的仕女造像了。

《韩熙载夜宴图》

臆想，最容易发生在对古代绘画的释读中，因为画上有场景没文字，器物也缺少质感和内容，全凭对图像的观察，如果对古代文物缺乏认知的话，那就会任意取舍了。在茶文化研究热潮的当下，就连《韩熙载夜宴图》那样比较容易读懂的绘画，也作为"茶宴"出现在专业期刊上。

图9　五代顾闳中《韩熙载夜宴图》中的品茶（局部）

《中国茶叶加工》杂志《径山茶宴》专辑所引《韩熙载夜宴图》

夜宴，是王公贵族的主要社交活动，可以是宫廷，也可以是豪门。所谓"无酒不成宴"，主角当然还是酒。五代虽然好茶之人已经很多，但仍上不了宫廷豪门的夜宴之桌的。绘画内容之所以会被误读，恐怕与桌案上的壶和盏有关。这里的壶与茶瓶是有显著的区别，外面有一只大碗，是盛放热水的，以保证壶里的饮品不冷掉。此碗称温碗，也叫注碗，是盛热水摆放酒注子的。盛酒的壶唐宋称注子，因喝温酒需要将冷酒烫热并保温，往往给注子配以温碗，两者一副称"温碗注子"。煮水的壶称茶瓶，需直接在炭火上煎，不存在保温，煎到"听得松风并涧水"马上用来点茶。温水、老水都不能点注茶，故任何保温措施都是无用的。

桌案上的盏是高足的，下面有台，台盏无论是什么材质，都是饮酒器用。所以，顾闳中的《韩熙载夜宴图》无论是整个场景气氛，还是局部场景中的器皿，都不可能是茶饮，更不可能是茶宴，而是豪门夜宴，夜宴的主角永远是酒，至今亦然。

第六章　人文之茶与文人茶

茶从哪里来迟迟说不清楚，是因为现代人好以自然科学来解释人文科学，并在自然界中孜孜不倦地寻找古茶树，越古越好，甚至找到了茶叶化石。茶叶化石的出现说明茶树作为物种，很可能恐龙时代就已经存在，但又与人何干？与人文的茶文化何干？

人世间的事，皆因人而生，由心所生。王阳明说得好："无心外之理，无心外之物。"《金刚经》也说："如来说世界，非世界，是名世界。"世界是一个名称，并非是有一个世界的实体，仅是一个"相"，由心生的"相"，是人理解了以后，想了一个名字来称呼的，以便于人与人之间的交流和传播。茶是一个饮食概念，后来又被曲解成一种植物，概念名和植物名都是人心里想出来，故"是名茶"。为什么是"心里想"，而不是用大脑想？因为中国古代的人文从来不是理性的思考，不是先预设一个"茶"的概念，然后进行探究的；而是以人为本，从人的性命出发，循天道来探究人的生存之道的，从食肉到食草（包括禾、菜、木叶），都是生命的实践，生命实践的结晶当然是"心里想"出来的。故有人文才有人间事，人文饮食的"茶"，是生命实践的概括，是多意象的，只能活在中国的语言中，无法翻译成任何外国语言；只有特指一种植物名词的茶，才有可能译成外国语言。

茶是人文，是中国先民的生活智慧，套用圣人之言就是"明德"，文人陆玑以二个概念性文字茶、茗来概括这样的"明德"，实现了"明明德"。人文的传承和传播就是文化，本是人文饮食的茶茗在文化的过程中，为何沦落为仅仅是茶饮之道？即便是茶饮，也沦落为茶树茶作饮了？主要原因是茶文化出现的时期，是国家分裂的时期；短暂统一的西晋，连皇帝都能说出"何不食肉糜"的话，文人士大夫又如何能"亲民"呢？脱离人民大众而谈论民生饮食之茶，那肯定是不能"止于至善"的。先秦时期"礼失而求诸野"的优良传统，在西汉辎轩使者以后就式微了。此后，文人以为天下的事都已搜罗在书籍中了，可"不出户庭"在书本中知道；再一个是《史记》的出现，因其对中央集权的统治有用，文人更用心于宫廷官场的历史记录，而对人民之"明德"漠不关心。虽然《大学》是古代文人的必读之书，人人知道"三纲领"，但因重知识轻实践，唯上而不"亲民"，对人民生活中新的"明德"——茶茗饮食形式一知半解，或一无所知，那就不能"明明德"了。对《老子》的"智慧出，有

大伪"和"绝圣弃智，民利百倍"，以前殊为不解，看到茶自西
晋开始一直被文人误读，才明白其中的道理。文人总是自以为
聪明，要教化百姓，宋代大文人甚至将"亲民"改成"新民"，
以俯视的姿态试图改造民众，殊不知圣人的"亲民"是贴近百姓，
深入了解民众的生命实践，如此才能获得人民生产生活中的"明
德"。这是茶文化"止于至善"的不二之道。

　　人文之茶的源头的确是可以追溯到《尔雅》的"槚，苦荼。"
如果郭璞"亲民"一下，体察一下民众的"明德"，就不会将
苦荼、茗、荈释错了。由于源头文字的释读错误，陆羽又将茶
定义为"南方之嘉木"的茶树之茶，故陶弘景的"南方有瓜芦
木"便陷入了是茶非茶之争。其实对于瓜芦木，肯定也好，否
定也罢，都是因为没有读明白，或没有读到陆玑的茶茗，将茶
当作茶树在与瓜芦木较真，实在是驴唇不对马嘴。瓜芦木叶煮
饮汁是货真价实的茶。

　　相似的问题还有茶叶茶。无论是作茶的荈还是茶树之茶，
主要是指笋芽，如此，老百姓以茶叶加姜橘煎饮的茶，便被陆
羽斥之为"沟渠间弃水"，但按照陆玑揭示的民间"明德"之茶，
这又是货真价实的茶。

　　其实陆玑的茶是百姓的生活日常，其人文意义重大，特别
有生命力。如果陆羽《茶经》所说的加入米粉的茶确实是三国
时期的，那么茶一开始就有饮食的人文意义，无怪乎两晋南朝

时期既有"真茶"、真茗，又有茶粥、茗粥，至唐宋则有了菜肴、餐饮的意义。"茶饭""茶食"在唐宋乃至元代是极生活的口语，变文、话本、笔记小说等古籍中常常出现，极其平常，但由于受《茶经》《茶录》等完整叙述茶饮之道的茶书的影响，不"亲民"的士大夫们将民间已经说滥了的"分茶"来命名纯茶饮。分茶在杨万里的诗文里是标题，其结果又与"生成盏"相似，生成盏又与茶百戏相似，如果对茶的来龙去脉不了解，便会将所有这些相似的茶饮、茶戏搅在一起。对于"亲民"的高僧大德来说，人文之茶与文人说的茶饮是不会搞错的，他们常常用平易近人的饮食之茶来说禅法，"吃茶去"有禅有礼，"斋了未吃茶"又是充满禅机的禅宗大师的师道。可见，人文之茶的茶饭才是最接地气的。

"吃茶去"就是"吃饭去"，其实是饮食文化次第发展的体现。《史记·楚元王世家第二十》记载刘邦在乡里混迹时，常带宾客去大嫂家蹭饭，时间一久大嫂就厌烦了，"嫂详为羹尽，栎釜"（以杓砺釜边佯作饭没了），宾客就走了。刘邦"已而视釜中尚有羹，高祖由此怨其嫂。"刘邦得天下后，"伯子独不得封"，后因"太上皇以为言"，于是封大哥的儿子刘信为"羹颉侯"。"羹颉"就是"饭没了"的意思。可见，"藜藿之羹"直到汉代还是平民生活的常态，大约刘邦大嫂家的"羹"是加了米的，如同后来作茶时加米粉是一样的。故采食野菜时代的饭食可称作"羹";采食木叶时代的饭食可称作"茶"。

从羹到茶的饮食情况今人为何视而不见呢？一是现代科学教育对传统文化的忽视；二是古代众多茶饮之书对注意力的干扰，对散落在民俗文学作品中的饮食之茶往往视而不见。当然，见了也不会引起深思，都理解为茶饮文化了。如此，就会对"勤为茶饭"、茶饭不思、粗茶淡饭、分茶、吃茶、早茶等民俗口语中的"茶"产生误解。

正名，是任何一位具有儒家思想的文人在说事时首先要做的一件事。由于自茶字出现以来，似乎许多文人不是没有读到、就是没有读懂"蜀人作茶，吴人作茗"，茶的人文意义刚被揭示就被忽视了，本想正名，结果却整歪了。人文的茶与茗，其实是一对双胞胎文字，指称意义一样，造字方法也一样，一起诞生于陆玑的《毛诗疏》。奇怪的是古今一些文人从来没有觉得"茗"不从木没有什么不妥，却对"茶"不从木颇有意见。好像双胞胎儿子，只认先出娘胎的为长子，对其各种希望，各种要求；后出娘胎只是添丁而已，也没有那么多的希望和要求。接触"明德"的文人很认真地创造了"茶"字来概括煮食嫩叶这种饮食方式，生出来之后被另一些文人很不认真地释读并改变了。由于"南方之嘉木"的茶是直接指称，比较直观易懂，易为园囿于从艸从木的文人所接受，其影响盖过了煮食嫩叶为茶的本义，以至于本义在民间一直习惯性地沿用，并没有文人去关注本义，将其明确地释训一下。茶树芽长相独特，如笋，如枪，很容易引起人们非常好吃的遐想，事实上不论是生鲜吃，还是晒干煮着吃，瀹着吃，都非常好吃，着实令文人们爱茶过头。文人们只品鉴，不深究，看看哪里不顺眼就打扮一下，并一直在打扮它，一度有多种写法，成为"三不像六样相"的文字，一旦裸体为"茶"字，反被认为是妖孽了，不是将其当作荼字的误写，就是将其加一横，或说是荼字减一横的新字；更有想当然地认为是雕版时漏了一横，或印刷时一横没有印出来，却从来没有人意识到双胞胎文字的"茶"从木与"茗"从艸在释训的归属上是不一致的。呵呵，这是笔者的"观"不自在了，双胞胎也可以一个跟爹姓，一个跟娘姓的哈！

茶饮一开始就是上层建筑的享受，今人首先能看到的关于茶的文物文献都与王公贵族的酒饮有关，不是宫廷的当酒，就是贵族墓中的青瓷酒罍。即便是第一篇赞美茶饮的赋文也是高官文人所写。在诸多大家耳熟能详的说茶的文人中，除高僧大德，陆羽算是官阶最低的了，据自传冠名"陆文学"知道他曾诏拜太子文学。由此可见，人们常挂在嘴上的茶饮文化，其实都是士大夫文人之雅好。

对于什么是茶的疑惑，大约始于晋室南渡，任瞻在初到江南的宴席上就问了"此为茶，为茗？"不仅北方的文人搞不清楚，即便是南朝的"山中宰相"陶弘景也不是很清楚，他的茗极似苦菜，亦似瓜芦木；他的真茶又与其他木叶茶饮有别，看来也没读懂陆玑的茶茗。可能关于茶的杂说太多，没有读过《毛诗疏》的陆羽武断地说茶是一种南方嘉木，此说其实与陶弘景对茶茗的理解倒是很相似的。故从《茶经》开始，文人说的"茶"就转向了，从饮食文化的大道走入了茶饮文化的小道。至宋朝，将"别茶"称作"伪茶"，茶饮文化只剩下茶树茶作茶了。茶树茶作茶与现在所说的茶叶茶还是有所区别的，那些粗枝大叶实在是算不上茶的，但称"茶叶"是没有问题的，所作的饮称为茶也是没有问题的，但不是古代文人所说的茶，也就是狭义上不属于文人茶。

古代文人只要读过《茶经》，就知道茶的金贵，"然金可有而茶不可得"，这令文人士大夫得茶后便视如珍宝，从而大加赞美、品评也是情不自禁的事。儒家是入世的，有文化饮食的责任，既要指点什么是茶，又要阐明作一盏好茶之道，还要辨正茶饮之好和茶饮之害，引领茶饮文化的发展。儒家之茶是全面的。

道家是出世的，贵自然，重己养生，明哲保身，洁身自好。故对于茶也是贵自然，重品格。无论是小隐的道人，还是大隐的显官，抑或中隐的士大夫，无不以笋枪作茶，既无粗枝大叶，也无碾磨榨茶；既以活火煎芽茶，也以活火煎活水来点注芽茶，道家之茶是专业的茶饮。道家茶饮与现代生活最贴近，现在茶师、茶人品评茶饮与张岱、闵老子相似，但道行能超过他俩的还没有听说过。

佛教是外来宗教，虽然中国文人以道家理论将其中国化了，但要向民众推广还是要以大家喜闻乐见的事儿来招引，茶则是最好的媒介。曾经坐禅饮茶引领"风俗贵茶"，其发展历程既有檀越日的以茶戏娱众，又有说法大会"吃茶"招待，佛家之茶最亲民。在商品经济的现代，佛家的茶也与时俱进，本来茶是禅的附庸，现在禅是茶的附庸；既有禅茶一味的理论，又有禅茶买卖的实践。呵呵！

中国古代最好的东西都是贡献皇帝的，其次是文人士大夫，真正在买卖中的茶，嫩芽占比很小，外销的就微乎其微了。即便后来一些国家从中国移栽茶树，也不具备中国众多的地理环境，最重要的是没有中国如此深厚的饮食文化，更遑论文人茶了。

茶是作为养身药传入日本的，日本并没有中国如此众多的茶品，也不可能像中国文人那样非芽茶不吃，故日本茶道在形成的过程中，似乎对茶的品质并不怎么讲究。特别是现代化的机器收茶、制茶、磨茶，茶与茶叶不分，哪有茶饮之道可言？然而，整个茶道过程仍有可圈点之处。曾看过一个日本茶道的宣传影片，茶道师先端出来的是日本料理，等客人用完了料理，再表演点茶，请客人饮用。如果这是日本茶道的完整内容，那日本茶道不仅保留了点茶的茶饮之道，还保留了民俗的人文之茶。先"吃茶"，可护住脾胃，后饮茶，寒凉的茶害就被饭菜化解掉了。既吃茶又饮茶，日本茶道保留的中国茶文化还真不少。

同样，茶饮传入欧洲，首先进入的也是王公贵族的饮食生活，他们以茶替代了餐饮中的部分酒（与"茶荈以当酒"神似），特别是上层贵妇以饮茶为时尚，这种时尚并不像中国那样风雅的文人茶，仅仅是因为稀缺和消酒食毒。欧洲人口远不如中国稠密，然而60%的土地是适宜耕种、畜牧的平原，因此食物非常丰厚，特别是肉食，奶食，但消酒食毒的茶叶却无法生长。茶饮那清香苦甘的口感又非常适合欧洲人以肉食为主的餐饮，也非常适合下午茶中的奶制甜食，茶就无所谓粗细的讲究了。英语的"午后茶点"很有意思，写成"high tea"，前单词意为"高"，或"高尚"、"高档"，直译就是"高尚的茶"，或"高档的茶"，看来东方古国的东西在英伦人眼中都是高档的。午后茶的形式极似中国民俗的早茶，只是中国早茶茶食比较丰富。

唐代"风俗贵茶"之初是不太讲究的，同样，英伦的风俗贵茶之初也是不太讲究的，但不讲究的茶饮在欧洲的普及速度就像他们的工业化一样，很快成为全体人民饮食生活的一部分。

日本茶道和英国午后茶都有食文化的意义，只是必须有茶饮，似乎茶还是主角，茶道还仪式感很强。中国民俗中的食文化的茶则跟茶饮没有关系，川饭分茶、分茶酒店、吃茶去都是没有茶饮的，分茶酒店的饮料是酒，偶尔有客人吃小䐆茶，那是点心。所以，茶道、午后茶虽然有食文化的意思，但与中国茶饭还是有区别的。

茶与酒有天然的渊源关系，三国有"茶荈以当酒"，宋代有"分茶酒店"，茶与酒总是同框出现。发展至今则貌离神合，貌似茶酒分离，早茶、午后茶是餐饮，酒吧才有酒饮；然而却在酒店神合了，现在的酒店包括了茶酒饮食，还管住宿，这样的酒店也叫饭店，文雅一点称"宾馆"，唯此用语显示出比较明朗的来客住宿的意思。

茶，是中国古代文人以天地之心创造的饮食，既可以果腹养生，又可代酒作饮，还可怡情养性。广而论之，所有的茶都与人文有渊源关系，既包括食文化，也包括饮文化，是次第发展的饮食文化，可称之为人文之茶；如果细究茶、茗二字的形成和发展，加之文人士大夫一以贯之的笋芽作茶，精细的、讲究的芽茶作饮才是合理又合礼的文人茶。

文人茶不简单，将一颗小小的木芽演绎得如此精彩，也只有深谙草木之性的中国文人能做到，一出手便是世界顶级的饮文化。顶级的东西一定是讲究的，讲究便也成了文人茶的要旨。任何事物草莽时代是不可能讲究的，发现更重要。没有经济基础的讲究只能是穷讲究，没有文化也琢磨不出好的讲究来。当文人遇见茶，才有讲究的茶饮之道，才有讲究的茶器。讲究的茶器也不是固定不变的，它是随着茶饮讲究的变化而变化的。既然讲究了，对器的释读就不能随便，本来就是讲究的东西，被你随便了，也就不讲究了。不讲究，就上不了"道"了，也就没有茶道可言了。

余论

茶文化的起源与发展因历史原因而错讹颇多。官方文献或限于一己之见，或语焉不详，或鱼目混珠；非官方的古籍零星而散见，因传播不便，往往显而不彰。文野的分别，使得两者不能融合形成系统的知识。经笔者钩沉稽古，发微抉隐，历史上的茶与茶饮、茶事以及与文化的关系已大致勾勒出来，可以形成系统的茶学知识体系，并生发出对传统文化的新认识。

一、茶与茶树之茶

茶，是中国人的伟大发明。其源流出乎包括笔者在内大多数人的意料之外，并非是特指一颗有"灵味"的仙芽，而是源于中国先民对饮食的开源，流变于为食为饮的分类，完善了草木为饮食的文化。如果说"槚，苦荼"是采食树叶行为的开始，陆玑的"茶"则是对这种行为普遍化以后的归纳，是一种学问——茶学的起点。陆玑才是中国茶文化或茶学的鼻祖。在此，向中国茶文化的开创者——三国吴文人陆玑致以崇高的敬礼！

茶树之茶，则是中国先民的伟大发现。最初称作"荈"，从荈饮的结果可见，荈是指称一种木本植物的芽，即"荈草"。荈不是茶的别名，也不是"叶老者"，而是茶树之茶的"祖名"。若以茶饮文化来说，鼻祖应是西晋杜育。

茶叶是一个概念外延的词语，茶树的笋芽才是特指的茶。茶芽长相独特，如笋如枪，引发人们"好吃"的遐想；又被两晋南北朝文人发现有"令人不眠"的功效，在不知其植物为何名的情况下，称荈草作茶为"真茶"或"真茗"。"真茶"具有排他性，其他木叶作茶唐宋文人称为"茶之别者"，或"伪茶"。作真茶的荈被命名为"茶"是陆羽误会"茶荈"的结果，由于他的误会得到了文人的公认，从此，"茶"专指茶芽，或芽茶作饮。陆羽全面地总结了茶芽作茶之道，自创了独立的茶饮之道，著《茶经》，成为**中国煎饮末茶茶道的鼻祖**。

因茶道，陆羽在唐代就被称为"茶神"，但不是"茶圣"，也许古人觉得陆羽对茶的认知不够通达。《说文》释圣曰："通也。""通而先识"之人称圣人，故文人都追求"内圣"，圣人是不可亵渎的；神是自然的、不可名状的能力，《周易·系辞上》说："阴阳不测之谓神。"供奉之神如果不显示神力来保佑，则可以热汤沃之的。如果说杜育《荈赋》是第一篇关于茶饮的专文，那么陆羽的《茶经》是第一部关于茶饮的专著。

文人茶是笔者对明代之前茶饮的概括。茶饮的"茶荈以当酒"略晚于陆玑的茶茗，其后的《荈赋》、茗汁等都是荈芽作茶，至陆羽方才明确揭示笋芽为茶。之后文人的茶书都在说芽茶作茶，其实享用的群体很小，都是文人士大夫，包括高僧大德，部分富商大贾，一般的平民百姓很难享受得到，故名之曰：文人茶。窃以为这名称来概括古代文献所反映的茶饮是比较名实相符的。

茶既是食，又是饮，是饮食的文化之名。为饮之茶，其发展经历了从煎茶到点茶的过程，煎茶又分为煎芽茶和末茶，乃至别茶；点茶也分为末茶和芽茶，乃至纯粹的文人分茶和民俗的杂果"阿婆茶"。如此科学分类的饮食文化，是任何国家与民族都不曾有过的，也理解不了的。这是中国先民饮食实践的结晶，是文人对草木为饮食的文化，是**人文科学**。并历经一千八百年，形成了伟大的茶茗饮食文化。唯有文化的饮食，才堪称"伟大"。

二、小学

小学，是西汉文人创立的文字训诂概念，其内容是西周时小学生必须学习的"六书"，即是后来大家熟知的象形、指事（象事）、会意（象意）、形声（象声）、转注、假借。前四者指的是文字形体结构，后两者则是指文字的使用方式，六者皆是造字之本。虽都是造字之本，但前四者是释本义，是**正义**。转注、假借是使用时的**借义**，需根据语境来加以释读其意义的。然而，汉代《尔雅》《方言》《说文》《释名》四本训诂学奠基之作，唯《说文》是因形取义来解释本义的。《尔雅》"假借特多"；《方言》《释名》以声训为主。3∶1的比例，足见汉代文人多以借义释训文字，借义释训彰显作者多闻、多思，此后文人好以之为习气。而"首创制字之本意"的《说文》，因"凡篆一字，先训其义"的繁难，且皓首穷经的费时，为大多数文人所舍弃，导致东汉以来用六书理论系统分析文字音、形、义的训诂书独《说文》一部，后出的"茶、茗"就是因此而被疏忽的，从未得到字形本义的释训，属于先天不足的文字。

六朝是民族大融合的时期，汉语胡音混杂，正音比正字更为迫切。隋文帝统一中国，其重大意义比之秦始皇的统一，在于多民族国家的形成。此时，统一说话的声音比字形更为重要，陆法言等八人在隋仁寿元年编著统一全国音韵的训诂书《切韵》，相当于中华人民共和国成立时国家制定、推广的"普通话"，也成为以后历代官方韵书之滥觞。此后，由于辽金统治北方，蒙元一统天下，正音成为文字训诂的首要任务，本字本义的释训不被文人所特别关注。

文字于中国古代而言是读书人的大事，一入学便要学习，属于基础教育。小学读完后需行"束修"之礼，才可以上大学学习"大学之道"。由于"大学"以后的文人喜好借义，即便是"束修"之礼也被汉代经学家所误训，礼仪"束修"成了指称一束干肉作学费的"束脩"，大雅之礼沦落为庸俗的学费。文字误会了，释训也就错了，一错就错了二千多年。从后天养育来说，修与茶的遭遇颇为相似，一直被错误的释训、传播，以文注文使得文人从未觉得写成"脩"与"茶"，或"茶"有什么不妥，缺乏对文字深层次人文意义的理解，也就无法读懂文字的表象意义了。

清乾隆年间，皇帝下旨开放《四库全书》供文人学子查阅，才迎来了小学大盛。此时出了两位影响后世的训诂大家段玉裁和阮元。段玉裁与桂馥、朱骏声、王筠被誉为《说文》四大家，又以段玉裁为翘楚，他用三十二年时间，以六书理论为基础，音形义三者互推求，全面注释了《说文》，著《说文解字注》。书中虽然没有茶字，但解释清楚了"荼"，也没有模糊"檟"字，为辨清荼、檟与茶的字形字义保留了原始本义。阮元在乾嘉之时任多地学政，在浙江学政任上，于匦藏《四库全书》的"文澜阁"旁创立"诂经精舍"，讲解和考释古代圣贤的经书，其全面考释的《十三经注疏》之十二就是《尔雅注疏》。阮元用的是宋邢昺的注疏本，在刊刻时并没有像历史上的文人那样自作聪明地改动茶的原字"荼"，为湖州出土的青瓷罍上的铭文"荼"保留了文献证据。历史的经验告诉我们，古籍上的原文切不可自作聪明地随意改动，或想当然地释训。

好景不长，晚清军事上的失利，导致传统文化的式微。随之而来的分科教育，古代的小学教育变成了大学课目，而能在大学课堂上讲解"小学"的国学大师又屈指可数，学习"小学"的学生更是小众群体，造成"小学"人才冷落。现今都在讲文化自信，如果依旧将"小学"当作曲高和寡的大学冷门科目，将我们的文字当作与欧美一样仅仅是表达语言的符号，将传承、弘扬古文化理解为背背唐诗宋词，那文化自信就成了奢谈！从小学入学到大学毕业，共 16 年，如此长的学习时间，连"小学"都模糊不清，如何传承传统文化？如何文化自信？徒长知，不学道，这样的学习能使人成其为人吗？如此学习，还用这么长的学习时间纯粹是浪费生命。我们的教育真的亟待革命！

既然茶的字义明晰了，茶事也厘清了，现代辞书对于"茶"及相关文字的释义应当因形见义地重新释训，对辞书中的本义和引申义进行增、删、改，使释义名副其实，更符合茶茗饮食文化之道。

荼：（增）古茶字。会意字，木本芽叶作饮食之意，茶行而荼废。由于尒后来写成尔或爾，故荼常与荼和蘭相混淆，被释为"疲倦貌"。

茶：晚唐更"荼"为"茶"，会意字。1.佐食之菜。"蜀人作茶"，唐人"勤为茶饭"，宋人"河朔人用以分茶"，成语"茶饭不思"等。2.饭菜的合称。"吃茶去"。南方的早茶。3.茶树之笋芽。陆羽《茶经》始定名。4.泛指草木植物芽叶作饮，如茶荈，凉茶、菊花茶等。5.熟水。称谓主要流行于南方。

茗：会意形声字。1.副食，"吴人作茗"，茗粥。2.茶树芽煎煮、点泡的饮料。茗汁，清茗。3.茶芽。王祯《农书》"茗茶"。

荈：形声字。茶树之茶的古名，即历史上"真茶"所用的原料。

槚：（改）将释义中的"茶树"条删除，引用《说文》释槚。这样，后来"槚"不见于文献的原因自然明了。

现在辞书中的"荼"和"蔎"，《说文》中特指是从艸的草本植物，不属于古代茶文化。除说明古代文人曾误作茶字和别名外，应当删除"荼"字下"茶之古字"的释义；同样，"蔎"字下"茶的别名"的释义也应删除。

小学是中国古代一切学问的根本，不弄清文字本义的来龙去脉，就无法"说文解字"，也无法正确地释读经典，更无法形成任何系统的学问。弄清楚了，就要正名、正义，不能因为是古人的错误，就放任自流，任其以讹传讹。

三、茶学

茶学不是茶叶之学，也不是茶饮之学，而是饮食文化之学。茶叶、茶饮比较直观，显而易见，茶所蕴含的其他的民风民俗和多种学识则显而不彰。茶学肇始于陆玑的名物学，散见于文人的雅饮和民俗的饮食。以学问论，其知识跨界本草学、小学、名物学、农学、儒学、道学、禅学、风俗学、饮膳学、医学、养生学等，如果园囿于茶叶，那连"半壁江山"都不能守护。

茶在古代没有形成一门系统的学问，是有历史原因的。自汉代"独尊儒术"以后，经学第一，其他学问都成为民间文人研究的小宗学问，散见于民间文人的著作中。由于古代出行、交通都不方便，文人的大部分知识主要来自于书本。汉代有四大训诂书籍，魏晋一些官僚文人认为只要掌握四本书就可以足不出户而遍考天下古文奇字了。郭璞《方言自序》认为：《方言》"采览异言"、"靡不毕载"，从而"可不出户庭而坐照四标，不劳畴咨而物来能名。考九服之逸言，摽六代之绝语。"然而，姗姗来迟的茶、茗、荈是四本古籍所不载的，在朝为官的大文人不知所以，只能以传统的释艸释木、苦菜作羹来释读，如此这般皆因"不出户庭"之故。中国文人"贵始"，第一个官僚大文人的注疏便成为教条，在官方文献中陈陈相因，以至于唐宋的官方类书只有"香草药"和"饮食"的"茗"，而不敢言"茶"，更不敢明言茶树之茶的原名是"荈"。

中国文字是因形见义的，然而四本训诂书唯有《说文》是因形释义的，"因形"首先要知道篆书怎么写，这对经历了"焚书坑儒"以后的文人确实不是一件容易的事。秦汉文字书写从小篆到古隶，再到"今隶（即汉隶）"，由象形兼表义嬗变为表义兼表音，字形更为抽象了，声训字大量增加。加之六国"名号雅俗，各方名殊"，释名纷繁复杂。假借、声训释义，给书斋里的文人有很大的自由发挥空间，只要文对上了，注释就是合理的，故"槚＝苦荼＝茶"就成了合乎文理的解释。所以就文献而论，文野的割裂使得六朝时期无法形成名正言顺的茶学。

从政治制度和社会文化论，汉代是"举孝廉"，六朝是"九品中正制"，隋唐的科举考试也是等级观念很强的，唯有宋代才是真正的全民科举制，呈现出在朝为官的"为贫者多也"（宋《麈史》）的景象。平民力量的上升，文人的大幅度增加，政治宽松和经济繁荣，致使宋代反映茶文化是雅俗兼顾、最为全面的，有形成茶学的文化条件。然而，文人也是有文野之别的，都说"分茶"，意义却完全不一样，茶学形成的可能变成了不可能。

紧随而来的元朝，呈现出文化上的倒退。恢复中华的明代，早中期在政治上施行极权统治、闭关锁国、禁止人口自由流动等措施，对文化的倒退不仅没有阻止作用，反而起到助推效果。直到明中晚期王阳明的心学出现，才有文化复兴的态势，但为时已晚，对国家治理层面没有丝毫影响。如此，要总结理论，形成茶学又变得几无可能了。清代虽然迎来小学的高潮，主要偏重于经书纠错，加上元明近四百年的变迁，可能连宋代点茶都不一定清楚，更何况民间的"分茶"了。

现在不仅大部分的古籍都以不同的形式出版了，而且有关茶的文物也不断涌现，但由于《茶经》之故，现代人都钻入了茶叶茶的牛角尖，所有关于"茶"的博物馆其实都是茶叶博物馆，而不是茶文化博物馆。文献文物告诉我们的不仅是《茶经》

《茶录》《茶谱》，还有"茶"所涉及饮食的当酒、茗粥、茶餐、甚至"素食分茶"等各个方面，不把茶当作一门学问或学科来学习和考察，怎么对得起先人们留下的丰厚的茶文化遗产呢？

因为自晚明开始，茶饮与现代非常相似，论著也比较丰富，拙作基本不论述清代茶饮文化。另外，人文的饮食之茶内容过于庞大，笔者的论述只是冰山一角，故所谓"茶学"只能算是简论。在政治清明、文化昌盛的当下，完整的中国茶学形成会当其时，《文人茶》算是抛砖引玉吧。

四、迷信与科学

在现代人的认知中，迷信与科学是两个截然对立的概念，迷信是愚昧无知的代名词，科学是正知真理的代名词，两者又似乎都与古代茶文化没什么关系。然而写作一路下来，感觉迷信与科学如影随形于茶文化的发生和发展，左右着人们对茶的认知。

李申先生在其《中国科学史》的《导言》中说："人类的抽象、概括和推理能力，是发展认识的必要条件。没有这样的能力，也就没有科学。然而，这个能力也是人类认识陷入错误的契机，有位名人说过，真理再向前一步，即使仅仅一小步，也会变成谬误……夸大自然物的力量创造出了神祇，夸大人的力量，就人是自然物这一点来说，乃是把人崇拜为神的开始。"迷信与科学好似老话所说的："一念成佛，一念成魔"。迷信源于对知识的信仰，过于信仰而不能执"中"，哪怕是过一点点就是迷信了。迷信似可分故意迷信和自我迷信，宗教属于故意制造迷信；自我迷信往往发生在多闻多识的古代文人身上，然后又被其他多知的文人迷信。古代在朝为官的文人多为"成功人士"，其成功的原因是读书多，形成了对书本知识的迷信，而对实践的"明德"往往忽视，或轻视。郭璞绝对是名噪千古的古文字大家，其注《尔雅》《方言》等足见其文字功力之深厚。由于过分自信而自我迷信，轻视了小文人陆玑概括的木叶嫩芽作饮食的新文字"荼"与"茗"，试图以"藜藿之羹"的旧观念来改正陆玑的释名。后来的文人是不屑于小文人怎么说的，而迷信古文字大家，即便是初唐的《艺文类聚》也只能绕开"荼"而用"茗"编类；颜师古只好将"荼"增加一个声训；陆羽更是獭祭文字，将郭璞释文中的字全部罗列其中，并将荼与茶误会为同一种木本植物。两位文字大家、一位茶神的背书，足以使文化昌盛的宋代也不敢辨正，《太平御览》也只能释为饮食之"茗"。历史仅仅前进了一步（三国到西晋），现实的"荼荈"仍在流行，文字大家因看不到现实，在真理上也前进了一步，就是这一小步，真理变成了谬误。由于迷信古文字大家和茶神，谬误流传了一千七百多年。

其实对于这种"名齐实异"、乱点鸳鸯谱的行为，汉代（或晋代)《西京杂记》就已经开始批评了，其最后一篇《驰象论秋胡》，就因为有人将汉代"杜陵秋胡"当作以前的"鲁人秋胡"，而"绝婚今之秋胡"的现象进行了批评。驰象说："昔鲁有两曾参，赵有两毛遂。南曾参杀人见捕，人以告北曾参母。野人毛遂坠井而死，客以告平原君……玉之未理者为璞，死鼠未腊者亦为璞；月之旦为朔，车之辋亦谓之朔，名齐实异，所宜辨也。"璞、朔都有两义"名齐"，指称不同的事物；茶、茗、荈、荼均为从艸的文字，但出现的语境不同，指称意义也完全不一样，更应该"所宜辨也"。如果自我迷信于阅尽天下训诂类书籍，而不辨新字，文人又迷信古文字大家，自然误入释草释木的老套路中。

古代文化交流不畅，自我迷信和被迷信在所难免，而科学繁荣的当下仍过分自信以至于迷信，甚至打着科学的旗号迷信他人，不由得令人扼腕长叹。

科学，一般都以为是"五四"新文化运动舶来的"赛先生"，其实中国自科举考试以后就有"科学"一词。据《中国科学史·导言》介绍，唐朝末年，罗衮《仓部柏郎中墓志铭》中就有"近代（唐代）科学之家"之语，是指科举之学的学科，有现在科学的"分科学习"之意。当今人偏执地把数理化、电脑、人工智能等称为"科学"时，便有"中国古代没有科学"之说甚嚣尘上。且不说李申先生厚厚两本不说"技"的古代《中国科学史》，就饮食的分类也足够科学的了。

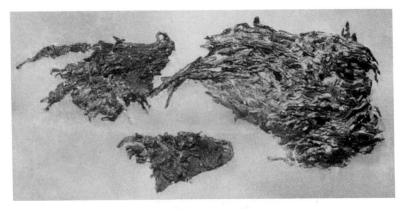

《风从长安来》西汉阳陵出土文物展中的"汉·茶叶标本"

李申先生说:"神祇观念,和科学是'同根'生出来的,但是走上了不同的发展道路"。在商品经济主导人们意识形态的当下,两者又鬼使神差地走到了一起。正当《文人茶》后期修订之际,迎来了2023年的文化遗产日,在浙江主会场安吉古城遗址博物馆,参观了《风从长安来》展览,展出的是汉景帝阳陵出土的文物。在诸多文物中惊奇地发现一盒干结的植物叶(如图),被标注为"汉·茶叶标本",释图文字说:"1998年,帝陵东侧15号外藏坑内发现一类植物样品,检测确认为世界已知最早的茶叶植物,全部由茶树嫩芽制成,品质较高。2016年5月6日,该发现获得吉尼斯纪录认证,更新了古代茶文化起源与发展的社会认知。"且不说这标本像不像茶树嫩芽,是不是振聋发聩、改写茶文化历史的"重大发现",令人惊奇的是 18 年以后获得了外国的娱乐性和营利性的吉尼斯纪录认证。呵呵，中国的考古新发现什么时候沦落到需要吉尼斯纪录来认证了？这是荣耀还是耻辱？

当今之时，重科学，轻人文，其本质是熙熙攘攘皆为利，人文被资本逻辑下的科学所绑架。轻人文是因为不懂人文，往往把传统文化扣上"迷信"的帽子；重科学并不是重视科学和尊重科学，而是因为利，以"科学证实"来唬人而已。但是，中国的人文精神偏偏喜欢"格物致知"、格古求正的，若以传统文化的思维方式来审视这些干结的植物草叶，便会"格致"以下问题：

一、这干结的草叶是吃的还是用的？15 号外藏坑除此以外，还有其他什么东西同出，以佐证其为饮食的茶叶，而不是用的？

二、如果是吃的，那到底是人吃的、还是牲畜吃的？

三、这"一类植物"到底是草本、还是木本植物？不要一看到干草就自以为是茶叶，汉景帝以前作饮食的仍以草本野菜为主。

四、如果是木本植物叶，这肉眼可见的粗细不一的长叶子，科学何以检测出"全部由茶树嫩芽制成"的？

五、科学仪器从样本中检测出了什么茶芽独有的元素？茶芽与其他树芽古代都可以作茶茗饮食，没有找到独一无二的元素，何以证明此植物标本就是茶芽而不是其他树芽呢？

六、（唐）陆羽《茶经·八之出》专文论说唐茶的出产地，没有北方产区。北方既不产茶，也不好茶，直到北魏的洛阳还鄙视茗饮为"酪奴"，为什么早至西汉的皇陵却以"酪奴"陪葬？

七、如果说是贡茶，湖南产茶，时代相近的长沙马王堆西汉贵族墓没有茶陪葬，反而长安的皇陵用"茶叶"陪葬，何也？

本草之学是中国独有的人文学问，是"天地之性最尊贵者"对草木的文化，以科学论是人文科学。不知人文教化，不通饮食文化，甚至不知道科学为何物，仅靠摆弄几个现代科技名词来糊弄人，无疑是有不可告人的目的的。科学拿来骗人，那与迷信有什么区别！

王阳明在五百多年前就指出："功利之毒沦浃于人之心髓，而习以成性也，几千年矣。"遗憾的是至今依旧如此，功利之毒使得科学与迷信成为了标签，损人利己的行为贴一个"科学"的标签，损己利人的就贴一个"迷信"的标签，长此以往，科学将与"政治"一词那样，义正辞严的名词被糟践为令人厌恶的名词。

迷信的产生，归根结底还是无智，如果了解茶茗饮食和中国传统文化，就不会以这种肉眼就能辨识是不是芽茶的东西来欺骗观众了。

五、科技与文化及文种

科技与科学有联系又有区别，科技偏重于实践，在中国传统文化中属于"术"。术的繁体字写作"術"，《说文》释曰："邑中道也。"相对于通衢大道来说，城邑中的道路就是小道，故引申义为"技术"。某一城邑的"术"好，某一城邑的行动就比较便捷。由此可以理解，某一领域的技术好，某一领域就领先他国；所有领域的技术都是最好的，整个国家就是最强大的。故有哲人说"无科技不足以强国，无文化则足以亡种。"前句以被李约瑟的洋洋巨著《中国科学技术史》和 1840 年以前中国一直领先世界的历史所证实；而后一句至理名言常被 1840 年以来挨打的现实所曲解。

西方人曾以肤色来分人种，实在是简单的、形而下的区分，可能还含有种族歧视意识。人与动物最大的区别是语言文字，如果说鸟儿也会莺歌燕舞，那文字则是人类独有的，文字的创造和使用、即文化才是形而上的人种分别。汉语言文字是中国人的栖身家园，是中国人的"种"。所谓"亡种"，就是"文种"消亡，那就是人们常说的"亡天下"了。如果我们不用汉语言文字交流，虽然人还是那个人，但思维方式会发生变异，文化也跟着变异，心自然也不是那颗心了，没有中国心也就不成其为中国人了。《中庸》开篇说："天命之谓性，率性之谓道，修道之谓教。"文化就是修道，无文化那就大道不存了，也就是所谓"无文化则足以亡种"。中国历史的经验告诉我们，王朝的短命皆因没有文化，王朝的衰败皆始于文化的衰败。

外国人都说中文难学，那是因为中文博大精深，是中国人修了几千年的文化之道才得来的正果，表音文字的文化之道才修了多少年？用浅显的文化形成的思想意识来学习中文当然是很难的。我们可以将外文翻译成中文时译得比原著还好，外国人却很难将我们的古籍经典译成比较接近原著思想的外文，即便是以哲学著称的德文。20世纪德国存在主义哲学家海德格尔感觉到《道德经》的思想博大精深，曾花三年时间、与华人学者合作翻译《道德经》，最后以失败告终，何也？因其不懂文字内含的文化意义，恐怕许多关键字词根本找不出相应的德文来对应。可见，中国的文化只有在中国的语言文字中才生龙活虎。

李约瑟能写出厚厚的《中国科学技术史》，海德格尔却译不了五千字的《道德经》，这是一个非常值得现代人深思的、科技与文化关系的问题。

茶及其文化也是中国的文种之一，由于后来部分文人没有读懂什么是茶，什么是茶文化，什么是茶树之茶，以至于外国人在输入茶文化的过程中只知道物质的茶叶，以及作成饮的茶叶茶。深谙中国传统文化的日本人还知道以中国茶道来文化国民，创立日本茶道；英伦只是机械地译为"tea"，除了下午茶再没有其他文化意义了。日本明治之前的文化都来自中国，故能产生物质文明与精神文明相统一的日本茶道。而中国近二百年的衰微所导致的文化与人文精神的式微，足以使日本人开始迷信西方脱离文化大道的所谓"民主"与"科学"，从而沦为冈苍天心《茶之书》中批评的"机械的、习性的奴隶"。中国人切不可步日本人的后尘。

在传统文化复兴的当下，因不了解茶文化丰富的内含，中国许多茶文化爱好者就会羡慕日本茶道的仪式感。羡慕是迷信的另一种表现形式，也是对中国古代茶文化和日本历史知之甚少的反映。古人云："临渊而羡鱼，不若归家织网。"中国有延绵不断的、积淀丰厚的物质文明和人文文化，为什么还要临渊羡鱼呢？无非是花点时间把渔网找出来，整一整而已。重整的古代茶文化，定能更新对中国传统文化之道的认知，从而弘扬遥遥领先世界的"上善若水""天下为公"的人文精神，并肩负起守护中华文种、弘扬中国文化之任，真正践行"天下兴亡，匹夫有责"之誓言。

若从"易"的阴阳二爻和陶片朱书"文"算起，中国文人至少用了五千年时间作了一盏"上善"的文化之茶；从茶茗二字算起，用一千八百年作了一盏饮食文化之茶；从《荈赋》算起，用一千七百年作了一盏风雅、讲究的文人茶；从《茶经》算起，创立茶饮之道一千二百多年。

若要知其个中滋味，敬请试新《文人茶》！

后记

茶文化本不是我的研究方向，写作《文人茶》源自一场师徒对话。由于茶文化热潮，日本茶道曾一度风靡国内各种场合茶艺表演，对于文化和物质都源自中国的日本茶道，与中国茶饮之道到底有什么不同，徒弟陈玥问茶于我，我沉吟片刻后答曰：礼教与文人茶。

学问都是由问题开始的，虽然我知道中国茶道与日本茶道的区别，但在"什么是茶？"的根本性问题上，与大多数人的认知相同，囿囿于一种可以饮食的木本植物叶，反映在文化建设上相关的博物馆都称"茶叶博物馆"，这样的认知对"什么是茶？"是不可能觉悟的。

陆玑《毛诗草木鸟兽虫鱼疏》是一部被冷落已久的名物学经典，人们可能在不知道《诗经》物名的意思时才会参考一下，根本不会在意"椒聊之实"条中的"茶"的"浅层语言的理解"，更不会对所谓的"茶"进行"深层思想的诠释"，无怪乎古代文人在说早期的茶时都语焉不详，现在学者同样陷入茶茶混淆的泥淖而不能自拔，名不正了，言怎么会顺呢？

我从事的第一份文物工作是文物收购员，流散文物的真真假假养成了我的质疑精神。如果质疑精神是人事，那上帝的眷顾使我侥幸读懂了"茶"乃是天意。在传统文化复兴的当下，以散落在古籍中、显而未彰的茶知识，重新建构符合饮食文化之道的茶学，是刻不容缓的文化大事，也是天意。天意如此，便矢志不渝，历经三年多寒暑，终于完成了一碗不能说圆满的《文人茶》。

正如茶文化不是一人一时形成的，《文人茶》也不是我一人蜗居书房能成功的，定有许多师长学兄、亲朋好友的相助才能写成的。

首先是执古御今文化公司陈玥提出了好的问题，其夫妇还提供了现代茶书资料多本；浙江省博物馆同事蔡乃武赠阅《浙江省茶叶志》；同事蔡小辉赠《四库全书》电子书以供查阅；大肉庄无涯赠阅日本《茶道六百年》；小舅子严小智赠阅马克思诞辰200周年纪念版《资本论》（三卷本）；浙江省文物鉴定站的同年柴眩华、周刃、周永良等在资料审读上都予以了大力帮助；湖州博物馆前馆长潘林荣提供了茶学的最早文物证据——青瓷铭文"荼"字罍的高清照片；金华博物馆周凯提供了馆藏北宋黑釉大瓯和小盏照片及出土资料；品曜馆方肖明提供了铜茶碾、茶刷子等宋代茶文化文物及照片，等等。对以上在文物、文献资料方面给予了大力支持和帮助的亲朋好友、同年同事深表感谢！

我并不是好茶之人，对茶的认知有限，对茶饮的许多现象如笋芽、水芽、沫饽等都一时无法作出正确的解释。上帝总是这么眷顾我，正为这些问题发愁时，偶然的机会得到了好友周厚屹馈赠的"少而精者"蒙顶黄芽，几番试饮以后，解开了茶芽作茶的诸多疑问，打通了文献和实操的任督二脉，使《文人茶》能顺畅地写下去。其后，桐庐博物馆馆长陈淑珍馈赠了桐庐雪水云绿芽茶；龙泉窑卓越馈赠了福鼎散叶白茶等多种建茶；余姚抟庐郑耀馈赠了传承已久的瀑布仙茗；杭州美品艺景展陈装饰设计公司经理、内子严爱梅提供了江山不同地势的绿牡丹茶；茶人阿甘做了茶汤击拂演示；日本煎茶道传人桑妮展示了煎茶道作茶，等等，这些都增广了我对茶饮的体验和认知。特别是郑耀和卓越还以亲身经历告诉我嗜茶之害，印证了古籍记载的不正确茶饮的危害。在此，一并表示深深的谢意！

《文人茶》初稿甫成，审读批评又成了一个新的烦恼。此刻，上帝又一次显示了神灵，让我遇见了黄建安老师，交谈中发现我俩竟在 2014 年有一次偶遇。那年我策划了一个民间收藏砚台展《百砚千姿》，他参观后给了很有见地、也是有针对性的评价："这是我看到过的唯一看得懂的展览。"展览能不能让普通观众看懂，一直是博物馆展览的难题。所以，这么多年过去了，人的相貌有点淡忘了，这句评语却深深地印在了我的脑海中，曾多次冲动想以"看得懂的展览"为题写一篇博物馆展览的专文或专论，奈何展览任务太重一直没有动笔，只留下了萦绕不去的一个念头。

黄老师曾经做过报刊主编，现在从事美术工作，与美术大师曾宓亦师亦友，颇有美术和传统文化功底。在我的恳求之下，黄老师同意为我审读。书稿前后审读两次，黄老师的认真与不留情面的批评，令我印象深刻。特别是第二次审读，费时一月有余，不但提了很多中肯的意见，重要的是从读者的角度对全书的谋篇布局给出了非常有建设性的建议。现在读者看到的《茶义之辨》《茶事考略》《文人茶》三篇的框架基本上是按照黄老师的建议改定的，精简了初稿中有关文化和文人的论述。调整、更改以后，阅读的节奏感、可读性得到了极大的提升。联想到黄老师对我展览的评价，其审视作品的专业水平是可想而知的。在此，唯有表达衷心的感谢！

由于多方反馈的信息告诉我，初稿的阅读性并不理想，反而使我冷静下来了，将《文人茶》搁置一旁，我也正好乘此闲暇之时，读读书，游游学。其中最重要的游历就是与黄老师和我"骞凤格古社"合作伙伴郑耀一起去四川雅安蒙山寻找千古名茶蒙顶黄芽。陆游说："纸上得来终觉浅，绝知此事要躬行"。此行虽然没有找到"少而精"的蒙顶黄芽，但认识了茶人中少而精的刘思强师傅，听到了许多关于蒙山茶的真知灼见，有益于茶义、茶事相关内容的修改和增补。

半年的修行，使我对茶文化的认识又更上了一层楼，经三个月大刀阔斧的修改，感觉更可阅读之时，拜访了原浙江省文物考古所所长、浙江大学文化遗产研究院院长、中国美术学院汉字文化研究所所长曹锦炎老师。我与曹老师虽没在同一单位共事过，但一直都在文物系统工作，我向来尊称其为"曹公"，故我一开口，曹公便欣然应允审读《文人茶》书稿。曹公在充分肯定《文人茶》价值的基础上，又指出了许多古文字释读的不足之处。又经半个月修改，将修改较多的章节打印出来，呈请曹公再次批评。在曹公二次耳提面命的批评下，才信心满满地送出版社。在此，对曹公不吝赐教深表谢意！

《文人茶》最后修成正果，还要感谢文物出版社学术出版基金的资助，感谢出版社对学术著作的出版一如既往地支持。

偶见仓央嘉措《见与不见》，与茶文化的发展历程甚是神合，略改动用之以为收官：

你见，或者不见茶，

茶就在那里，

不悲不喜；

你念，或者不念茶，

茶就在那里，

不来不去；

你爱，或者不爱茶，

茶仍在那里，

不增不减；

你吃，或者不吃茶，

茶始终在那里，

不舍不弃。

来茶的世界里，

或者，

让茶住进你的心里。

默然、 相爱、

寂静、 欢喜!

钟凤文

2023.10.1 于杭州寓所

参考书目

1.（清）段玉裁《说文解字注》，上海古籍出版社 1981 年影印出版。

2.（晋）郭璞注，（宋）邢昺疏《尔雅注疏》，（清）阮元校勘重刻，上海古籍出版社 1990 年影印出版。

3.（汉）刘熙《释名》，中华书局 2016 年出版，2022 年第 6 次印刷本。

4.（汉）扬雄撰、（晋）郭璞注《方言》，中华书局 2016 年出版，2021 年第 5 次印刷本。

5.（清）《康熙字典》，中华书局 1958 年出版，1980 年第 4 次印刷本。

6. 冯国超译注《山海经》，商务印书馆 2009 年出版，2011 年第 3 次印刷本。

7. 陆元炽《老子浅释》，北京古籍出版社 1987 年出版，1990 年第二次印刷本。

8. 祖行《图解易经》，陕西师范大学出版社 2010 年出版，2010 年 12 月第二次印刷本。

9. 屈万里《尚书今注今译》，新世界出版社 2011 年出版。

10. 黄朴民解读《论语》，岳麓书社 2012 年出版。

11. 陈晓芬、徐儒宗《论语、大学、中庸》，中华书局 2011 年出版，2021 年第 22 次印刷本。

12. 胡平生、张萌译注《礼记》，中华书局 2017 年出版，

2020 年第 6 次印刷本。

13. 安小兰译注《荀子》。中华书局 2016 年出版，2017 年第 4 次印刷本。

14. 方勇译注《孟子》。中华书局 2010 年出版，2018 年第 14 次印刷本。

15. （东汉）袁康、吴平著，徐儒宗点校《越绝书》。浙江古籍出版社 2013 年出版。

16. 徐正英、常佩雨译注《周礼》。中华书局 2014 年出版，2018 年第 5 次印刷本。

17. 曾振宇、傅永聚《春秋繁露新注》，商务印书馆 2010 年出版。

18. （汉）班固《白虎通德论》，上海古籍出版社 1990 年影印出版。

19. 王仁湘《半窗意象——图像与考古研究自选集》，文物出版社 2016 年出版。

20. 阿城《洛书河图》，中华书局 2014 年出版，2014 年第二次印刷本。

21. 阿城《昙曜五窟》，中华书局 2019 年出版。

22. （明）朱橚《救荒本草》（全三册），中国书店 2018 年出版。据《四库全书》本刊印。

23. 高华平、王齐洲、张三夕译注《韩非子》，中华书局

2016 年出版，2019 年印刷本。

24. 高亨注《诗经今注》，上海古籍出版社 1980 年出版。文章中的《诗经》内容均来自此本。

25. 上海博物馆《竹镂文心》，上海书画出版社 2012 年出版发行。

26. 邓乔彬《中国绘画思想史》（上下册），安徽师范大学出版社 2013 年出版。

27. 苏秉琦《满天星斗——苏秉琦论远古中国》，中信出版集团股份有限公司 2016 年出版。

28. 李山、轩新丽译注《管子》，中华书局 2019 年出版。

29.（汉）司马迁《史记》（全十册），中华书局 1959 年出版，1975 年第 7 次印刷本。

30.（宋）司马光《稽古录》，北京师范大学出版社 1988 年出版。

31. 王宣艳《芳茶远播》，中国书店 2012 年出版。

32. 秦泉主编《中国茶经大典》，汕头大学出版社 2014 年出版。

33. 湖北省博物馆《曾侯乙墓——战国早期的礼乐文明》，文物出版社 2007 年出版。

34. 良渚博物院、湖南省博物馆编《马王堆汉墓——长沙国贵族生活特展》，浙江摄影出版社 2014 年出版。

35.《辞源》（两册本），商务印书馆 1915 年出版，2009 年第 12 次印刷修订本。

36.《辞海》（缩印本），上海辞书出版社 1980 年出版，1982 年第 2 次印刷本。

37. 闻人军译注《考工记》，上海古籍出版社 2008 年出版，2017 年第 10 次印刷本。

38. 张纯一撰、梁云华点校《晏子春秋校注》，中华书局 2017 年出版。

39.（宋）司马光《资治通鉴》，中华书局 1956 出版。

40.（汉）班固《汉书》，中华书局 1976 年出版。

41.（唐）陆羽《茶经》，《四库全书》本，中国书店 2014 年出版《茶经、续茶经》（二册本）。

42.（清）陆廷灿《续茶经》，中国书店 2014 年出版。【辑有（宋）蔡襄《茶录》、（宋）黄儒《品茶要录》、（宋）熊蕃《宣和北苑贡茶录》、（宋）赵汝砺《北苑别录》、（宋）宋子安的《东溪试茶录》、（唐）张又新《煎茶水记》】

43. 吴觉农主编《茶经评述》，四川人民出版社 2019 年出版。

44.（汉）桓宽《盐铁论》，王利器校注，中华书局 2017 年出版。

45.《西京杂记译注》，吕壮译注。上海三联书店 2013 年出版。

46.《世说新语新校》,(南朝·宋)刘义庆原著,李天华校著。湖南出版集团岳麓书社 2004 年出版。

47.(唐)刘肃撰、恒鹤校点《大唐新语》(外五种:《龙城录》、《因话录》、《大唐传载》、《三水小牍》、《唐阙史》),上海古籍出版社、上海世纪出版股份有限公司 2012 年出版。

48.(宋)王得臣《麈史》,俞宗宪校点。与(宋)赵令畤《侯鲭录》合订本,上海古籍出版社 2012 年出版。

49.(唐)段安节《乐府杂录》,中华书局 2012 年出版,2019 年第 4 次印刷。

50.(唐)崔令钦《教坊记》(外三种:《次柳氏旧闻》、《开天传信记》、《乐府杂录》),中华书局 2012 年出版,2019 年第 4 次印刷。

51.(宋)袁文《甕牖闲评》,上海古籍出版社 1985 年出版,与(宋)叶大庆《考古质疑》合集本。

52.(三国吴)陆玑《毛诗草木鸟兽鱼虫疏》,王云五主编《万有文库》第一集一千种,1936 年商务印书馆出版。

53.《毛诗草木鸟兽鱼虫疏广要》(三国吴)陆玑撰,(明)毛晋参。版权页遗失,似为商务印书馆据毛晋自刊本影印出版。

54. 张花氏《东坡茶》,四川辞书出版社 2019 年出版。

55.(晋)陈寿撰、(宋)裴松之注《三国志·吴书》,中华书局 1976 年出版。

56.（后魏）贾思勰《齐民要术》，石声汉译注，石定扶、谭光万补注，中华书局 2015 年出版，2020 年第 6 次印刷本。

57.（宋）陈景沂编辑，祝穆订正，程杰、王三毛点校《全芳备祖》（全四册），浙江古籍出版社 2014 年出版，2015 年第二次印刷本。

58.（宋）乐史撰，王文楚等点校《太平寰宇记》。中华书局出版社 2007 年出版，2021 年 6 次印刷本。

59.（汉）应劭《风俗通义》，王利器校注，中华书局 1981 年出版，2019 年第 7 次印刷本。

60.（宋）陶穀《清异录》，《宋元笔记小说大观》第一册，上海古籍出版社出版、上海世纪出版股份有限公司 2007 年出版。

61.（宋）欧阳修《归田录》，《宋元笔记小说大观》第一册，上海古籍出版社出版、上海世纪出版股份有限公司 2007 年出版。

62. 诸子百家丛书《穆天子传》、《神异经》、《十洲记》、《博物志》合订影印本，上海古籍出版社 1990 年出版。

63. 郑晓峰译注《博物志》，中华书局 2019 年出版，2020 年第 2 次印刷本。

64.（日）荣西禅师《吃茶养生记》，施袁喜译注，作家出版社 2018 年出版。

65.（元）王祯《农书》，浙江人民美术出版社 2015 年出版，2016 年第 2 次印刷本。

66. 林家骊译注《楚辞》，中华书局 2010 年出版，2020 年第 21 次印刷本。

67.（宋）欧阳修、宋祁撰《新唐书》，中华书局 1975 年出版。

68.（后晋）刘昫等撰《旧唐书》，中华书局 1975 年出版。

69. 李效伟、吴跃坚主编《南青北白长沙彩》，湖南美术出版社 2012 年出版。

70. 齐东方《唐代金银器研究》，中国社会科学出版社 1999 年出版。

71.（宋）高承撰、李果订《事物纪原》（四册），中华书局 1985 年出版。

72.（宋）孟元老《东京梦华录》。邓之诚《东京梦华录注》，中华书局 1982 年出版，2012 年第 5 次印刷本。

73. 伊永文《东京梦华录笺注》，中华书局 2006 年出版，2007 年第 2 次印刷本。

74.（宋）吴自牧《梦粱录》，浙江人民出版社 1984 年出版。

75.（宋）周辉撰、刘永翔校注《清波杂志校注》，中华书局 1994 年出版，1997 年第 2 次印刷本。

76.（宋）王黼编纂、牧东整理《重修宣和博古图》，广陵书社 2010 年出版。

77.（宋）陆游《老学庵笔记》，上海书店出版社 1990 年出版。

78.（明）谢肇淛《五杂组》，傅成校点。上海古籍出版社、上海世纪出版股份有限公司 2012 年出版。

79.《宋元小说家话本集》（上下册），人民文学出版社 2016 年出版。

80.（宋）钱易《南部新书》，与《茅亭客话》合订本。上海古籍出版社、上海世纪出版股份有限公司 2012 年出版。

81.（明）朱权《茶谱》、（明）田艺蘅著《煮泉小品》合订本，黄明哲、吴浩编著。中华书局 2012 年出版，2018 年第 8 次印刷本。

82.（明）高濂《遵生八笺》，巴蜀书社出版社 1988 年出版。

83.《生活月刊》著《茶之路》，广西师范大学出版社 2014 年出版，2020 年第 13 次印刷本。

84.（宋）脱 脱等撰《宋史·食货志》，中华书局 1977 年出版。

85.（唐）康骈《剧谈录》,（五代）王仁裕《开元天宝遗事》外七种之一【另外六种：（唐）郑处诲《明皇杂录》;（唐）李濬《松窗杂录》;（唐）郑綮《开天传信记》;（唐）孟棨《本事记》;

（唐）苏鹗《杜阳杂编》；（五代）严子休《桂苑丛谈》】。上海古籍出版社、上海世纪出版股份有限公司 2012 年出版，2017年第 5 次印刷本。

86.（唐）李冗《独异志》,（唐）李德裕《次柳氏旧闻》外七种之一【另外六种：（唐）谷神子《博异志》；（唐）李玫《纂异记》；（唐）阙名《玉泉子》；（五代）杜光庭《录异记》；（五代）刘崇远《金华子》；（唐）袁郊《甘泽谣》】。上海古籍出版社、上海世纪出版股份有限公司 2012 年出版，2016 年第 3 次印刷本。

87.（宋）王明清著、朱菊如校点《投辖录》、汪新森、朱菊如校点《玉照新志》合订本。上海古籍出版社、上海世纪出版股份有限公司 2012 年出版。

88.（宋）罗大经《鹤林玉露》。《宋元笔记小说大观》第五册，上海古籍出版社出版、上海世纪出版股份有限公司 2007 年出版。

89.（五代）王定保《唐摭言》，阳羡生校点。上海古籍出版社、上海世纪出版股份有限公司 2012 年出版。

90.（明）朱橚《救荒本草》，中国书店 2018 年出版。

91. 王力主编《中国古代文化常识》（插图修订第 4 版），北京联合出版公司 2014 年出版。

92. 孙机著《中国古代物质文化》，中华书局 2014 年出版，

2014 年第 2 次印刷本。

93.（日）桑田忠亲《茶道六百年》，李炜译。北京出版集团公司、北京十月文艺出版社 2016 年出版，2016 年第 3 次印刷本。

94.（日）冈苍天心《茶之书》，闻春国译。四川人民出版社 2021 年出版。

95. 陈秋平、尚荣译注《金刚经、心经、坛经》，中华书局 2007 年出版，2012 年第 12 次印刷本。

96. 方勇译注《孟子》，中华书局 2012 年出版，2018 年第 14 次印刷本。

97. 张景、张松辉译注《黄帝四经、关尹子、尸子》，中华书局 2020 年出版，2021 年第 3 次印刷本。

98.（明）文震亨原著、陈植校注、杨超伯校订《长物志校注》，江苏科学技术出版社 1984 年出版。

99. 吕叔湘著《文言虚字》，上海教育出版社 1963 年第 10 次印刷本。

100. 郑云山、龚延明、林正秋著《杭州与西湖史话》上海人民出版社 1980 年出版。

101.（宋）苏轼《东坡志林》，王松龄点校。中华书局 1981 年出版，2008 年第 5 次印刷本。

102.（宋）王栐撰、孔一校点《燕翼诒谋录》、（宋）张邦基撰、丁如明校点《墨庄漫录》合订本，上海古籍出版社、上海世纪出版股份有限公司 2012 年出版。

103.（宋）宋敏求撰、尚成校点《春明退朝录》,【外四种:（宋）洪皓《松漠纪闻》;（宋）佚名《道山清话》;（宋）施德操《北窗炙輠录》;（元）蒋子正《山房随笔》。】上海古籍出版社、上海世纪出版股份有限公司 2012 年出版。

104.（宋）洪迈《容斋随笔》,沙文点校。凤凰出版传媒集团、凤凰出版社 2009 年出版。

105.（宋）沈括著《梦溪笔谈》,金良年、胡小静译。上海古籍出版社 2013 年出版。

106. 朱伯谦主编《龙泉窑青瓷》,艺术家出版社 1998 年出版。

107. 汤素婴、王轶凌主编《青色流年》,文物出版社 2017 年出版。

108. 慈溪市博物馆主编《瑞色青青》,上海人民美术出版社 2013 年出版。

109. 越窑博物馆编《南青北白》,上海人民美术出版社 2013 年出版。

110. 北京大学考古文博学院、江西省文物考古研究所、景德镇市陶瓷考古研究所编著《景德镇出土明代御窑瓷器》,文物出版社 2009 年出版。

111. 孙机《仰观集》,文物出版社 2012 年出版。

112.（唐）玄奘撰著、辩机编次、芮传明译注《大唐西域记译注》（全二册），中华书局 2019 年出版。

113. 敦煌研究院著《一带一路画敦煌·愿做菩萨那朵莲》，广西科学技术出版社 2016 年出版。

114. 扬之水《奢华之色》，中华书局 2011 年出版。

115.（英国）塔妮娅·M. 布克瑞·珀斯著，张弛、李天琪译《茶味英伦》。北京大学出版社 2021 年出版。

116.《径山茶宴》，《中国茶叶加工》杂志刊行，2010 年增刊，总第 116 期。

117.（明）张岱《陶庵梦忆》，淮茗评注。中华书局 2008 年出版，2018 年第 8 次印刷本。

118. 龚鹏程《有知识的文学课》，中华书局 2015 年出版，2015 年第 2 次印刷本。

119.（宋）赵彦卫《云麓漫钞》，傅根清点校。中华书局 1996 年出版，1998 年第 2 次印刷本。

120.（明）宋濂等撰《元史》，中华书局 1978 年出版。

121. 张毅《苏轼与朱熹》，中国友谊出版公司 2018 年出版。

122. 吴钩著《风雅宋》，广西师范大学出版社 2018 年出版。

123. 韩志远《元代衣食住行》，中华书局 2016 年出版。

124.（前秦）王嘉撰、（南朝·梁）萧绮录《拾遗记》，王根林校点。【外三种：（南朝·宋）刘敬叔《异苑》；（南朝·宋）

刘义庆《幽明录》；（南朝·梁）吴均《续齐谐记》。】上海古籍出版社、上海世纪出版股份有限公司 2012 年出版，2019 年第 8 次印刷本。

125.（宋）王明清《挥麈录》，田松清校点。上海古籍出版社、上海世纪出版股份有限公司 2012 年出版。

126.（宋）王应麟撰《困学纪闻》，田松清校点。上海古籍出版社、上海世纪出版股份有限公司 2015 年出版。

127.（唐）段成式《酉阳杂俎》，王旭编著。北方联合出版传媒（集团）股份有限公司、万卷出版公司 2020 年出版。

128.（东晋）葛洪原著、杨明照撰《抱朴子外篇校笺》（上下册），中华书局 1991 年出版，2011 年第 6 次印刷本。

129. 孙祖烈《佛学小辞典》，上海医学书局 1919 年出版。1984 年长春市古籍书店据 1938 年医学书局石印本影印出版。

130.（美）罗伯特·路威著《文明与野蛮》，吕叔湘译。三联书店 2013 年出版。

131. 宋伯胤《茶具》，上海文艺出版社 2002 年出版。

132.《浙江省茶叶志》编纂委员会编《浙江省茶叶志》，浙江人民出版社 2005 年出版。

133. 浙江省博物馆编、钟凤文撰文《青韵》，文物出版社 2016 年出版。

134. 孙机《从历史中醒来》，三联书店 2016 年出版，2016

年第 2 次印刷本。

135.（晋）干宝《搜神记》，陶娥、邹德文、孔永注译。中州古籍出版社 2010 年出版。

136.（汉）刘安《淮南子》，陈广忠译。中华书局 2014 年出版，2017 年第 2 次印刷本。

137.（元）忽思慧《饮膳正要》，浙江人民美术出版社 2015 年出版，2016 年第 2 次印刷本。

138. 冯友兰著、赵复三译《中国哲学简史》，天津社会科学院出版社 2005 年出版，2008 年第 3 版本。

139. 湖州市博物馆《浙江湖州窑墩头古墓清理简报》，《东南文化》1993 年第一期。

140. 傅芸子《正仓院考古记》，上海书画出版社 2014 年出版。

141. 袁梅、刘焱、李永祥、徐北文注译《古文观止》，齐鲁书社 1983 年出版，1984 年第 3 次印刷本。

142. 彭林《礼乐人生》，上海文艺出版社 2015 年出版。

143.[美] 约翰·W.奥马利《西方的四种文化》，北京大学出版社 2012 年出版。

144. 王重民、王庆菽、向达、周一良、启功、曾毅公编《敦煌变文集》（上下集），人民文学出版社 1957 年出版，1984 年第 2 次印刷本。

145.（晋）常璩《华阳国志》，《钦定四库全书·史部九》收录本。

146.（汉）王褒（传）《古文苑·僮约》，《钦定四库全书·集部八》收录本。

147.（北魏）杨衒之撰、周祖谟校释《洛阳伽蓝记校释》，中华书局2013年出版，2020年第3次印刷本。

148.（唐）封演《封氏闻见录》，《钦定四库全书·子部十》收录本。

149.（唐）李肇《唐国史补》，《钦定四库全书·子部十二》收录本。

150.（唐）李匡乂《资暇集》，《钦定四库全书·子部十》收录本。

151.（唐）杨晔《膳夫经手录》，《续修四库全书》子部第1115册（影印国家图书馆藏清初毛氏汲古阁抄本）。

152.（唐）房玄龄等撰《晋书》，中华书局1974年出版。

153.（宋）赵佶著、日月洲注《大观茶论》，九州出版社2018年出版。

154.（晋）杜育《荈赋》。《四库全书·子部·类书》收录《艺文类聚》，其《卷八十二·药香草部下》"茗"类辑录《荈赋》。《太平御览·卷八百六十七·饮食部二十五》"茗"类增补佚文一句。

155.（宋）林洪撰、章原编著《山家清供》，中华书局出版社 2013 年出版，2022 年第 10 次印刷本。

156.（宋）阮阅编著、周本淳校点《诗话总龟》，人民文学出版社 1987 年出版，2006 年第 3 次印刷本。

157. 李申著《中国科学史》（全二册），广西师范大学出版社 2018 年出版。

158. 马克思《资本论》（第一卷），马克思诞辰 200 周年纪念版。人民出版社 2018 年出版，2021 年第 4 次印刷本。

159. 陈秋平、尚荣译注《金刚经》、《心经》、《坛经》合集本，中华书局 2007 年出版，2010 年第 12 次印刷本。

160.（明）王阳明《传习录》，萧无陂注释，岳麓书社 2023 年出版。

161. 王天海、杨秀岚译注，（汉）刘向《说苑》（全二册），中华书局 2019 年出版。

162.（宋）赜藏主 编集《古尊宿语录》（全二册），中华书局 1994 年出版，2022 年第 8 次印刷本。

163. 李小龙译注《墨子》，2016 年中华书局出版，2019 年第 7 次印刷本。